塞拉利昂海域主要渔业资源原色图集

主　编：　冯春雷　李灵智　庄　平

副主编：　张　涛　张　衡　郑汉丰　屈泰春

　　　　　[塞拉利昂] 伊芙丽梅·科克 (Ivorymae Coker)

　　　　　拉海·杜拉曼尼·塞赛 (Lahai Duramany Seisay)

海洋出版社

2024 年·北京

图书在版编目 (CIP) 数据

塞拉利昂海域主要渔业资源原色图集 / 冯春雷,李灵智,庄平主编;张涛等副主编.—北京:海洋出版社,2023.12

ISBN 978-7-5210-1233-0

Ⅰ. ①塞⋯ Ⅱ. ①冯⋯ ②李⋯ ③庄⋯ ④张⋯ Ⅲ. ①海域－水产资源－塞拉利昂－图集 Ⅳ. ① S924.49-64

中国国家版本馆CIP数据核字(2023)第253238号

审图号:GS京 (2024) 0202 号

责任编辑:高朝君
助理编辑:吕宇波
责任印制:安　淼

海洋出版社 出版发行

http://www.oceanpress.com.cn

北京市海淀区大慧寺路 8 号　邮编:100081
侨友印刷 (河北) 有限公司印刷　新华书店经销
2024 年 4 月第 1 版　2024 年 4 月第 1 次印刷
开本:787mm×1092mm　1/16　印张:15.5
字数:310千字　定价:268.00元
发行部:010-62100090　总编室:010-62100034
海洋版图书印、装错误可随时退换

序 言

2013 年，习近平主席出访非洲，郑重宣告中非永远做可靠朋友和真诚伙伴，强调"中非从来都是命运共同体"。塞拉利昂是我国在非洲的重要合作伙伴、"一带一路"倡议的重要节点。近些年，中非在共建"一带一路"和中非合作论坛等机制平台上不断深化合作，新时代中非命运共同体建设不断走深走实，持续造福双方民众。

远洋渔业是建设海洋强国、共建"一带一路"的重要组成部分。塞拉利昂是我国最早开展过洋性渔业合作的西非国家之一，经 30 余年发展，目前在塞生产渔船达 40 余艘。2017 年 10 月，中塞两国签署了《中华人民共和国农业部与塞拉利昂共和国海洋资源与渔业部关于渔业合作谅解备忘录》，将中塞渔业合作正式纳入政府间合作框架，这对于强化双边政府间渔业合作、促进中非渔业经济发展、改善基础设施建设、促进人员就业、共同建设"21 世纪海上丝绸之路"发挥了更为重要的作用。

2019 年以来，中方派出科学家团队，与塞方系统性地开展了塞拉利昂海域渔业资源联合调查，为当地科学制定渔业资源管理政策提供了科学资料。《塞拉利昂海域主要渔业资源原色图集》一书的出版是中塞渔业合作的一项重要成果，该书基于科学调查数据和采集的原色照片编写，凝聚了中塞双方渔业科学家的心血和智慧，是首部系统记录塞拉利昂海域渔业资源的著作。在此，我向编写团队表示祝贺，也向参加此次调查活动的中国科学家的辛勤付出表示敬意。

该成果是落实中塞两国渔业合作的重要举措，对于促进塞拉利昂海域渔业资源可持续利用、深化中塞渔业合作具有重要意义。希望该著作的出版及其他相关成果对增进塞拉利昂及邻近海域渔业资源了解的同时，更能形成引领示范效应，进一步促进我国与西非其他国家的远洋渔业合作，为实现新时代中非命运共同体建设贡献力量。

中国远洋渔业协会会长

2023 年 12 月

前　言

塞拉利昂共和国位于西非西南沿岸，属于典型热带区域，高温多雨，沿海多种水系交汇（如加那利寒流、赤道逆流、几内亚湾暖流等），并有大斯卡西斯河、塞拉利昂河、歇尔布罗河、莫阿河等 6 条大型河流入海，初级生产力较高，形成多种经济鱼虾类索饵、产卵、洄游的良好场所，渔业资源十分丰富。根据联合国粮食及农业组织数据，该海域近年来捕捞年产量达 20 万 t，为当地提供了超过 50% 的动物蛋白来源。由于系统研究资料的缺乏，塞拉利昂对其近海渔业资源构成、时空分布、资源利用现状等方面的了解非常有限，严重制约了相关渔业管理制度的制定和完善。

塞拉利昂共和国是我国在非洲的重要合作伙伴、"一带一路"倡议的重要节点，也是我国最早开展过洋性渔业合作的国家之一。2017 年 10 月，中塞两国签署了《中华人民共和国农业部与塞拉利昂共和国海洋资源与渔业部关于渔业合作谅解备忘录》。2018 年 6 月，我国参加第一届中塞渔业混合委员会会议，中塞双方高度评价中塞渔业合作情况，就科学合理确定中方入渔规模、共同打击非法渔业活动、共同创造良好投资环境等达成共识，同时中方还应塞方要求，合作开展海洋渔业资源调查，以科学制定渔业资源管理政策。在此背景之下，中塞联合调查项目——塞拉利昂海域渔业资源调查应运而生。双方在科学家的共同努力下，于 2019—2021 年系统性地开展了塞拉利昂海域底层和中上层渔业资源调查，积累了丰富的基础数据和资料。根据 3 年的调查数据和采集的种类原色照片，作者编写了《塞拉利昂海域主要渔业资源原色图集》一书，详细描述了 232 种游泳动物的主要形态特征、生物学特征、栖息地分布等，其中包括鱼类 203 种、头足类 8 种、十足类 18 种和口足类 3 种，100% 覆盖了目前渔业中出现的常见种类。

该书的出版可为塞拉利昂海域游泳动物种类鉴定提供指导，为塞拉利昂渔业科学观察员、渔业科研和管理人才的培养，完善渔业管理等提供支撑。此外，研究表明目前中东大西洋海域仍有近 15% 的鱼类数据缺乏，12% 的鱼类资源处于濒危或近濒危状态，鉴于中东大西洋海域鱼类组成及生活习性的相似性，该书的出版将为增进对这些鱼类的了解、丰富基础数据提供科学资料。

该书的出版得到了中国农业农村部渔业渔政管理局、中国水产科学研究院东海水产研究所以及塞拉利昂海洋资源与渔业部的大力支持，编写团队在此表示深深的感谢！

由于能力和时间有限，书中难免有纰漏之处，欢迎读者指正。同时随着相关调查研究的持续推进，关于塞拉利昂海域渔业资源未来必然会有更多新的发现，我们也会及时跟进，并适时进行修订。

编　者

2023 年 12 月

版　例

30. 短体小沙丁鱼 *Sardinella maderensis*（Lowe, 1838）

**物种
基本信息**

英文名: Madeiran sardinella
俗　名: 沙丁鱼
商品名: SARDINELLE
分类地位: 鲱形目 Clupeiformes
　　　　　鲱科 Clupeidae
　　　　　小沙丁鱼属 *Sardinella*

**资源调查
原色照片**

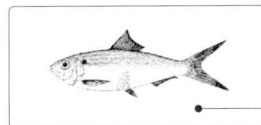

**物种
模式图**

**物种资源
分布图**

**塞拉利昂
专属经济区**

分类特征

体延长，略侧扁。**腹部自鳃孔至肛门具棱鳞**。眼中大，头长为眼径的 3 倍以上。口小，端位。**鳃耙细而多，第一鳃弓下鳃耙 70 以上**（体长 6 cm 以上个体第一鳃弓下鳃耙 70~166）。背鳍起点位于体中部略前；臀鳍最后鳍条延长；**腹鳍具 1 不分支和 8 分支鳍条**。体背呈蓝绿色，腹部银色，体侧具一淡金色纵带，纵带上方具 1~2 条更淡的金色纵带；**体侧在鳃盖后部具一金色、绿色或淡黑色斑点**；背鳍黄色，边缘暗淡，背鳍前基部具一黑斑；胸鳍上部鳍膜黑色，下部透明；**尾鳍深灰色**，末端几呈黑色，最下方鳍条无色。

栖息地、生物学特征和渔业

栖息于沿海、大洋的暖水性鱼类，从海表至水深 50 m 的海底均有分布；可耐受低盐度，幼体有时会进入河口。其季节性迁徙与上升流相关；近海 / 外海的迁移也与雨季 / 旱季相关。以各种小型浮游生物为食，最大体长为 32 cm。在西非海岸具有较大商业价值，常被刺网、罩网和地拉网捕获。其产品包括新鲜、冷冻、熏制、盐渍、干制、罐装等制品，越来越多的渔获物用于鱼粉生产。

分布

东大西洋区自西班牙东南部和直布罗陀，沿西非海岸向南自摩洛哥至安哥拉的罗安达，也许更往南；马德拉群岛和加那利群岛，地中海南部和苏伊士运河亦有分布。

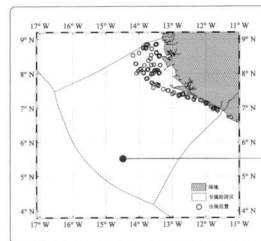

鉴定依据

《The living marine resources of the Eastern Central Atlantic, Volume 3》第 1736 页；《拉汉世界鱼类系统名典》第 35 页；《中东大西洋底层鱼类》第 27 页。

示例物种: 短体小沙丁鱼 *Sardinella maderensis*（Lowe, 1838）

目　录 CONTENTS

1. 几内亚虾蛄 *Squilla aculeata calmani* Holthuis, 1959

英 文 名： Guinean mantis shrimp
俗 名： 虾蛄、螳螂虾
分类地位： 口足目 Stomatopoda
　　　　　虾蛄科 Squillidae
　　　　　虾蛄属 *Squilla*

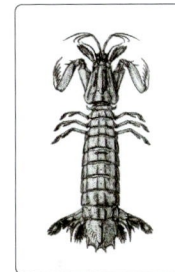

分类特征

　　体具明显的纵嵴，**第 5 腹节亚中央嵴无后刺**，尾节中央嵴明显。第 2 胸肢（掠肢）大，指节内侧齿 6 个。体无明显条纹；**尾节无突出的黑点**；活体色暗，暗绿色或灰色，纵嵴绿色；**尾节刺粉红色，外肢末节黄色。**

栖息地、生物学特征和渔业

　　沿海物种，常见于河口水域。最大体长为 15 cm，常见个体体长 12 cm。主要捕捞方式为拖网和地拉网。

分布

　　东大西洋区西非沿岸自塞内加尔至安哥拉海域。

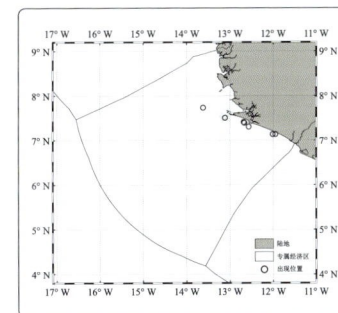

鉴定依据

　　《The living marine resources of the Eastern Central Atlantic, Volume 1》第 33 页。

2. 凯氏虾蛄 *Squilla cadenati* Manning, 1970

英 文 名： Angolan mantis shrimp
俗　　名： 安哥拉虾蛄、螳螂虾
分类地位： 口足目 Stomatopoda
　　　　　 虾蛄科 Squillidae
　　　　　 虾蛄属 *Squilla*

分类特征

体具明显的纵嵴，**第 5 腹节亚中央嵴具后刺**，尾节中央嵴明显。第 2 胸肢（掠肢）大，指节内侧齿 6 个。体无明显条纹，**尾节前部具 1 对三角形黑斑**，鲜活时为鲜红色。

栖息地、生物学特征和渔业

分布水深 37~300 m，常见于 60 m 水深以下。最大体长为 20 cm，常见个体体长为 15 cm。偶作为兼捕渔获物被捕获，主要捕捞方式为拖网。常新鲜食用。

分布

东大西洋区西非沿岸自塞内加尔至安哥拉海域。

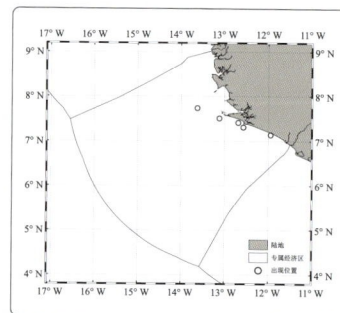

鉴定依据
《The living marine resources of the Eastern Central Atlantic, Volume 1》第 34 页。

3. 圆斑尾虾蛄 *Squilla mantis*（Linnaeus, 1758）

英 文 名：Spottail mantis squillid
俗　　名：螳虾蛄、螳螂虾
分类地位：口足目 Stomatopoda
　　　　　虾蛄科 Squillidae
　　　　　虾蛄属 *Squilla*

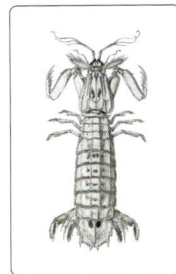

分类特征

体具明显的纵嵴，**第 5 腹节亚中央嵴具后刺**，尾节中央嵴明显。第 2 胸肢（掠肢）很大，指节内侧齿 6 个。体无明显的条纹，具紫褐色斑纹；**尾节呈黄色，并具 2 个紫褐色圆斑，圆斑边缘白色。**

栖息地、生物学特征和渔业

栖息于水深 200 m 以上的滨海地区，但一般栖息在浅于 120 m 的水域。最大体长为 15 cm，常见个体体长为 12 cm。常作为兼捕渔获物被捕获，主要捕捞方式为拖网。常新鲜食用。

分布

大西洋区西非沿岸自直布罗陀至安哥拉海域；也见于地中海。

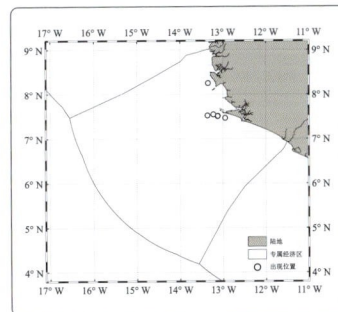

鉴定依据

《The living marine resources of the Eastern Central Atlantic, Volume 1》第 35 页。

1. 米尔斯赤虾 *Metapenaeopsis miersi*（Holthuis, 1952）

英 文 名： Miers shrimp
分类地位： **十足目 Decapoda**
对虾科 Penaeidae
赤虾属 *Metapenaeopsis*

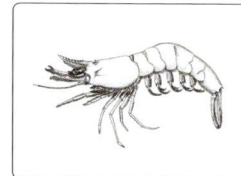

分类特征

甲壳厚，表面密生短毛。**额角短，不超过第一触角柄，上缘具 8~10 齿，下缘无齿。胃上刺与第一额齿分离。**头胸甲无纵缝；眼刺小，触角刺、颊刺和肝刺发达，无鳃甲刺；无眼后沟；眼眶触角沟和颈沟不发达。头胸部最后一体节上无侧鳃。第 6 腹节侧面无刻纹。**尾节固定刺近末端具 3 对明显的可动刺。**第一触角具柄刺；触角鞭非常短（特别是雄性）。**第 3 颚足和第 1、2 步足具基节刺。雄性交接器不对称；**雌性交接器闭合，第 14 体节上具横板，第 13 体节的前板中部向前尖突。体具不规则斑纹，胸足和腹足红色。

栖息地、生物学特征和渔业

栖息于水深 50 m 以浅、温度 15~28 ℃的泥质和沙质底质海域。最大全长为 8.5 cm（雌性）和 7 cm（雄性）。常与其他对虾一起被拖网捕获。

分布

东大西洋区自毛里塔尼亚至安哥拉海域。

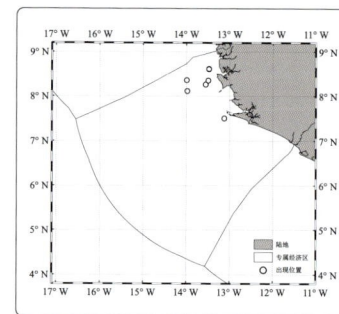

鉴定依据
《The living marine resources of the Eastern Central Atlantic, Volume 1》第 78 页。

2. 大西洋霍氏对虾 *Holthuispenaeopsis atlantica* Balss, 1914

英 文 名：Guinea shrimp
俗　　名：太平洋仿对虾、桃红虾、狗虾
商 品 名：CAMARON（4PP，5PP）
分类地位：十足目 Decapoda
　　　　　对虾科 Penaeidae
　　　　　霍氏对虾属 *Holthuispenaeopsis*

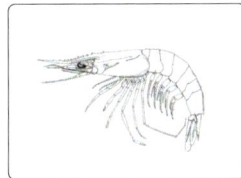

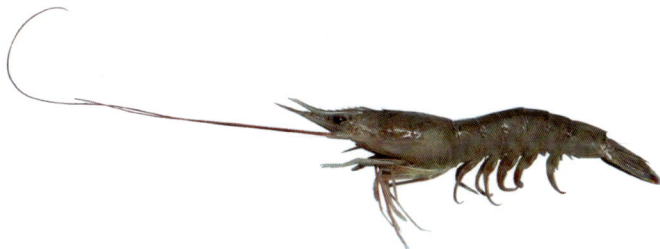

分类特征

　　甲壳薄，具细微的短毛。额角甚长，上缘通常具 10 齿，**下缘无齿**；末端略向上弯曲，远超第一触角柄末端。头胸甲上具小眼刺和发达的触角刺和肝刺，无鳃甲棘和颊棘，颊角锐；眼后沟明显；无眼胃嵴；眼眶触角沟和颈沟不发达；肝沟前部明显；**纵缝向后伸达至头胸甲后缘稍前方**。第 6 腹节侧面各具 2 条短刻纹。**尾节具 4 对可动刺**。第 4 对腹足明显短于第 5 对。第一触角无柄刺。第 3 颚足无上肢，第 1 和第 2 步足具上肢，所有颚足和步足均具外肢；第 1 和第 2 步足具基节刺。雄性交接器对称、半闭合、中板不清晰；雌性交接器闭合，第 14 体节上的板块很宽。体呈不明显的淡棕粉色，眼柄柠檬黄色，第二触角和步足（第 1 步足除外）棕红色，尾肢末端棕红色，具黄色边缘。

栖息地、生物学特征和渔业

　　栖息于水深 10~40 m（有时出现在 60 m）的沙质和泥沙底质海域。喜温暖水域，栖息水温不低于 16 ℃。除浑浊水域外白天不活跃。最大全长为 17 cm（雌性）和 12 cm（雄性）。渔场位于科特迪瓦、利比里亚、喀麦隆、加蓬、加纳和刚果沿海地区。资源波动较大，主要集中于河口附近。主要捕捞方式为底拖网。新鲜或冷冻出售。

分布

　　东大西洋区西非沿岸自塞内加尔至安哥拉海域；西印度洋区好望角至莫桑比克贝拉海域亦有分布记录。

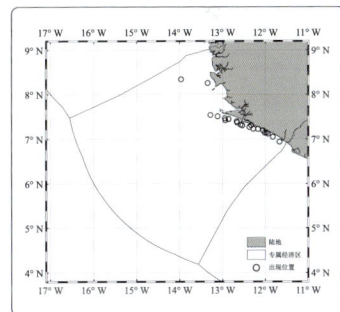

鉴定依据

　　《The living marine resources of the Eastern Central Atlantic, Volume 1》第 79 页；《中东大西洋底层鱼类》第 182 页。

3. 欧洲对虾 *Penaeus kerathurus*（Forsskål, 1775）

英 文 名： Caramote prawn
俗　　名： 欧洲沟对虾、红斑对虾、斑节虾
商 品 名： LANGOSTINO（B）, CREVETTE（T）
分类地位： 十足目 Decapoda
　　　　　对虾科 Penaeidae
　　　　　对虾属 *Penaeus*

分类特征

甲壳表面光滑。额角末端略向上弯曲，**额角上缘通常具 11 齿（8~13 齿），下缘仅 1 较大齿**。头胸甲具明显的眼刺、触角刺和肝刺，无鳃甲刺和颊刺。无眼后沟；额角后嵴、额角侧嵴和额角侧沟长，远超过胃上刺，几延伸至头胸甲后缘；**额胃嵴后端自背前方翻转**，基部具向前的短分支，腹侧近额胃嵴；额胃沟向后分支不明显；眼胃嵴长，是肝刺与眼眶边缘距离的 3/4 以上；眼眶触角沟明显；颈嵴突出，颈沟深；肝嵴和肝沟亦明显；无心鳃沟。**第 6 腹节背侧嵴两侧无背侧沟**，侧面具 3 条凸起刻纹。尾节具 3 对小可动刺。第一触角无柄刺。颚足和胸肢均具外肢。第 1、2 对步足底节和基节均具刺，第 3 对步足仅具基节刺。雄性交接器对称，半闭合，侧叶顶端具短突起，中叶长而弯曲；雌性交接器在第 14 体节上具成对的侧板。体色因性别而异，**雄性通常色浅，腹部具粉红色横向条纹；雌性为黄绿色或灰黄色，具铜绿色或棕红色条纹**；尾扇末端蓝色，具红色边缘。

栖息地、生物学特征和渔业

栖息水深 5~50 m，主要分布于靠近河口的沿海水域。除繁殖期喜泥质海底外，通常栖息于沙质海底或海草床上。产卵盛期在夏季，幼体栖息于河口和潟湖地区。以小型底栖生物（软体动物、多毛类、甲壳类和棘皮动物）为食。最大全长为 23.5 cm（雌性）和 18 cm（雄性）。近 30 年来渔获量变化很大。主要捕捞方式为底拖网。新鲜或冷冻出售。

分布

东大西洋区自英格兰的南部至安哥拉海域，除黑海外的整个地中海均有分布。

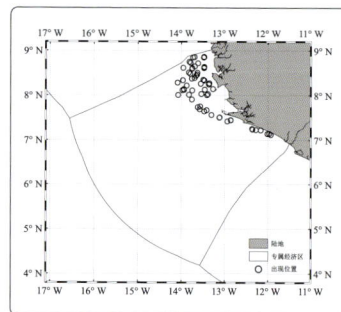

鉴定依据
《The living marine resources of the Eastern Central Atlantic, Volume 1》第 76 页；《中东大西洋底层鱼类》第 181 页。

4. 斑节对虾 *Penaeus monodon* Fabricius, 1798

英 文 名：Giant tiger prawn,
　　　　　Black tiger prawn
俗　　名：草虾、花虾
分类地位：十足目 Decapoda
　　　　　对虾科 Penaeidae
　　　　　对虾属 *Penaeus*

分类特征

　　甲壳表面光滑。额角上缘具 6~8 齿，**下缘具 3 齿**。头胸甲具明显的触角刺和肝刺，**无眼刺、鳃甲刺和颊刺；无眼后沟**，颈沟浅；额角后脊长，几伸达头胸甲后缘；**额角侧脊和额角侧沟短，仅伸达胃上刺；无额胃脊**；眼胃脊短，眼眶触角沟明显，向前延伸不超过从肝刺到眼眶边缘距离的 2/3；颈脊和肝脊明显，颈沟浅；无纵缝和横缝。第 6 腹节背侧脊两侧无背侧沟，侧面具 3 条凸起刻纹。**尾节光滑**。第一触角无柄刺。第 1、2 对步足具基节刺，第 5 步足无外肢。雄性交接器中叶末端突起，稍突出于侧叶之上；雌性交接器由 2 个亚椭圆形的侧板组成，前突凹陷且近圆形，后突近三角形，部分插入侧板之间。体呈灰绿色或带深绿色的蓝色；**大型成体呈红褐色，头胸甲具土黄色横带，腹部具深褐色和土黄色横带**；眼浅棕色，有许多黑点；触角鞭均匀呈绿棕色；足部颜色与体相同，但有时偏红或具明亮的黄色和蓝色条纹；腹肢偏红或淡红色，基部有明亮的黄色和

蓝色；尾扇上半部深蓝色或深褐色，中部具红色或土黄色横带，边缘偏红。

栖息地、生物学特征和渔业

　　栖息于水深 0~160 m（通常小于 30 m）且底质为沙、泥或淤泥的海域，幼体多栖息于海草床、红树林、沼泽和河口。最大全长为 35 cm（雌性）和 26.8 cm（雄性），常见个体全长 12~20 cm。为印度 – 西太平洋区重要经济捕捞对象，主要被拖网、刺网、围网、张网、陷阱类渔具捕获，也是重要的水产养殖对象，许多东南亚国家都进行大规模的池塘养殖，地中海地区也启动了养殖项目。目前，沿西非海岸拖网有捕捞。

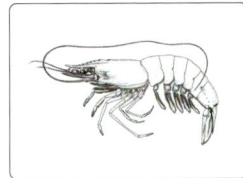

分布

　　广泛分布于印度 – 西太平洋区自东非沿岸至红海、日本、澳大利亚、斐济。近期引入西非（塞内加尔、尼日利亚、贝宁、喀麦隆）。

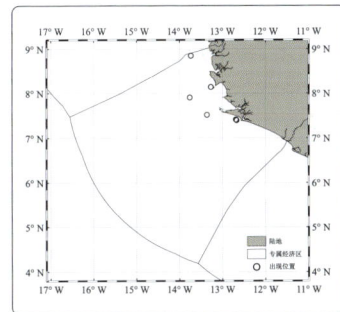

鉴定依据

《The living marine resources of the Eastern Central Atlantic, Volume 1》第 84 页；《东海经济虾蟹类》第 35 页。

5. 南方红对虾 *Penaeus notialis* Pérez Farfante, 1967

英　文　名：Southern pink shrimp
俗　　　名：南方红对虾、白虾
商　品　名：LANGOSTINO（B），CREVETTE（B）
分类地位：十足目 Decapoda
　　　　　对虾科 Penaeidae
　　　　　对虾属 *Penaeus*

分类特征

　　甲壳表面光滑。**额角**上缘通常具 9 齿（8~11齿），**下缘具 2 齿**。头胸甲具明显的触角刺和肝刺，无眼刺和颊刺；**额角侧沟和额角侧嵴长，几延伸至头胸甲后缘**，额角侧沟后部宽而深；额角后嵴发达，伸达额角侧沟，中央沟深；**具额胃嵴。第 6 腹节上的背侧沟清晰且宽阔**，背侧嵴高度与背沟宽度之比通常小于 1.75，**侧面具 3 条凸起刻纹。尾节光滑**。颚足和胸足均具外肢，第14 体节（头胸部最后一节）上具侧鳃。第一触角无柄刺。雄性交接器具短突起，雌性交接器具侧板，前缘分叉。来自西非海岸的个体呈金黄色，而在大西洋中西部个体颜色随栖息地不同有很大差异，呈粉红色、棕红色或柠檬黄色。**第 3 和第 4 腹节的交界处常具一黑斑。**

栖息地、生物学特征和渔业

　　栖息于泥质或泥沙底质海域，深度可达100 m，但通常在 10~75 m 活动。主要在河口和潟湖出口附近（18~24 ℃）水域出现；幼体需要

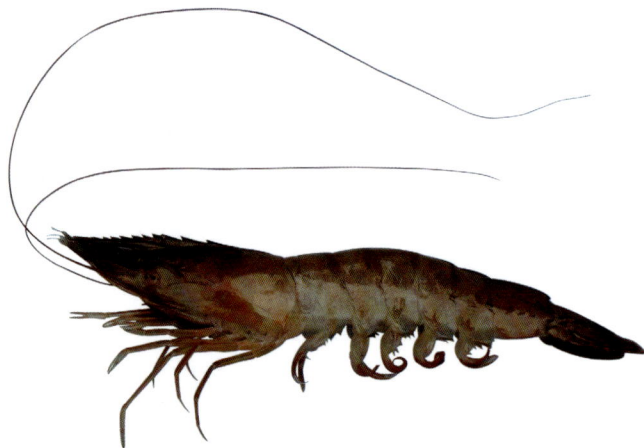

在半咸水中度过约 6 个月的时间。主要在夜间活动，但白天也可能在浑浊水体中活动。最大全长为 23 cm（雌性）和 17 cm（雄性）。该物种是西非重要的渔业捕捞对象，被拖网渔船捕获。渔场分布于塞内加尔、几内亚、塞拉利昂、利比里亚、科特迪瓦、加纳、尼日利亚、喀麦隆和加蓬附近的沿海泥底水域，在刚果和安哥拉海域也有少量捕捞。在潟湖用诱捕渔具和其他手工渔具捕捞，在沿海用底拖网捕捞。味甜。常出售新鲜、冷冻、煮熟冷冻、熏制和鱼粉等产品。

分布

　　东大西洋区自毛里塔尼亚（布兰科角，21°N）至安哥拉海域；西大西洋区自加勒比海（包括安的列斯群岛、维尔京群岛）沿南美洲海岸向南至巴西海域亦有分布。

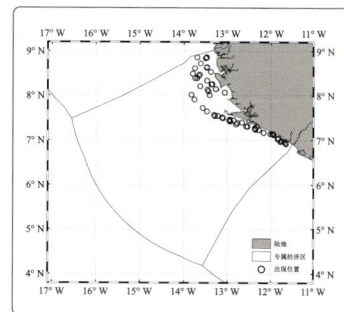

鉴定依据
　　《The living marine resources of the Eastern Central Atlantic, Volume 1》第 71 页；《中东大西洋底层鱼类》第 180 页。

6. 盔单肢虾 *Sicyonia galeata* Holthuis, 1952

英 文 名： Tufted rock shrimp
分类地位： 十足目 Decapoda
　　　　　单肢虾科 Sicyoniidae
　　　　　单肢虾属 *Sicyonia*

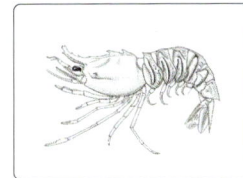

分类特征

　　甲壳钙化而坚硬。额角长且向上弯曲，上缘具 6 齿，其中 3 齿位于眼眶之前，**3 齿位于头胸甲背缘隆起嵴上（最后 2 齿非常强壮）**。头胸甲具肝刺，无触角刺、鳃甲刺和颊刺，颊角突出。背中央具纵嵴和侧沟。第 1 腹节背中线具一向前的刺；**前 3 腹节侧甲后缘呈圆形，但第 4、5 腹节侧甲后缘均具一向后的尖刺**。前 3 个步足钳状。体呈灰褐色，触角具红色条纹。

栖息地、生物学特征和渔业

　　栖息于 15~70 m 深的泥质或泥沙底质海域。最大全长为 6.2 cm。目前无商业性捕捞，该物种个体小，不能满足渔业生产需求，只能作为热带渔业的补充资源，偶被底拖网捕获。新鲜出售。

分布

　　东大西洋区自撒哈拉西南部至安哥拉海域。

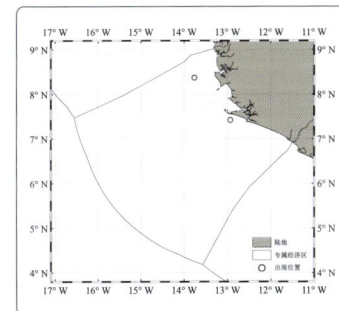

鉴定依据

　　《The living marine resources of the Eastern Central Atlantic, Volume 1》第 90 页。

7. 矛形线长臂虾 *Nematopalaemon hastatus*（Aurivillius, 1898）

英 文 名： West African estuarine prawn
俗　　名： 白虾
分类地位： 十足目 Decapoda
　　　　　长臂虾科 Palaemonidae
　　　　　线长臂虾属 *Nematopalaemon*

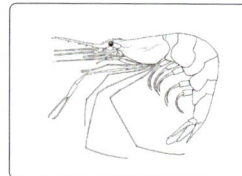

分类特征

　　甲壳光滑，**具触角刺和鳃甲刺，无肝刺**。额角柱状，**上缘具 7~11 齿，尖端附近具 1 附加小单齿，下缘具 3~11 齿，齿间具单排刚毛**。第 2 步足细长，钳足指节细长，指节长约为掌节长的 2 倍，腕节长约等于掌节长，长节长为腕节长的 2 倍以上。**第 3、4、5 步足非常纤细，指节异常细长，几与掌节等长；第 4、5 步足显著长于第 3 步足**。尾节尖端截形且具 2 个大的可动刺，侧缘具 2 对小刺。**体呈白色，尾扇红色**。

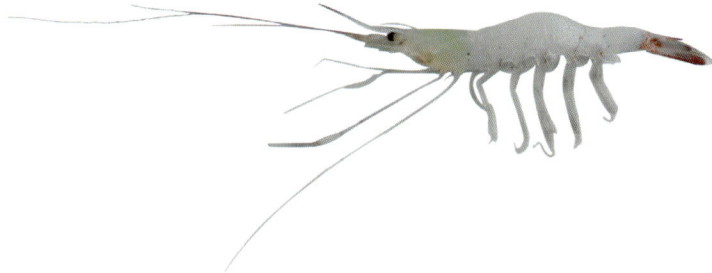

栖息地、生物学特征和渔业

　　栖息于河口和水深 50 m 以浅的沿海、底质为沙质和泥质的区域。主要见于尼日利亚的河口和沿海水域。最大全长为 7.5 cm。主要捕捞方式为围网（单网捕捞量可达 500 kg）。干制、腌制和烟熏出售。

分布

东大西洋区自塞内加尔至安哥拉。

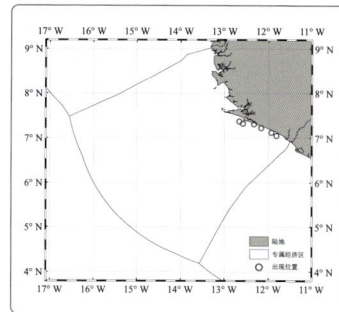

鉴定依据
　　《The living marine resources of the Eastern Central Atlantic, Volume 1》第 130 页。

8. 皇刺龙虾 *Panulirus regius* De Brito Capello, 1864

英 文 名：Royal spiny lobster
俗　　名：龙虾、小青龙
商 品 名：LANGOSTA
分类地位：十足目 Decapoda
　　　　　龙虾科 Palinuridae
　　　　　龙虾属 *Panulirus*

分类特征

　　头胸甲近圆筒状，背面散布棘刺。**头胸甲前缘具 2 个略弯曲的短三角形额角；头胸甲前缘平滑，无明显的中间齿**。第二触角鞭状，长且硬；**第一触角细长，鞭长大于柄长；第二触角基部被宽的触角板分开，触角板上具 4 个强壮的大刺，有时还有一些非常小的附加小刺**。尾节强壮，尾扇发达；腹节光滑，无鳞片状花纹，各腹甲间均具宽横沟，横沟部分密生绒毛。步足指状（雌性的第 5 步足除外）。头胸甲呈深浅不一的绿色，**腹部背甲呈绿色，每节间具白色横带，与后缘深绿色或深棕色的横带分开**；腹部侧甲基部具小白点。步足**上具白色和绿色的纵纹**。

栖息地、生物学特征和渔业

　　栖息于从近岸到约 40 m 深浅海的岩石和沙层上，栖息水层通常为 5~15 m。此外，在纳米比亚 500~600 m 深处的软质底层也曾发现该物种。最大全长为 46 cm，常见个体全长 30 cm。

　　尽管捕捞区域很大，但不是最具商业价值的龙虾。可用龙虾罐、底拖网、底网、缠网、筒子网等捕捞。在浅水栖息地，它可以被人工捕获。是塞拉利昂主要兼捕渔获物之一，6—11 月为主要捕捞季节。常活体或冷冻销售；大部分渔获物出口到法国和西班牙。

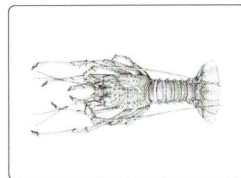

分布

　　东大西洋区西非沿岸自摩洛哥朱比角至安哥拉南部的莫卡梅德斯（28°N—15°S）；佛得角群岛、加那利群岛和地中海西部亦有分布。

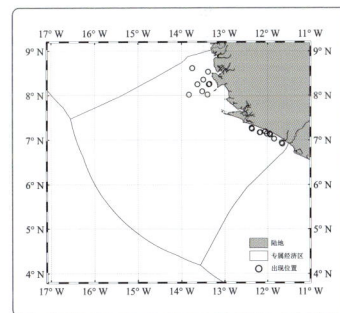

鉴定依据

《The living marine resources of the Eastern Central Atlantic, Volume 1》第 33 页；《中东大西洋底层鱼类》第 177 页。

9. 黄馒头蟹 *Calappa galloides* Stimpson, 1859

英 文 名：Yellow box crab
俗　　名：馒头蟹
分类地位：十足目 Decapoda
　　　　　馒头蟹科 Calappidae
　　　　　馒头蟹属 *Calappa*

分类特征

　　头胸甲隆起，**呈钝三角形，眼后均具一明显的凹陷；前部具不规则的疣状突起，后部具许多由成行的颗粒形成的尖锐且短的横行嵴；前侧缘呈锯齿状，后侧缘具缺刻，无明显的齿**。额角近三角形。背面呈橙色至橙棕色，具不规则的深红色或深红棕色斑点；腹面黄色。

栖息地、生物学特征和渔业

　　通常在浅滩沿海水域的沙或微泥沙中穴居，但也有报道称其栖息深度可达 200 m。无鱼汛。最大头胸甲长为 6 cm、头胸甲宽为 8 cm。

分布

　　东大西洋区自塞内加尔至安哥拉、加那利群岛、佛得角群岛、圣多美群岛和普林西比岛、阿森松岛、圣赫勒拿；西大西洋区自佛罗里达群岛至巴西亦有分布。

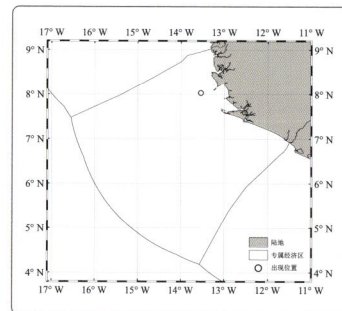

鉴定依据
　　《The living marine resources of the Eastern Central Atlantic, Volume 1》第 286 页。

10. 棘馒头蟹 *Calappa pelii* Herklots, 1851

英 文 名： Spiny box crab
俗　　名： 馒头蟹
分类地位： 十足目 Decapoda
　　　　　 馒头蟹科 Calappidae
　　　　　 馒头蟹属 *Calappa*

分类特征

　　头胸甲隆起，**前缘呈半圆形，后侧缘突出呈锯齿状，后缘具明显的向后锐齿**；背面具细小颗粒，**无横行颗粒状嵴。额角具 2 齿**。甲壳呈褐色或微红色，具由极小的点组成的不规则大理石斑纹，**没有明显的花纹**。

栖息地、生物学特征和渔业

　　在 12~400 m 深处的泥或泥沙中穴居，通常为 50~150 m，栖息水深比西非其他馒头蟹更深。最大头胸甲长为 7.6 cm、头胸甲宽为 9.6 cm。无鱼汛。有报道认为其可能具有商业价值。

分布

　　东大西洋区西非沿岸自西撒哈拉至安哥拉海域。

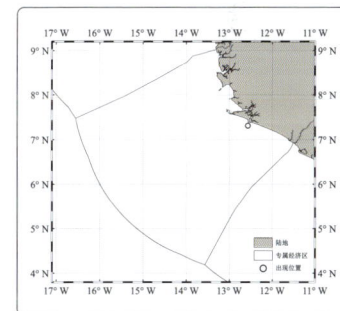

鉴定依据
　　《The living marine resources of the Eastern Central Atlantic, Volume 1》第 288 页。

11. 圆斑馒头蟹 *Calappa rubroguttata* Herklots, 1851

英 文 名： Spotted box crab
俗　　名： 馒头蟹
分类地位： 十足目 Decapoda
　　　　　 馒头蟹科 Calappidae
　　　　　 馒头蟹属 *Calappa*

分类特征

　　头胸甲隆起，眼后无凹陷；**前缘半圆形；后侧缘锯齿状，但后缘无向后锐齿；背面具大小不一的颗粒，但无横行颗粒状嵴。额角具 2 齿。**甲壳呈淡黄色，**头胸甲前半部分具 2 行平行的红色大圆斑，圆斑大小几相等，后半部分有几条红色纵纹**；螯足的掌节和腕节也具红斑。

栖息地、生物学特征和渔业

　　在水深 0~90 m 的沙或细沙砾中穴居，通常栖息水深 4~40 m。最大头胸甲长为 7.9 cm、头胸甲宽为 10.8 cm。无鱼汛。用垂直网或地拉网捕捞。钳子可食用。身体的某些部位可能有毒，可引起腹泻。

分布

　　东大西洋区自塞内加尔至安哥拉海域。

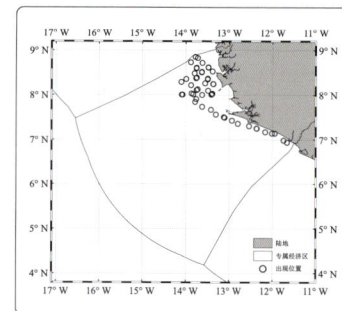

鉴定依据

　　《The living marine resources of the Eastern Central Atlantic, Volume 1》第 289 页。

12. 斑点蜘蛛蟹 *Maja goltziana* d'Oliveira, 1888

英 文 名： Spiny spider crab
分类地位： 十足目 Decapoda
　　　　　蜘蛛蟹科 Majidae
　　　　　蜘蛛蟹属 *Maja*

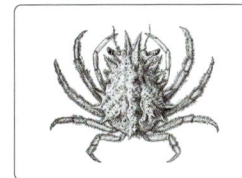

分类特征

　　头胸甲隆起，呈梨形；甲壳表面覆盖有许多刺和颗粒，**沿背中线有 5 枚强壮的刺，其中胃区 3 枚，心区前后部各 1 枚，心区两侧与鳃区交界处各具 1 枚锐刺**。额角突出呈 2 锐齿。侧缘具 5 大刺，具明显的向后锐齿。螯足细小，**步足长节和背前缘均具棘**，着生细毛。

栖息地、生物学特征和渔业

　　栖息于水深 15~300 m 的沿海软底质海域，也出现于大陆架和上陆坡的碎屑泥质海域。植食性，主要以海藻等为食。

分布

　　东大西洋区自葡萄牙至刚果附近的几内亚湾（包括加那利群岛）；地中海东部至意大利北部厄尔巴岛亦有分布。

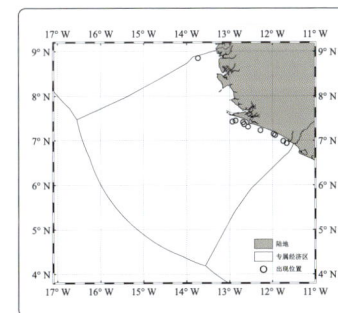

鉴定依据

　　《The living marine resources of the Eastern Central Atlantic, Volume 1》第 292 页；《Investigation of crustaceans from shelf areas in the Gulf of Guinea, with special emphasis on Brachyura》第 71 页。

13. 短指蜘蛛蟹 *Maja brachydactyla* Balss, 1922

英文名： Atlantic spinous spider crab
分类地位： 十足目 Decapoda
　　　　　 蜘蛛蟹科 Majidae
　　　　　 蜘蛛蟹属 *Maja*

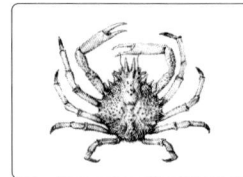

分类特征

　　头胸甲隆起，呈圆形，前部渐窄，中后部最宽，大型个体中的头胸甲宽略大于头胸甲长；甲壳表面覆盖有许多刺和颗粒，表面具毛。**额角突出呈2锐齿**，突出于头胸甲轮廓外；**侧缘具5大刺**和一些小刺（包括眼窝刺）。螯足光滑无刺，雄性螯足更长且更强壮；**步足形状相似**，从前向后逐渐变小，上面覆盖着许多短硬和长软的毛，无刺。体呈均匀的红褐色或黄褐色。

栖息地、生物学特征和渔业

　　栖息于从近岸至75 m水深的沿海大陆架和岩质海底的藻类分布区。最大头胸甲长为22 cm、头胸甲宽为18 cm。在西非海岸的绝大部分均有分布，但资源量少，不能作为渔业捕捞对象，据报道只有在摩洛哥资源量较为丰富。主要捕捞方式为底拖网和三重刺网。新鲜出售。

分布

　　东大西洋区自摩洛哥至纳米比亚，包括岛屿，向北延伸至北海。

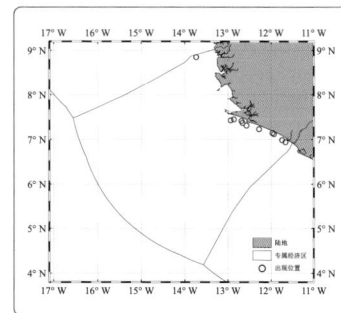

鉴定依据
　　《The living marine resources of the Eastern Central Atlantic, Volume 1》第295页。

14. 钝齿蟳 *Charybdis helleri*（A. Milne-Edwards, 1867）

英 文 名：Indo-Pacific swimcrab
分类地位：十足目 Decapoda
梭子蟹科 Portunidae
蟳属 *Charybdis*

分类特征

头胸甲呈横钝六角形，表面具绒毛，**具明显的横行颗粒隆嵴。额具 6 齿，各齿均较钝**，中间 1 对较突出。**前侧缘具 6 齿**，末齿稍大。螯粗大，不等大。体色多变，呈墨绿色、蓝灰色或棕褐色，通常为青铜色，**螯掌节底部棕褐色，指节深咖啡色。**

栖息地、生物学特征和渔业

分布于水深 0~51 m 的软底质海域，在岩礁区和珊瑚礁区也有分布，多栖息于潮间带岩石下、活珊瑚间和水草多的积水坑，河口和红树林也有分布。为入侵物种，偶有捕获。可食用。

分布

分布于印度－西太平洋热带海域。目前已入侵至西太平洋区美国佛罗里达，东太平洋区西非沿岸和地中海也有发现。

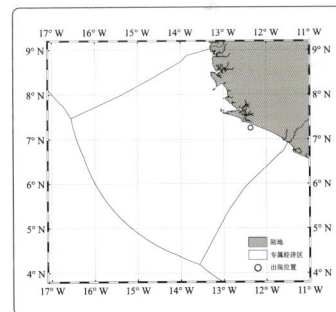

鉴定依据

《The living marine resources of the Eastern Central Atlantic, Volume 1》第 316 页。

15. 凹指谈泳蟹 *Laleonectes vocans*（A. Milne-Edwards, 1878）

英 文 名： Spotted swimcrab
俗　　名： 大西洋棘蛛蟹
分类地位： 十足目 Decapoda
　　　　　梭子蟹科 Portunidae
　　　　　谈泳蟹属 *Laleonectes*

分类特征

　　头胸甲呈梭形，表面布有细微颗粒。**胃区有4 条横行的颗粒，一条波浪形的紧密颗粒线自一侧末侧齿尖端延伸至另一侧末侧齿尖端；头胸甲腹面沿边缘具连续且间隔较小的颗粒。**额具 4 钝齿，中间 1 对较小。内眼窝齿短钝。前侧缘连外眼窝齿在内共有 9 齿，外眼窝齿较小，向后渐大而尖锐，末齿最为长大，向两侧突出。**头胸甲后角具一向外且向上的小齿。螯长节内侧中后部具梳齿状隆嵴。**

栖息地、生物学特征和渔业

　　岛屿性物种，栖息水深 7~309 m。相关生物学性状及资源现状等不清。

分布

　　东大西洋区加那利群岛、马德拉群岛、佛得角群岛及几内亚湾的安诺本岛和圣多美群岛。西中大西洋区的墨西哥湾安的列斯群岛、阿森松岛及西大西洋区的巴西亦有分布记录。

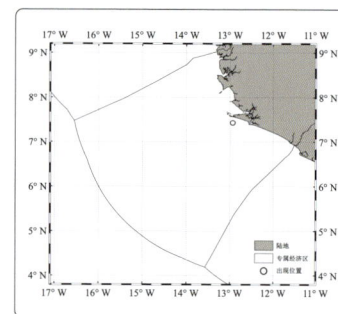

鉴定依据

　　《The living marine resources of the Eastern Central Atlantic, Volume 1》第 315 页；《West African Brachyuran Crabs (Crustacea: Decapoda)》第 107 页；《Decapod and stomatopod crustaceans from Ascension Island, South Atlantic Ocean》第 50 页。

16. 苍白美青蟹 *Callinectes pallidus*（De Rochebrune, 1883）

英文名： Gladiator swimcrab
分类地位： 十足目 Decapoda
梭子蟹科 Portunidae
美青蟹属 *Callinectes*

分类特征

头胸甲扁平，宽约为长的 2.5 倍。额具 4 钝齿，中间 1 对较小，约为外齿长的 1/2。前侧缘连外眼窝齿在内通常有 8~9 枚尖锐齿，**末齿最为长大，几为前齿的 3 倍**；表面均匀散布细小颗粒，从侧棘弯曲向内延伸，**中间无弯曲**。第一腹节侧上角尖锐。螯不等长，表面通常具明显的颗粒隆脊。**雄性生殖肢短，不达第 3 步足的腹甲末端，有规律地向外弯曲，常相互交叉，尖端向内弯曲**。甲壳呈棕色和深棕色，几乎为黑色和灰色，**步足蓝色**。

栖息地、生物学特征和渔业

栖息于淤泥或沙质底质、深度小于 30 m 的咸淡水和海水中。最大头胸甲宽为 10.9 cm、头胸甲长为 4.5 cm。分布区内捕捞量较高，主要捕捞方式为手工网具、方网、蟹盆、钩线等。可鲜食、煮熟或油炸食用。

分布

东大西洋区自毛里塔尼亚至安哥拉海域。

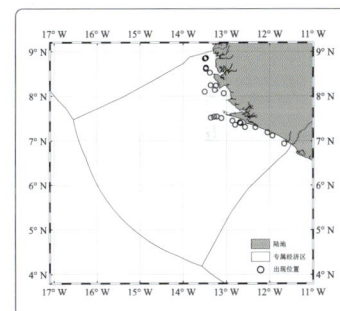

鉴定依据

《The living marine resources of the Eastern Central Atlantic, Volume 1》第 321 页；《中东大西洋底层鱼类》第 185 页。

17. 红克罗诺斯蟹 *Cronius ruber*（Lamarck, 1818）

英 文 名： Red swimcrab

分类地位： 十足目 Decapoda

梭子蟹科 Portunidae

克罗诺斯蟹属 *Cronius*

分类特征

头胸甲略隆起，甲面覆盖短毛，具数行横行颗粒隆线。前额连内眼窝处在内共有 4 三角形尖齿，内眼窝具 1 尖锐齿；**前侧缘具 9 尖锐锯齿**，大小交替；**末齿不明显扩大**。螯稍不等长，具颗粒状嵴和刺棘；腕节具 4 刺；掌节背面具 4 刺；**腹面被横行粗颗粒**；步足细长，第 4 步足掌节和指节扁平且宽，呈桨状，长节腹侧末端具 1 刺。体呈紫红色，具浅色大理石花纹，指尖和刺的尖端呈黑色；甲面短毛棕色。

栖息地、生物学特征和渔业

在从潮间带至 38 m 水深的不同底质类型海底均有分布，但常见于水深小于 20 m 且长有藻类、海鞘等生物的区域。最大头胸甲宽为 8.2 cm、头胸甲长为 5.2 cm。无鱼汛。

分布

东大西洋区自塞内加尔和佛得角群岛至安哥拉。西大西洋区自美国南卡罗来纳州至巴西，以及东太平洋区下加利福尼亚、墨西哥、秘鲁和加拉帕戈斯群岛亦有分布。

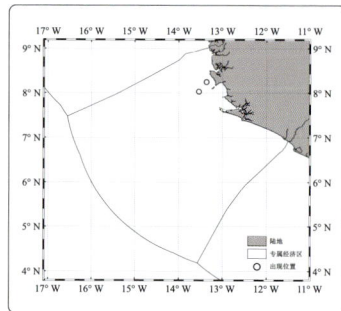

鉴定依据

《The living marine resources of the Eastern Central Atlantic, Volume 1》第 323 页。

18. 强壮桑凯蟹 *Sanquerus validus*（Herklots, 1851）

英 文 名： Senegalese smooth swimcrab
俗　　名： 强壮梭子蟹、强壮海神蟹
分类地位： 十足目 Decapoda
　　　　　 梭子蟹科 Portunidae
　　　　　 桑凯蟹属 *Sanquerus*

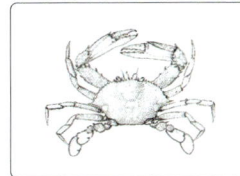

分类特征

　　头胸甲隆起高，表面光滑，无横行隆线。额具 6 三角形尖齿；**前侧缘具 8 颗相似但略宽的锯齿，后面紧挨 1 尖锐侧棘**，侧棘长略短于最后锯齿的 2 倍。螯不等长，光滑，掌节外表面有 3 条隆线，内表面有 1 条隆线，**前背侧具 1 刺**；指节无明显的隆线；步足光滑，侧面具一些凹槽，**但无隆线，亦无短毛**；**第 4 步足的掌节和指节扁平且宽，呈桨状**。雄性腹部呈三角形。头胸甲均匀呈褐色至灰绿色或卡其色，近后外侧边缘各具 1 白斑；螯和步足的背面具明显的紫色或蓝色的大理石纹，与颜色均匀的头胸甲形成强烈对比。腹面均匀呈白色。

栖息地、生物学特征和渔业

　　栖息于 55 m 水深以浅（大多在 10~30 m）且底质为沙质和泥质的浅海沿岸水域。最大头胸甲宽为 19 cm、头胸甲长为 9.3 cm。可用底拖网、地拉网和刺网等渔具进行捕捞。虽然该物种很常见，但从未大量出现，因此经济重要性较低。

分布

　　东大西洋区自毛里塔尼亚至安哥拉海域。

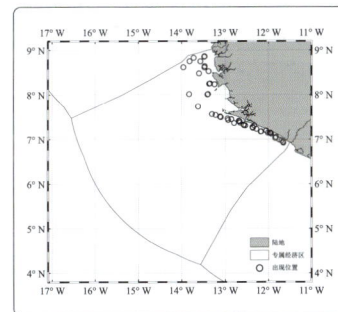

鉴定依据
《The living marine resources of the Eastern Central Atlantic, Volume 1》第 327 页。

1. 巨型西非乌贼 *Sepia hierredda* Rang, 1835

英 文 名： Giant African cuttlefish
俗　　名： 乌贼、墨鱼
商 品 名： MONGO（日向），
　　　　　CHOCO（欧向），SEICHE
分类地位： 乌贼目 Sepioidea
　　　　　乌贼科 Sepiidae
　　　　　乌贼属 *Sepia*

分类特征

　　胴体背前缘呈钝角突出。**触腕穗长，具吸盘 5~6 横行，基部吸盘较大，直径为其余吸盘直径的 2 倍。雄性左侧第 4 腕茎化，末端具 8~14 横行退化吸盘。骨板前部非常尖锐**，尾骨针短，骨板宽和厚分别为胴长的 35% 和 12%，横纹区延伸超过骨板长的 47%。骨板棘不被几丁质覆盖。

栖息地、生物学特征和渔业

　　栖息于水深 7~200 m 的大陆架浅海海域。雌性性成熟胴长为 13 cm，1—9 月为产卵期，一般向沿岸进行产卵洄游。寿命为 2 龄，最大胴长为 50 cm，是重要的商业捕捞对象，主产区位于西非，主要由摩洛哥、毛里塔尼亚和塞内加尔渔船捕捞，而中国和韩国籍拖网渔船也有捕捞。在塞内加尔沿岸，渔民用独木舟放置钓钩或陷阱类渔具在 7~16 m 水深处捕捞，而拖网船在 10~150 m 水深处捕捞。常鲜食或冷冻食用。

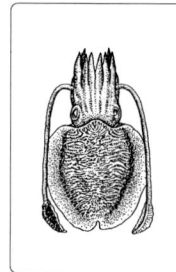

分布

　　东大西洋区西非沿岸自毛里塔尼亚布兰科角（21°N）至安哥拉底格里斯湾（16°30′S）海域。

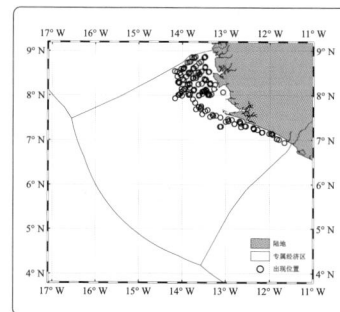

鉴定依据

　　《The living marine resources of the Eastern Central Atlantic, Volume 1》第 415 页；《世界头足类》第 435 页。

2. 非洲异尾枪乌贼 *Alloteuthis africana* Adam, 1950

英 文 名： African squid
俗　　名： 枪乌贼
分类地位： 枪形目 Teuthida

枪乌贼科 Loliginidae

异尾枪乌贼属 *Alloteuthis*

分类特征

胴体长且窄。幼体、成熟雌性和成熟雄性胴宽与胴长之比分别为 20%~25%、15% 和 5%。胴体腹侧前缘略呈方形。**雌性尾长而尖**（幼体为胴长 37%，成体为 58%），**雄性为极长且呈尖刺状**（幼体为胴长 35%，成体为 73%）。两鳍相接呈椭圆形，后缘凹陷，成熟雌性和雄性鳍宽与胴长的比例分别为 23% 和 10%。**触腕穗短而窄，具 4 纵行吸盘，中间 2 行吸盘扩大，直径为两侧吸盘的 3 倍**；最大吸盘内角质环具 20~30 个钝齿。雄性左侧第 4 腕的 2/5 茎化，近端有 8~11 对正常吸盘，远端有 2 列纵向不同程度延长的乳突。腕短，小于胴和头合长；吸盘远端具 6~10 个方形齿，近端光滑。**口周外缘无吸盘**。

栖息地、生物学特征和渔业

栖息于海表至 500 m 水深的浅海，以小鱼为食。寿命为 7~8 个月。孵化期从 1 月延伸至 7 月，其中高峰期为 3—5 月。最大的胴长雄性为 20.5 cm、雌性为 17.5 cm。该物种在当地拖网渔业中为副渔获物。

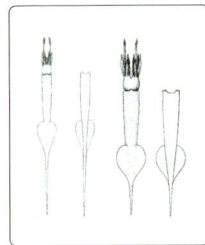

分布

东大西洋区自西撒哈拉（25°N）至纳米比亚（20°S）海域。

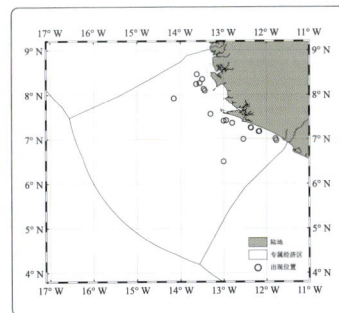

鉴定依据

《The living marine resources of the Eastern Central Atlantic, Volume 1》第 444 页；《常见经济头足类彩色图鉴》第 92 页；《世界头足类》第 364 页。

3. 蛸乌贼 *Octopoteuthis sicula* Rüppell, 1844

英 文 名： Rüppell's octopus squid

俗　　名： 八爪钩乌贼、匕首蛸乌贼、
乌贼、小鱿鱼

商 品 名： CALAMAR

分类地位： 枪形目 Teuthida

蛸乌贼科 Octopoteuthidae

蛸乌贼属 *Octopoteuthis*

分类特征

体圆锥形。胴部腹侧后部体中线两侧具 **1 对发光器**，覆盖在这些发光器上的表皮组织透明。**墨囊两侧具 1 对发光器官。尾部近体后部 25%~30% 处具 1 对发光器。第 3 和第 4 腕基部各具 1 个发光器。肉鳍延伸至胴体末端。幼体尾部甚短，几乎不可见。**

栖息地、生物学特征和渔业

主要栖息于热带和亚热带海洋中上层和深海。主要分布水层为 0~2500 m。性成熟胴长雄性为 12.2 cm、雌性为 23.4 cm。最大胴长为 50 cm，常见个体胴长雌性为 20 cm、雄性为 13 cm。具潜在渔业价值。

鉴定依据

《The living marine resources of the Eastern Central Atlantic, Volume 1》第 547 页；《常见经济头足类彩色图鉴》第 113 页；《中国动物志·软体动物门 头足纲》第 52 页。

分布

全球各热带至温带海域均有分布。北中大西洋区分布于塞内加尔、科特迪瓦、几内亚湾、安哥拉海域；北大西洋区沿拉布拉多洋流自纽芬兰岛西北至加拿大及苏格兰至西班牙西北部加利西亚和葡萄牙的亚速尔群岛；西南大西洋、非洲南部、地中海、印度洋和太平洋亦有分布。

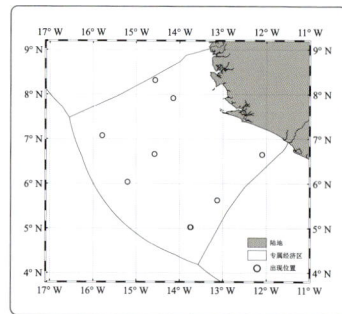

4. 科氏滑柔鱼 *Illex coindetii*（Vérany, 1839）

英 文 名： Broadtail shortfin squid
俗　　名： 大西洋鱿、小鱿鱼
商 品 名： B-CALAMAR
分类地位： 枪形目 Teuthida
　　　　　柔鱼科 Ommastrephidae
　　　　　滑柔鱼属 *Illex*

分类特征

　　胴部圆锥形，后部渐细，胴长约为胴宽的 4 倍。**漏斗陷无凹槽或侧囊。肉鳍呈菱形，长宽比为 4~5，鳍角钝（90°~100°或更大）**。腕具 2 行吸盘。**触腕穗有 8 纵行大小相似的细小吸盘**。雄性左侧或右侧第 4 腕远端 15%~33% 部分茎化，茎化部分无吸盘，为乳头状皮瓣。

栖息地、生物学特征和渔业

　　栖息于中纬度的近海和大陆斜坡底层水域，分布水层为海表至 1100 m 水深，以 100~400 m 水层最为常见。具昼夜垂直移动特性，一般白天栖息于海底，夜晚上浮至表层。全年产卵，夏季为产卵高峰期。在 150~1000 m 水层采集到幼体和成体，长至 3 个月大时开始被捕获。雄性和雌性寿命均约为 1 龄，个体生长率取决于孵化季节。相同年龄段的冬季孵化群体体型大于其他季节孵化的群体。最大胴长雌性为 38 cm、雄性为 28 cm。作为底层和中上层拖网兼捕渔获物被捕获，在地中海、西非和大西洋东北部的 100~400 m 水层被刺网捕获。其渔业价值处于上升趋势。

分布

　　分布于地中海和东大西洋区（60°N—17°S、30°W）海域；西大西洋区自美国弗吉尼亚至委内瑞拉海域亦有分布。

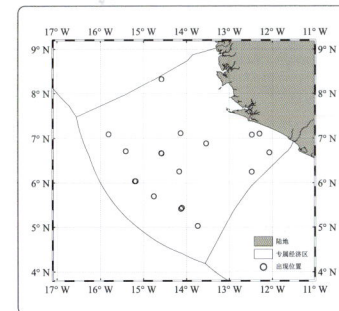

鉴定依据

　　《The living marine resources of the Eastern Central Atlantic, Volume 1》第 556 页；《常见经济头足类彩色图鉴》第 175 页；《中东大西洋底层鱼类》第 188 页的大西洋滑柔鱼为同物异名。

5. 大西洋飞乌贼 *Ornithoteuthis antillarum* Adam, 1957

英 文 名： Atlantic bird squid
俗　　名： 大西洋鸟乌贼、大西洋鸟柔鱼
商 品 名： CALAMAR
分类地位： 枪形目 Teuthida
　　　　　柔鱼科 Ommastrephidae
　　　　　飞乌贼属 *Ornithoteuthis*

分类特征

　　胴部细长，呈圆锥形，肌肉强健。**肉鳍末端显著延长，形成尖的尾部。漏斗陷浅穴具 7~12 个明显的纵褶，边囊不明显。**触腕穗顶端吸盘 4 纵行。**内脏腹侧中线具细长的发光条纹**，无外部发光器官；墨囊和直肠具离散发光器；**触腕穗中等膨大，掌部中间 2 列吸盘扩大。体呈紫褐色**，背面色深。

栖息地、生物学特征和渔业

　　栖息于大陆架和斜坡水域，常见于 600~1000 m 水深。最大胴长为 30 cm。白天在 585~1100 m（通常为 640~825 m）用底拖网捕捞，夜间在 100~600 m 用大型中层拖网和敷网捕捞。可食用。目前商业捕捞。

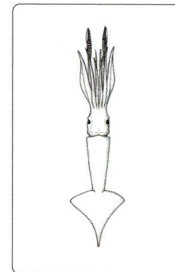

分布

　　大西洋的热带和亚热带海域均有分布；西大西洋 40°—45°N 至 40°S 的海域以及东大西洋的 20°N 至 28°S 海域均有记录。

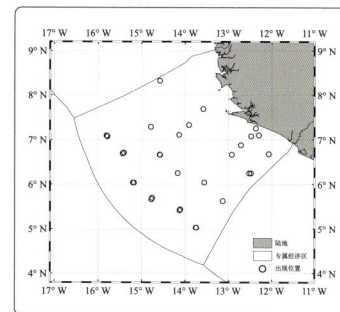

鉴定依据

　　《The living marine resources of the Eastern Central Atlantic, Volume 1》第 547 页；《常见经济头足类彩色图鉴》第 113 页；《中国动物志·软体动物门 头足纲》第 52 页。

6. 翼柄鸢乌贼 *Sthenoteuthis pteropus*（Steenstrup, 1855）

英 文 名：Orangeback flying squid
俗　　名：翼柄柔鱼
商 品 名：CALAMAR
分类地位：枪形目 Teuthida
　　　　　柔鱼科 Ommastrephidae
　　　　　鸢乌贼属 *Sthenoteuthis*

分类特征

　　胴部粗壮，肌肉发达，**前部圆柱形，后部圆锥形，无尖尾。漏斗陷浅穴两侧各具 2~5 个边囊**。肉鳍肌肉发达，鳍长为胴长的 45%~50%，鳍宽为胴长的 75%~85%；单个鳍角 55°~60°。触腕粗壮，具触腕穗；掌部有 2 个肉质球突，第一球突下方有 0~2 个小吸盘；吸盘 4 纵行，中间吸盘膨大；膨大吸盘的内角质环有 16~28 个圆锥形尖齿，大吸盘环远端边缘有 1 个大齿。**胴部、头部和腹侧有发光点和条纹；胴背前部皮下有 1 个大的椭圆形发光组织，具许多密集小发光器。体呈橙色。**

栖息地、生物学特征和渔业

　　大洋性种类，栖息于海表至 1500 m 水深，每天进行垂直和水平迁移。寿命为 1~2 龄。主要以灯笼鱼科鱼类、浮游甲壳类、鱿鱼为食，已观察到同类相食现象，常被剑鱼、金枪鱼、其他大型硬骨鱼类和抹香鲸捕食。雌性最大胴长 65 cm，雄性略小。据估计，其年生物量为（400~600）×10⁴ t，主要在大陆架斜坡被捕获。具潜在商业价值。

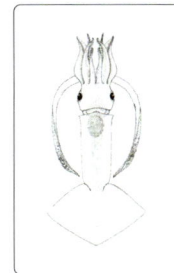

分布

分布于大西洋热带和温带海域。

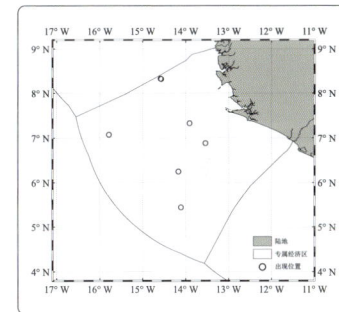

鉴定依据

《The living marine resources of the Eastern Central Atlantic, Volume 1》第 560 页；《常见经济头足类彩色图鉴》第 162 页；《世界头足类》第 304 页。

7. 菱鳍乌贼 *Thysanoteuthis rhombus* Troschel, 1857

英 文 名：Diamondback squid,
　　　　　Rhomboid squid
俗　　名：菱鳍鱿、飞鱿、袖鱿
商 品 名：CALAMAR
分类地位：枪形目 Teuthida
　　　　　菱鳍乌贼科 Thysanoteuthidae
　　　　　菱鳍乌贼属 *Thysanoteuthis*

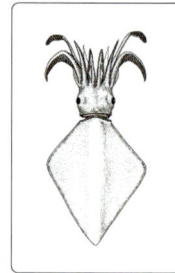

分类特征

胴部厚，肌肉发达，后部渐钝尖。**肉鳍呈菱形，长而宽，几包胴部全缘，鳍宽为胴长70%**。胴部漏斗锁具"┤"形凹槽。颈部软骨有 2 个突起，嵌入胴部前缘凹槽。**触腕穗具 4 行吸盘**；腕吸盘 2 行，内角质环具尖齿。**第 3 腕最长，约为其余腕长的 2 倍，其余腕长相近**，第 3 腕保护膜发达，生发达的须状横隔片。口与第 4 腕腹缘相连。雄性左侧第 4 腕茎化。无发光器。

栖息地、生物学特征和渔业

大洋性中上层种类，其分布和洄游与洋流的表层环流有关。从海表至 750 m，特别是 450~650 m 水深均可发现。大小相近的雄性和雌性成对出现；雄性比雌性早熟，雌性具很高的繁殖力（多达 480 粒），间歇性产卵，在热带水域全年产卵，3—5 月达到高峰期。是鱿鱼中生长速度最快的物种之一，第 300 天时胴长为 75~80 cm；寿命约为 1 龄。最大胴长为 100~130 cm，最大体重为 25~30 kg。主要捕食者有抹香鲸、剑鱼、金枪鱼和旗鱼。该物种资源密度低。主要

在日本具有商业价值，常使用漂流钓具、定置网和延绳钓等渔具捕捞。新鲜和冷冻食用，肉质佳，常用来制作生鱼片。

鉴定依据

《The living marine resources of the Eastern Central Atlantic, Volume 1》第 581 页；《常见经济头足类彩色图鉴》第 178 页；《中国动物志·软体动物门 头足纲》第 72 页。

分布

广泛分布于世界温带和暖温带海域（50°N—50°S），包括地中海。

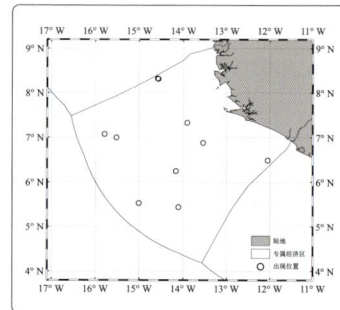

8. 真蛸 *Octopus vulgaris* Cuvier, 1797

英 文 名： Common octopus
俗　　名： 章鱼、八爪鱼、长蛸
商 品 名： TAKO, PULPO
分类地位： 八腕目 Octopodiformes
　　　　　蛸科 Octopodidae
　　　　　蛸属 *Octopus*

分类特征

　　胴部呈卵圆形，肌肉发达，呈囊状，表面光滑。腕基部粗壮，各腕长相近，侧腕最长，背腕最短；腕吸盘 2 行。**第2、3 腕吸盘 15~17 个，成体（尤其是雄性）吸盘扩大**；雄性右侧第 3 腕茎化，舌叶短且呈勺状；外侧鳃数 7~11 个。**胴背具 4 个乳突**（菱形排列），每只眼上各具 1 个乳突。网纹状皮肤有 4 个白色斑点，2 个位于眼睛之间，另外 2 个位于第一背侧乳突下方。

栖息地、生物学特征和渔业

　　栖息于非常浅的沿海水域（约 5 m）到大陆架边缘（约 200 m），呈季节性迁移。雌性成体怀卵量为100 000~400 000 枚。卵小，约 0.25 cm×0.1 cm。全年产卵，大西洋种群产卵高峰期为春季和秋季。有同类相食现象。雄性和雌性寿命估计为 2 龄。真蛸是非洲西北部（21°—26°N）最普遍的头足类动物，在东大西洋其胴长可达 40 cm（全长 180 cm），在地中海海域其胴长可达25 cm。常年作为底拖网和笼壶类手工渔业的目标物种，在西北非上升流区域形成良好的渔场。肉质柔嫩鲜美，营养价值高，深受消费者欢迎。

鉴定依据

《The living marine resources of the Eastern Central Atlantic, Volume 1》第 581 页；《中东大西洋底层鱼类》第 193 页；《常见经济头足类彩色图鉴》第 210 页；《中国动物志·软体动物门 头足纲》第 182 页。

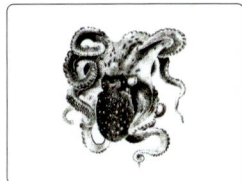

分布

　　该种曾被认为广泛分布于除南、北极海域以外的世界各大海域，但近年来基于形态学和分子生物学的研究表明，真蛸可分为 6 个单独的物种，模式种真蛸（*Octopus vulgaris*）仅分布于东北大西洋区和地中海；西北太平洋区温带海域，特别是中国、韩国和日本沿海的为中华蛸（*Octopus sinensis*）。

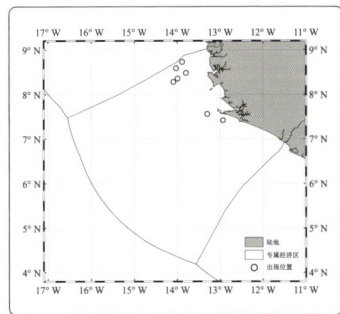

1. 星鲨 *Mustelus mustelus*（Linnaeus, 1758）

英 文 名： Smooth-hound
俗　　名： 貂鲨
分类地位： 真鲨目 Carcharhiniformes
　　　　　 皱唇鲨科 Triakidae
　　　　　 星鲨属 *Mustelus*

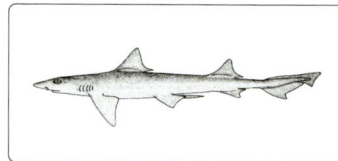

分类特征

　　体细而延长。头平扁。吻中长，侧视长圆形。鼻瓣长而宽，无突起。眼呈椭圆形，下瞬膜发达。喷水孔中大。口大，三角形，唇褶沟中长，未达口前缘；上唇褶沟较下唇褶沟略长；齿小，齿头钝圆，除幼鱼具低尖齿外无尖齿。**鳃孔5个，后2个位于胸鳍基部。**背鳍后缘光滑，第一背鳍位于胸鳍基部和腹鳍基部之间，**起点位于胸鳍里缘中部或稍后**；第二背鳍与第一背鳍几等大，远大于臀鳍，起点远在臀鳍起点之前。**尾鳍下叶短**，幼鱼几不发育，后部长不及上叶长的1/2。背鳍间具纵嵴，尾柄无隆起嵴，尾柄前无凹洼。背面和侧面呈灰色，**体侧无斑点**，腹面乳白色。

栖息地、生物学特征和渔业

　　小型底层鱼类，从海岸带到350 m深的水域均有分布，常见于5~50 m水深的近海水域和封闭的浅海湾。主要以甲壳类为食，也摄食头足类和硬骨鱼类。胎生。最大全长为164 cm，常见个体全长100~120 cm。为分布区最重要的小型鲨类之一，在底拖网、定置网、延绳钓和钓竿渔业中常有捕捞，有时在远洋拖网中亦有捕捞。可新鲜、干盐腌制、熏制和加工成鱼油、鱼粉销售。IUCN 红色名录中被列为濒危物种（EN）。

分布

　　广泛分布于东大西洋区自摩洛哥、加那利群岛和马德拉群岛至安哥拉海域；向北延伸至地中海和欧洲大西洋沿岸的法国和不列颠群岛，向南至南非东海岸。

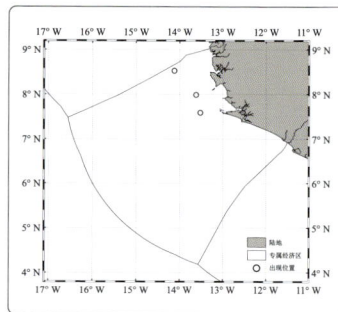

鉴定依据

　　《The living marine resources of the Eastern Central Atlantic, Volume 2》第1279页；《拉汉世界鱼类系统名典》第6页。

2. 直齿真鲨 *Carcharhinus brevipinna*（Müller and Henle, 1839）

英 文 名： Spinner shark
俗　　名： 短鳍直齿鲨、蔷薇白眼鲛
分类地位： 真鲨目 Carcharhiniformes
　　　　　真鲨科 Carcharhinidae
　　　　　真鲨属 *Carcharhinus*

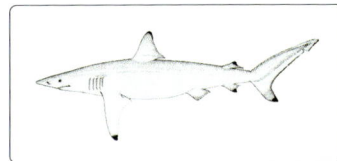

分类特征

　　体呈纺锤形，躯干粗大，向头尾渐细。**吻尖长，口前吻长为鼻间距的 1.5~1.8 倍**。前鼻瓣不发达。唇褶短，上唇褶较下唇褶长。眼小，瞬膜发达。无喷水孔。**上下颌齿几对称且相似，齿窄尖而直立**，上颌齿边缘具细微锯齿，**下颌齿边缘光滑**；鳃孔 5 个，中大；**鳃弓无乳突**。背鳍 2 个，背鳍间无纵嵴，**第一背鳍中大**，前缘宽凸，上角窄圆，**起点位于胸鳍里角上方或稍后**，背鳍中点距胸鳍基底后部较距腹鳍起点为近；第二背鳍远小于第一背鳍，后缘近垂直，起点约在臀鳍起点上方，下角延长尖突，里缘长不及鳍高的 2 倍；臀鳍后缘深凹；胸鳍中大，镰形，外角尖；尾柄无隆嵴。体背呈灰色，**第二背鳍、臀鳍、胸鳍和尾鳍下叶的尖端黑色或深灰色。**

栖息地、生物学特征和渔业

　　分布于大陆架或岛屿斜坡缘的沿海或近海，通常栖息在浅海 0~30 m 水深处。活跃、游速快。以鲱科、鲭科、鰺科、底层鱼类、小鲨鱼、鳐鱼等小型鱼类为食，也捕食头足类和甲壳类。胎生，每次产仔 6~15 头，出生时全长为 60~75 cm。最大全长约 280 cm。在近海渔业中具有重要经济价值。常被中层拖网、刺网、延绳钓等捕获。可新鲜和干盐腌制食用。IUCN 红色名录中被列为易危物种（VU）。

分布

　　广泛分布于大西洋及地中海、印度洋和西太平洋，几乎是环热带海域的物种，但东太平洋未发现。东大西洋区毛里塔尼亚、塞内加尔、佛得角群岛、几内亚、塞拉利昂、科特迪瓦、多哥、尼日利亚、刚果和安哥拉均有分布。

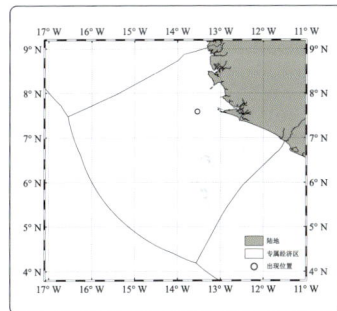

鉴定依据

　　《The living marine resources of the Eastern Central Atlantic, Volume 2》第 1301 页；《拉汉世界鱼类系统名典》第 7 页；《中国海洋及河口鱼类系统检索》第 41 页；《中国动物志·圆口纲 软骨鱼纲》第 221 页。

3. 尖吻斜锯牙鲨 *Rhizoprionodon acutus*（Rüppell, 1837）

英 文 名： Milk shark
俗　　名： 尖吻鲨、尖头曲齿鲨、瓦氏斜齿鲨
商 品 名： CANE S/C
分类地位： 真鲨目 Carcharhiniformes
　　　　　 真鲨科 Carcharhinidae
　　　　　 斜锯牙鲨属 *Rhizoprionodon*

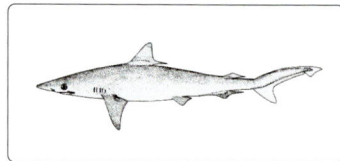

分类特征

　　体呈纺锤形。**吻长而扁**，吻端尖突。眼大，瞬膜发达。无喷水孔。**唇褶发达，中长，上唇褶长约等于眼径。两颌齿相似，齿头向外斜而尖**，外缘具深凹，无侧齿，幼体齿边缘光滑，成体常具细锯齿。鳃孔短，鳃弓无乳突。背鳍 2 个，背鳍间低纵嵴，第一背鳍略高，上角钝尖，起点在胸鳍里角上方或稍后，后角在腹鳍起点之前；**第二背鳍甚低，远小于第一背鳍和臀鳍，后缘微凹，起点远在臀鳍基底中点之后，与臀鳍基底后端相对或稍前；臀鳍前方具一对长纵嵴**，后缘浅凹；胸鳍宽短，略呈镰形，鳍端可伸达第一背鳍基部中点稍前方；尾柄无隆嵴。**体背呈灰色或灰棕色**，下侧面和腹面白色，背鳍和臀鳍的边缘色深或黑色，鳍色稍深于体背。

栖息地、生物学特征和渔业

　　栖息于热带的大陆架和沿海水域，分布于潮间带到 200 m 水深处，常出现于沙滩水域，也见于河口。以各种小型鱼类为食，也捕食头足类、螺类和虾蟹类等。是最常见的近海小型鲨鱼之一，常被其他大型鲨鱼捕食。胎生，每次产仔 2~8 头。最大全长为 178 cm，常被钓具和底拖网捕获。可新鲜和干盐腌制食用，也可做成鱼粉。IUCN 红色名录中被列为易危物种（VU）。

分布

　　东大西洋区自马德拉群岛和毛里塔尼亚向南至安哥拉海域；地中海和印度－西太平洋区自南非、红海至日本、澳大利亚海域亦有分布。

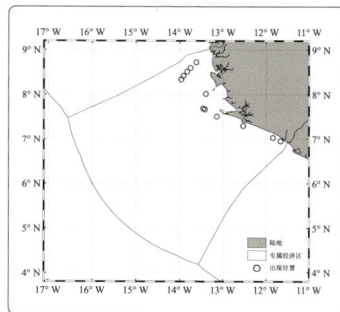

鉴定依据
　　《The living marine resources of the Eastern Central Atlantic, Volume 2》第 1325 页；《拉汉世界鱼类系统名典》第 7 页；《中国动物志·圆口纲 软骨鱼纲》第 253 页；《中东大西洋底层鱼类》第 5 页。

4. 白斑犁头鳐 *Rhinobatos albomaculatus* Norman, 1930

英 文 名： Whitespotted guitarfish
俗　　名： 白斑琵琶鲼
分类地位： 犁头鳐目 Rhinopristiformes
　　　　　犁头鳐科 Rhinobatidae
　　　　　犁头鳐属 *Rhinobatos*

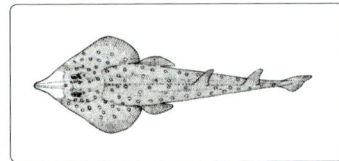

分类特征

　　吻延长而扁平，呈等边三角形，吻突角约 60°，吻侧突间隔较宽。**眶前吻长显著短于眶后缘至胸鳍基底末端的长度。**喷水孔后缘具 2 个皮褶。**前鼻瓣转入鼻间隔区域，几伸达鼻孔里缘的垂直线。**眼眶周围、背中线自项部至第一背鳍及背鳍间具结刺，其数量和大小随着生长而减小，至成体时仅背中线具 1 纵行小而钝的结刺。背面呈褐色，**具许多蓝白色小圆斑，边缘带黑色**，对称排列于体盘和躯干上。腹面白色。

栖息地、生物学特征和渔业

　　栖息于沿海水域的沙质底部，水深约 35 m。以底栖无脊椎动物为食，主要是虾类。卵胎生，每次产仔 2~3 头，刚出生时全长约 15 cm。为西非最小的犁头鳐类，最大全长为 80 cm，常见个体全长 50~60 cm。IUCN 红色名录中被列为极危物种（CR）。

分布

　　东中大西洋区自塞内加尔南部至安哥拉海域。

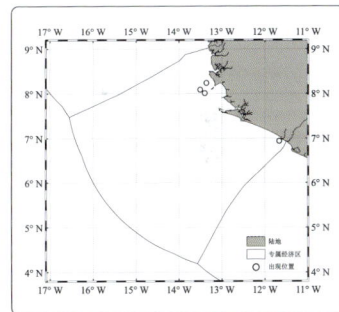

鉴定依据

　　《The living marine resources of the Eastern Central Atlantic, Volume 2》第 1362 页；《拉汉世界鱼类系统名典》第 11 页。

5. 琴犁头鳐 *Rhinobatos rhinobatos*（Linnaeus, 1758）

英 文 名： Common guitarfish
俗　　名： 琴琵琶鳍
分类地位： 犁头鳐目 Rhinopristiformes
　　　　　犁头鳐科 Rhinobatidae
　　　　　犁头鳐属 *Rhinobatos*

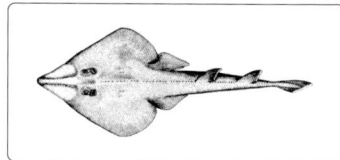

分类特征

　　吻延长而扁平，呈等边三角形，吻突角约 60°，吻侧突全部较宽分离。**眶前吻长显著短于眶后缘至胸鳍基底末端的长度**。尾似鲨状，与体盘无分界，下叶不明显。喷水孔后缘具 2 个皮褶。**前鼻瓣未转入鼻间隔区域**，仅限于鼻孔前缘。体被细小盾鳞，吻尖无结刺，仅沿吻软骨两侧各具 1 行小结刺；眼眶周围具小结刺，沿体中线自项部至第一背鳍及背鳍间具 1 纵行小结刺，成体肩部每侧具 2~3 结刺。背面呈褐色至红褐色，躯干部有淡绿色纵纹，眼间隔区有时具 "V" 形或 "X" 形斑；吻软骨两侧半透明。腹面白色。

栖息地、生物学特征和渔业

　　常栖息在沿海浅水区软底质海域，但有时栖息深度可达 90 m。以底栖无脊椎动物（主要是甲壳类）和鱼类为食。性成熟全长雄性为 56 cm，雌性为 64 cm。卵胎生，每次产仔 2~7 头（通常为 3~5 头），出生时全长约 25 cm。最大全长约 100 cm。资源较为丰富，常用刺网和三重刺网捕捞，也可被地拉网、延绳钓和底拖网捕获。可新鲜、干腌和熏制食用。IUCN 红色名录中被列为极危物种（CR）。

分布

　　东大西洋区自比斯开湾至安哥拉海域；地中海亦有分布。

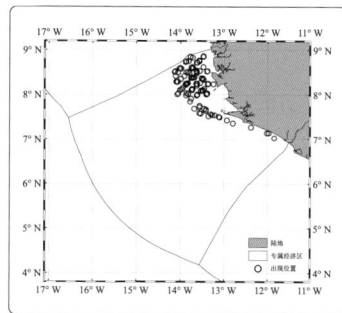

鉴定依据

　　《The living marine resources of the Eastern Central Atlantic, Volume 2》第 1364 页；《拉汉世界鱼类系统名典》第 11 页。

6. 斯氏梳板鳐 *Zanobatus schoenleinii*（Müller and Henle, 1841）

英 文 名：Striped panray
俗　　名：肖氏梳板鳐
分类地位：犁头鳐目 Rhinopristiformes
　　　　　梳板鳐科 Zanobatidae
　　　　　梳板鳐属 *Zanobatus*

分类特征

　　体盘呈亚圆形，平扁。吻短钝。尾基宽，向后渐细，横截面呈半圆形，腹面平坦。眼和喷水孔位于头顶，相距较近；喷水孔大，后缘无皮褶。鼻孔和口位于腹面，鼻孔大，有凹槽与口相连；前鼻瓣延伸到鼻间区域，间隔较近；后鼻瓣扩大呈喇叭状。口小而平，唇厚，上颌中央具一乳突。齿细小，65~110 纵行，随体长增长而增加。体密布细小盾鳞，其冠部呈卵圆形且平坦，无尖齿或纹饰，抚之光滑。结刺和小刺在吻部和眼眶周围排列成行，在胸前基底软骨呈弧形排列，**胸鳍中部具 1~2 个同心弧状刺群**，背中部自颈部至第一背鳍具 1 纵行结刺，背鳍间和尾柄上也有小刺，胸鳍外侧可能也有 1 行小刺。背面体色多变，呈灰褐色、褐色至绿色，**具显著的深褐色斑点和横纹**，或散布黑点，尾部或具深色横纹；结刺末端褐色。腹面乳白色至淡黄色，或散布少量棕色斑点，胸鳍和腹鳍后缘色深，口鼻和鳃部红棕色。

栖息地、生物学特征和渔业

　　分布于浅海沿岸水域，喜栖息在沙质海底。以底栖无脊椎动物为食，主要是虾。性成熟全长雌性为 37~40 cm，雄性为 30 cm。卵胎生，妊娠期短，约 5 个月，每次产仔 1~4 头，出生时全长约 19 cm。最大全长约 60 cm，常见个体全长 40~50 cm。在沿海的手工和商业渔业中，常被刺网和底拖网捕获。IUCN 红色名录中被列为易危物种（VU）。

分布

　　东中大西洋区自摩洛哥至安哥拉海域。

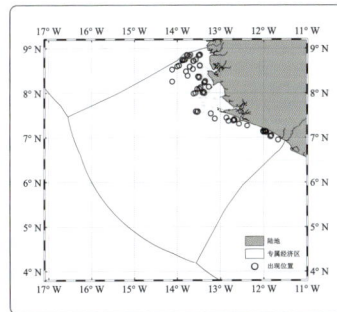

鉴定依据

《The living marine resources of the Eastern Central Atlantic, Volume 2》第 1368 页；《拉汉世界鱼类系统名典》第 14 页。

7. 博乔电鳐 *Torpedo bauchotae* Cadenat, Capapé and Desoutter, 1978

英 文 名： Rosette torpedo
俗　　名： 博乔电鳐、玫瑰电鳐
分类地位： 电鳐目 Torpediniformes
　　　　　 电鳐科 Torpedinidae
　　　　　 电鳐属 *Torpedo*

分类特征

体盘近圆形，肉质且厚；尾短粗，基部宽，向后渐变细。吻宽短。**背腹面光滑无刺**。眼小，位于喷水孔之前；**喷水孔边缘具长短不一的小突起，有时退化为旋钮状的乳突**；项部有 1 对明显的内淋巴管孔。背鳍 2 个，第一背鳍稍大于第二背鳍；腹鳍外缘宽凸；尾鳍宽大，呈三角形，上下叶突出。背面呈浅黄色或棕红色，**具网状斑纹，其中散布许多玫瑰花状眼斑**。腹面白色。

栖息地、生物学特征和渔业

底栖生活，栖息深度范围为 5~60 m。能发电，是危险的海洋生物。卵胎生。最大全长为 60 cm。较少见。IUCN 红色名录中被列为濒危物种（EN）。

分布

东大西洋区自塞内加尔至安哥拉海域。

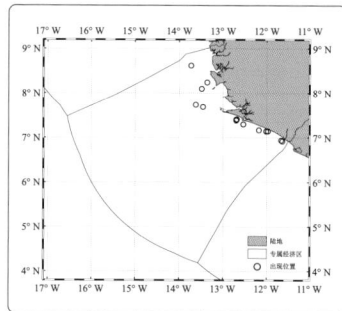

鉴定依据

《The living marine resources of the Eastern Central Atlantic, Volume 2》第 1375 页；《拉汉世界鱼类系统名典》第 9 页。

8. 麦克电鳐 *Torpedo mackayana* Metzelaar, 1919

英 文 名： McKay's electric ray,
Ringed torpedo,
West African torpedo

俗　　名： 麦克电鲼

分类地位： 电鳐目 Torpediniformes
电鳐科 Torpedinidae
电鳐属 *Torpedo*

分类特征

　　体盘近圆形，肉质且厚；尾短粗，基部宽，向后渐变细。吻宽短。**背腹面光滑无刺**。眼小，位于喷水孔之前；**喷水孔边缘光滑**；项部有 1 对明显的内淋巴管孔。背鳍 2 个，第一背鳍稍大于第二背鳍；腹鳍外缘宽凸；尾鳍宽大，呈三角形，上下叶突出。体背呈灰褐色，**体盘和尾部散布不规则小白斑**。腹面白色。

栖息地、生物学特征和渔业

　　底层鱼类，栖息于大陆架 15 m 以深的浅水区。主要以小型无脊椎动物和鱼类为食。卵胎生。性成熟全长雌性为 35 cm、雄性为 32 cm。最大全长为 40 cm。数量较少。IUCN 红色名录中被列为濒危物种（EN）。

分布

　　东大西洋区自塞内加尔至刚果海域。

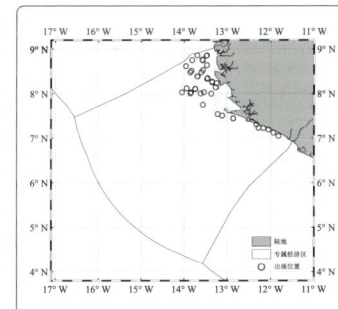

鉴定依据

　　《The living marine resources of the Eastern Central Atlantic, Volume 2》第 1376 页；《拉汉世界鱼类系统名典》第 10 页。

9. 电鳐 *Torpedo torpedo*（Linnaeus, 1758）

英 文 名： Common torpedo,
　　　　 Ocellate torpedo
俗　　名： 睛斑电鳐、电鲼
分类地位： 电鳐目 Torpediniformes
　　　　 电鳐科 Torpedinidae
　　　　 电鳐属 *Torpedo*

分类特征

　　体盘近圆形，肉质且厚；尾短粗，基部宽，向后渐变细。吻宽短。**背腹面光滑无刺**。眼小，位于喷水孔之前；**喷水孔边缘具长短不一的小突起，有时退化为旋钮状的乳突**；项部有 1 对明显的内淋巴管孔。背鳍 2 个，第一背鳍稍大于第二背鳍；腹鳍外缘宽凸；尾鳍宽大，呈三角形，上下叶突出。背面呈浅褐色至红褐色，常散布白色斑点，**具 2~7 个（通常为 5 个）明显眼斑，眼斑中心为蓝色，外围依次为狭窄黑色环和较大的淡黄色环**。腹面乳白色。

栖息地、生物学特征和渔业

　　底层鱼类，栖息于大陆架内侧沿岸至 70 m 水深处的软底质海域。以小型底栖鱼类和无脊椎动物为食。可产生高达 200 V 的电压。卵胎生，每次产仔 3~21 头，出生时全长为 8~10 cm。最大全长为 60 cm。IUCN 红色名录中被列为易危物种（VU）。

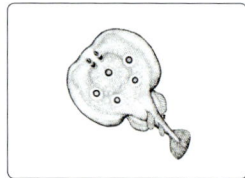

分布

　　东大西洋区自比斯开湾至安哥拉海域；整个地中海均有分布。

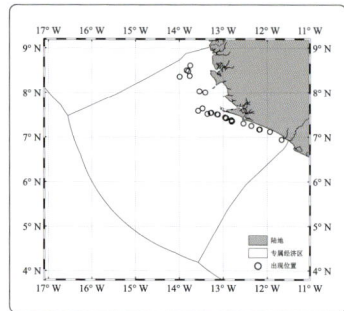

鉴定依据
　　《The living marine resources of the Eastern Central Atlantic, Volume 2》第 1378 页；《拉汉世界鱼类系统名典》第 10 页。

10. 镜鳐 *Raja miraletus* Linnaeus, 1758

英 文 名: Brown ray
俗　　名: 眼环斑鳐
商 品 名: RAYA, RAIE
分类地位: 鳐形目 Rajiformes
　　　　　鳐科 Rajidae
　　　　　鳐属 *Raja*

分类特征

　　体盘近菱形，体盘宽为体盘长的 1.3~1.4 倍；前缘略凹，外角宽圆，后缘均匀突出，里角呈圆形。吻略钝，前角成 110°~116°，**吻中长，前部粗壮，眶前吻长为全长的 9.4%~13.6%**。口略呈弧形，上颌齿 34~50 行，铺石状排列。**胸鳍前延，伸达吻侧 2/3 处**；腹鳍前瓣通过膜与后瓣相连，**前瓣较窄钝，约为后瓣长的 1/2**；尾鳍较宽，基部略凹陷，向后渐变细，占总尾长的 55%~58%，尾部侧褶自尾后 1/3 处延伸至近尾端；背鳍同形且连合，第一背鳍大于第二背鳍。除吻部腹侧和体盘前缘外，背面和腹面表面均具稀疏小刺；**眼眶边缘、项部和肩部具钩刺，体中线自项部至第一背鳍具钩刺 12~27 个**。背面呈赭褐色，**体盘内 2/3 处具 2 个三色眼斑，眼斑中心为蓝色，内环为窄黑带，外环为黄色或橙色**。腹面白色。

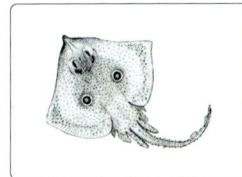

栖息地、生物学特征和渔业

　　底层鱼类，栖息于大陆架以及 17~300 m 水深的陆坡。以底栖动物为食。卵生。最大全长为 63 cm。

分布

　　东大西洋区自葡萄牙北部至南非德班海域，包括地中海、马德拉群岛和加那利群岛。

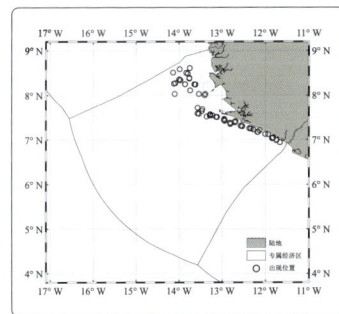

鉴定依据

　　《The living marine resources of the Eastern Central Atlantic, Volume 2》第 1392 页；《拉汉世界鱼类系统名典》第 13 页；《中东大西洋底层鱼类》第 10 页的眼环斑鳐为同物异名。

11. 珠粒泉虹 *Fontitrygon margarita*（Günther, 1870）

英 文 名： Daisy stingray
俗　　名： 珠粒虹、珠疣虹
分类地位： 鲼目 Myliobatiformes
　　　　　 虹科 Dasyatidae
　　　　　 泉虹属 *Fontitrygon*

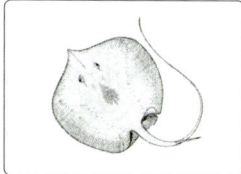

分类特征

　　体盘呈椭圆形，体盘长与体盘宽约相等；**前缘凹入**，外角宽圆。**吻尖突**，喷水孔前吻角为120°。**尾细长如鞭**，尾长为体盘长的 2.5 倍，**具一长锯齿状毒刺**，基部横截面呈水平椭圆形，**尾部背腹侧自尾刺向后具短而低的皮褶**。口小，**波曲**。**齿小而钝，上下颌各 24~41 行和 34~50 行**，铺石状排列；口底具 5 个乳突。**胸鳍具有 129~136 鳍条**。幼鱼背面裸露，**仅肩中部具 1 个大的珍珠状结刺**；随生长肩中部扩大为圆盘状结刺群，中间均有 1 个大的珍珠状结刺，有时两侧各有 1~2 个较小的结刺；尾部粗糙，背侧具弱的小刺。**背面呈均匀的褐色至灰褐色**。腹面白色，胸前边缘色深。

栖息地、生物学特征和渔业

　　常见于西非沿海水域，特别是浅水区，栖息深度可达 60 m，也出现在咸淡水和河流下游。为一种行动迟缓的底栖鱼类，栖息在沙质和泥质底部，以各种底栖无脊椎动物为食。卵胎生，每次产仔 1~3 头。最大体盘宽为 100 cm，最大体重为 20 kg，常见个体体盘宽 60 cm。可被三重刺网、底拖网和地拉网捕获。可新鲜、干腌和熏制食用。IUCN 红色名录中被列为易危物种（VU）。

分布

　　东中大西洋区自毛里塔尼亚至刚果沿岸海域。

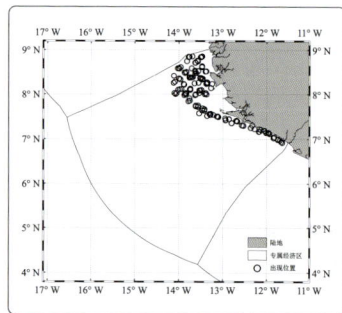

鉴定依据

　　《The living marine resources of the Eastern Central Atlantic, Volume 2》第 1410 页；《拉汉世界鱼类系统名典》第 15 页的珠粒虹 *Dasyatis margarita*（同物异名）；《中东大西洋底层鱼类》第 12 页。

12. 矛缸 *Dasyatis hastata*（De Kay, 1842）

英 文 名： Green stingray,
　　　　　Whip sting-ray
俗　　名： 缸鱼
分类地位： 鲼目 Myliobatiformes
　　　　　缸科 Dasyatidae
　　　　　缸属 *Dasyatis*

分类特征

体盘呈菱形，体盘宽约为体盘长的 1.3 倍；**前缘近斜直**，与吻端约成 55°。吻尖不突出。**尾细长如鞭**，尾长约为体盘长的 1.5 倍，**具一长锯齿状尾刺，尾部背侧皮褶低，尾部在尾刺后方具与尾高约相等的皮褶**。口平直，齿小而钝，铺石状排列。背侧不规则地散布小刺，在头部和躯干部排列较紧密；背部正中具 1 纵行不规则结刺，底部为椭圆形，嵌入皮下，并有向后的尖突，**肩区各具结刺 1 短行，与背部正中结刺平行**；尾刺后方尾部粗糙。**背面呈均匀的绿褐色，尾部在尾刺后部呈褐色**，尾部腹侧皮褶呈黑色。腹面白色，边缘色深。

栖息地、生物学特征和渔业

常见于沿海陆架区的软质海床，偶尔会进入潟湖、浅水海湾和河口。卵胎生。记录到的最大体盘宽为 104 cm（雄性成体）。

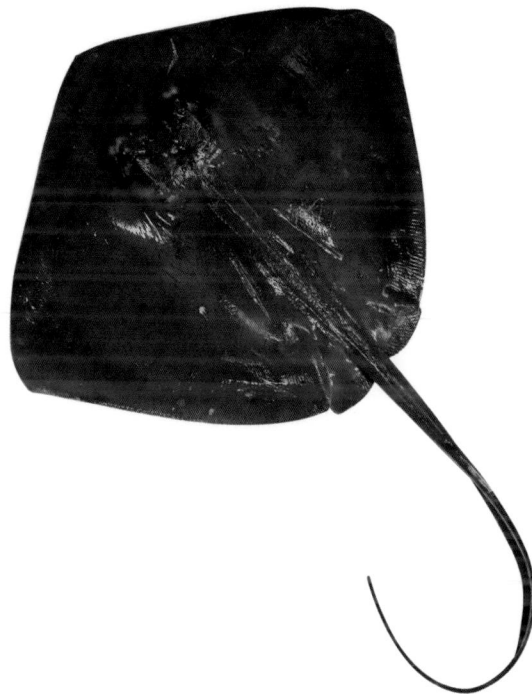

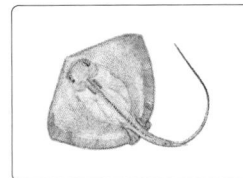

分布

东大西洋区自毛里塔尼亚至刚果海域。

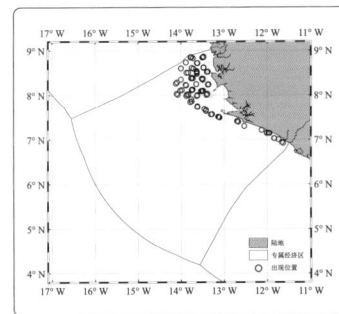

鉴定依据

《The living marine resources of the Eastern Central Atlantic, Volume 2》第 1414 页；《拉汉世界鱼类系统名典》第 15 页的美洲缸 *Dasyatis americana* 的同物异名。

13. 大燕魟 *Gymnura altavela*（Linnaeus, 1758）

英 文 名： Spiny butterfly ray
俗　　名： 大鸢魟
分类地位： 鲼目 Myliobatiformes
　　　　　 燕魟科 Gymnuridae
　　　　　 燕魟属 *Gymnura*

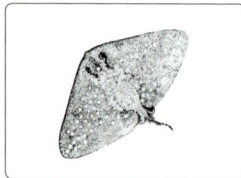

分类特征

　　体盘呈菱形，体盘宽为体盘长的 2 倍以上；前缘稍波曲，外角钝尖。吻短钝（约 135°）。尾细而短，约为体盘长的 1/3，**具 1~2 枚锯齿状长毒刺**，尾刺后背侧具低弱皮褶，腹侧皮褶存在于整个尾部。**喷水孔内后侧具一明显的长触角**。口小而平，齿 60~140 行，平行或铺石状排列。鼻瓣后缘光滑（仅在一些幼体上具流苏状突起）。背面呈浅褐色至深褐色，**散布深浅不一的斑点或斑块，呈大理石花纹**，胸部中央有时具一灰白色边缘的眼斑；**尾具数条深浅交替的横纹**，幼体更加明显。腹面白色至乳白色。

栖息地、生物学特征和渔业

　　底层鱼类，常见于陆架沿海水域，从海岸线至约 55 m 水深处。栖息于沙质和泥质底部海域。以各种底栖无脊椎动物（双壳类、虾、蟹）和小鱼为食。卵胎生，出生时体盘宽为 38~44 cm。最大体盘宽为 208 cm，但可能更大（一些记录认为可达 400 cm），性成熟体盘宽雄性为 101 cm。常被三重刺网和底拖网捕获，有时被钓钩捕获。可新鲜、干腌和熏制食用。IUCN 红色名录中被列为濒危物种（EN）。

分布

　　东大西洋区自葡萄牙至刚果海域，包括马德拉群岛和加那利群岛，地中海亦有分布；西大西洋区分布于自美国马萨诸塞州至阿根廷北部海域。

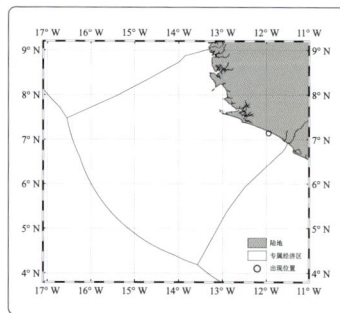

鉴定依据
　　《The living marine resources of the Eastern Central Atlantic, Volume 2》第 1422 页；《拉汉世界鱼类系统名典》第 16 页。

14. 小尾燕虹 *Gymnura micrura*（Bloch and Schneider, 1801）

英 文 名： Smooth butterfly ray
俗　　名： 小尾鸢虹
分类地位： 鲼目 Myliobatiformes
　　　　　燕虹科 Gymnuridae
　　　　　燕虹属 *Gymnura*

分类特征

　　体盘呈菱形，体盘宽为体盘长的1.6~1.8倍；前缘稍波曲，外角钝尖。吻短钝（120°~130°）。尾细而短，约为体盘长的1/3，**无尾刺，在尾后2/3处背腹侧具皮褶；喷水孔内后侧无触角**。口小而平，齿60~120行，平行排列。鼻瓣内缘光滑（仅在一些幼体上具流苏状突起）。背面呈灰色、棕色或绿色，**具明暗斑点和网纹，呈大理石花纹；尾具3~4条清晰横纹**。腹面白色，边缘色深。

栖息地、生物学特征和渔业

　　底层鱼类，见于内陆架沿海水域，也出现于河口。栖息于沙质和泥质海底。以各种底栖无脊椎动物（双壳类、虾、蟹）和小鱼为食。卵胎生，出生时体盘宽为22 cm。最大体盘宽为120 cm，常见个体体盘宽90 cm，成熟时体盘宽雄性为42 cm、雌性为50 cm。常被三重刺网和底拖网捕获。可新鲜、干腌和熏制食用。IUCN红色名录中被列为近危物种（NT）。

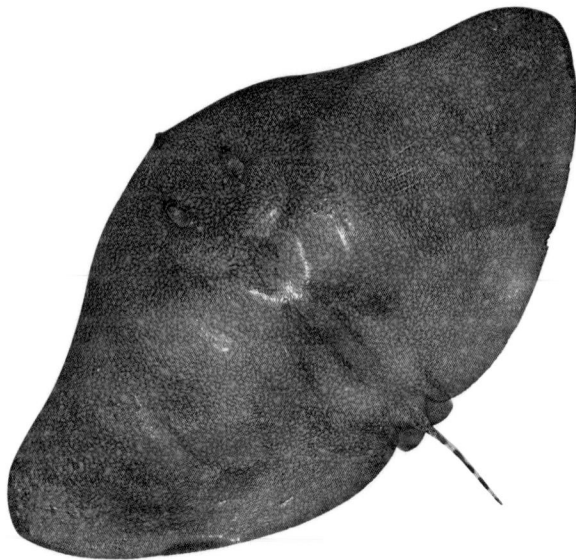

分布

　　东大西洋区自塞内加尔至刚果海域；西大西洋区自切萨皮克湾至巴西海域亦有分布，常见于墨西哥湾。

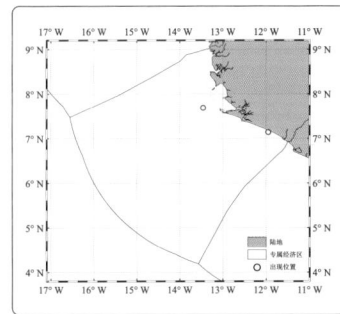

鉴定依据

　　《The living marine resources of the Eastern Central Atlantic, Volume 2》第1423页；《拉汉世界鱼类系统名典》第16页；《中东大西洋底层鱼类》第13页。

15. 西非海鲢 *Elops lacerta* Valenciennes, 1847

英 文 名： West African ladyfish
俗　　名： 海鲢、青鱼
商 品 名： AZUL, GUINEE
分类地位： 海鲢目 Elopiformes
　　　　　 海鲢科 Elopidae
　　　　　 海鲢属 *Elops*

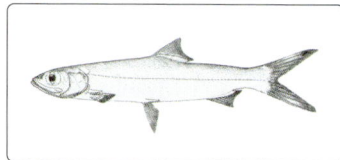

分类特征

身延长，呈纺锤形，横截面为椭圆形。口端位，上颌末端远超过眼后缘，**颏部具一喉板**。鳃条骨20 以上。上下颌及腭骨均具绒毛状齿带。**第一鳃弓下鳃耙 17~19**。背鳍始于体中部稍后方；臀鳍短，起点位于背鳍基部后侧。体被小圆鳞，背鳍和臀鳍基底具鳞鞘，胸鳍及腹鳍基部具腋鳞；侧线完全，**侧线鳞 72~83**。体背呈蓝灰色，腹侧亮银色；各鳍淡黄色，背鳍顶端和尾鳍上缘、后缘黑色。

栖息地、生物学特征和渔业

栖息于沿海浅水区，也可进入咸淡水甚至淡水区。在海中产卵，幼体可能会洄游至近岸育幼。主要以甲壳类和小鱼为食。最大全长为 100 cm，常见个体全长 40 cm。

分布

东大西洋区西非沿岸自毛里塔尼亚至安哥拉海域，克罗斯河和奎卢－尼阿里河亦有分布记录。

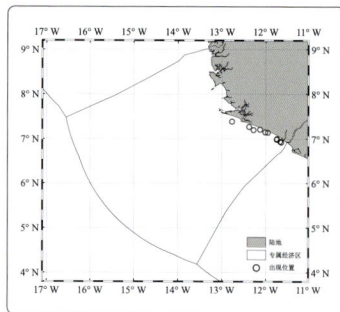

鉴定依据

《The living marine resources of the Eastern Central Atlantic, Volume 3》第 1586 页；《拉汉世界鱼类系统名典》第 20 页；《中东大西洋底层鱼类》第 15 页。

16. 北梭鱼 *Albula vulpes*（Linnaeus, 1758）

英 文 名：Bonefish
俗　　名：狐鰮
商 品 名：BANANE, NGUIGNANES
分类地位：北梭鱼目 Albuliformes
　　　　　北梭鱼科 Albulidae
　　　　　北梭鱼属 *Albula*

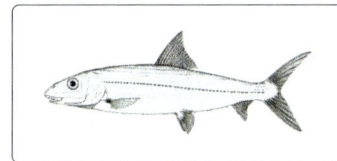

分类特征

　　体延长，呈梭形，侧扁，横截面呈椭圆形。脂眼睑发达。**吻短，呈圆锥形，超出下颌前端。口下位，口裂不达眼前缘。**鳃条骨 13~14。鳍无鳍棘；背鳍基部短，鳍条数 17~19；臀鳍基部短，鳍条数 8~9，起点位于体后部；尾鳍深叉形。鳞小，侧线鳞 65~70。**体背呈蓝绿色，具深色窄纵纹，**死后迅速褪色，腹侧银色；胸鳍基部具黑色斑点，体长 28 cm 以下的幼鱼在背部约有 10 条深色横带。

栖息地、生物学特征和渔业

　　栖息于沿海浅水区、河口和海湾。在外海产卵后，幼体洄游至沿海索饵场。幼鱼常集群，而大型成体则单独行动。以蠕虫、软体动物、蟹类、虾类和鱿鱼为食。最大全长为 104 cm。无特定渔业，可用围网、围刺网和地拉网捕捞。可新鲜或冷冻销售，也是一种重要的垂钓对象。IUCN 红色名录中被列为近危物种（NT）。

鉴定依据
《The living marine resources of the Eastern Central Atlantic, Volume 3》第 1590 页；《拉汉世界鱼类系统名典》第 20 页；《中东大西洋底层鱼类》第 17 页。

分布

　　东大西洋区自塞内加尔向南至安哥拉海域。

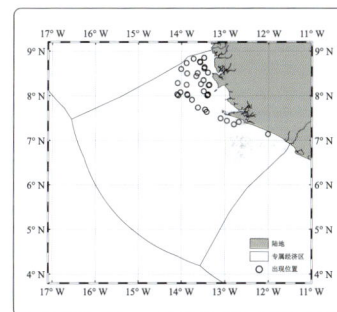

17. 小眼蟒鳗 *Pythonichthys microphthalmus*（Regan, 1912）

英 文 名： Shorttailed shortfaced eel
俗　　名： 小眼异鳗
分类地位： 鳗鲡目 Anguilliformes
　　　　　 异鳗科 Heterenchelyidae
　　　　　 蟒鳗属 *Pythonichthys*

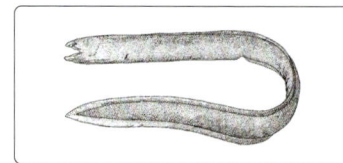

分类特征

　　体延长，前部圆柱形，后部侧扁，全长为体高的 22 倍；**头和躯干合长为全长的 33%~37%**。头中大，吻端至鳃孔距离约为鳃孔至肛门距离的 1/2。**眼小，被半透明皮肤覆盖**，眼距吻端与距口角约等距。前鼻孔圆形，边缘凸起；后鼻孔缝隙状，位于眼前方。上下颌约等长。口大，口裂伸达眼远后方。背鳍和臀鳍低，与尾鳍相连续；背鳍始于鳃孔稍后方；**无胸鳍**；体光滑无鳞；**无侧线，无感觉孔**。**体呈灰色或棕色**。

栖息地、生物学特征和渔业

　　出现于浅水沙质或泥质底部，大部分或全部时间都埋在底质中，分布深度为 40~150 m。最大全长为 50 cm。

分布

　　东大西洋区自毛里塔尼亚至安哥拉海域。

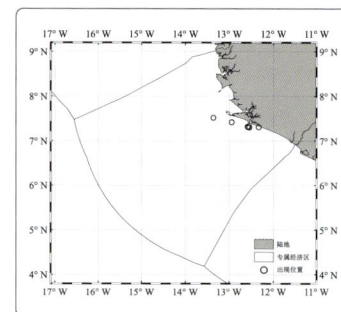

鉴定依据

　　《The living marine resources of the Eastern Central Atlantic, Volume 3》第 1610 页；《拉汉世界鱼类系统名典》第 21 页。

18. 非洲裸胸鳝 *Gymnothorax afer* Bloch, 1795

英 文 名： Dark moray
俗　　名： 非洲裸胸鳝
商 品 名： MORENA
分类地位： 鳗鲡目 Anguilliformes
　　　　　海鳝科 Muraenidae
　　　　　裸胸鳝属 *Gymnothorax*

分类特征

　　体延长，前部粗壮，略侧扁；头枕部稍隆起。前鼻孔短管状，**后鼻孔圆孔状**。齿前后边缘无锯齿；犁骨齿 1 行。体光滑无鳞；**鳃孔上方和之前有 2~4 个感觉孔。背鳍始于头部，位于最前方感觉孔之前；无胸鳍**。脊椎骨 140~148。**体呈深褐色或黑色，体侧和背鳍上散布不规则的黄色斑点或斑块**，较小个体黄色斑点数量多且相互连接，较大个体则稀少甚至消失；各鳍边缘黑色。

栖息地、生物学特征和渔业

　　常见于非洲热带西海岸的浅水区，栖息于礁石浅水区至水深 45 m 之间的区域；以甲壳类、鱼类和头足类动物为食。最大全长为 100 cm。是一种资源丰富的地方种类，可用拖网、陷阱和钓具捕捞。

分布

　　东大西洋区西非沿岸自毛里塔尼亚至安哥拉海域，佛得角群岛和比夫拉湾的岛屿水域亦有分布。

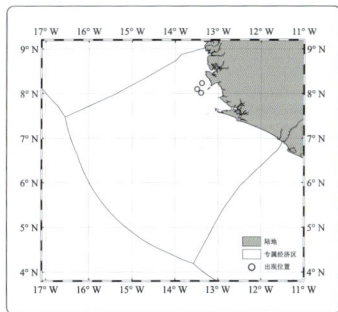

鉴定依据
　　《The living marine resources of the Eastern Central Atlantic, Volume 3》第 1626 页；《拉汉世界鱼类系统名典》第 22 页。

19. 细无鳍蛇鳗 *Apterichtus gracilis*（Kaup, 1856）

英 文 名： Slender finless eel
分类地位： 鳗鲡目 Anguilliformes
蛇鳗科 Ophichthidae
无鳍蛇鳗属 *Apterichtus*

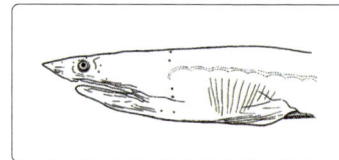

分类特征

体细长，呈圆柱形，**两端均尖。全长为尾长的 1.7 倍，为头长的 14 倍，为体高的 67~100 倍。吻尖，近圆锥形**，下部平坦。口中大，后端伸达眼后缘后方。鼻孔 2 个，前鼻孔呈短管状，后鼻孔位于眼前缘前方的上唇边缘外侧。鳃孔开口于腹侧，左右鳃孔在腹中线处几相连，间距狭窄。**齿呈圆锥状，上下颌和犁骨各 1 行，犁骨齿 2~3 枚。各鳍均缺失。** 侧线完整，头部和侧线感觉孔发达，**前鳃盖骨感觉孔 4 个，上颚骨缝合部感觉孔 5 个。** 脊椎骨 129~132。体呈黄棕色，略带红褐色，背部色深，体侧具暗红色花纹。

栖息地、生物学特征和渔业

栖息于热带和亚热带水域，包括近岸的沙质和泥质底部、河流和溪流河口，分布范围从沙质潮间带到中水层 800 m 水深。以无脊椎动物或小鱼为食。是许多物种的重要饵料。最大全长为 32 cm。

分布

东大西洋区几内亚海域。

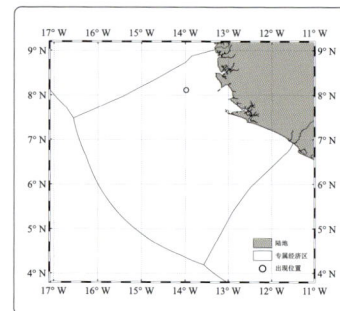

鉴定依据

《The living marine resources of the Eastern Central Atlantic, Volume 3》第 1657 页；《拉汉世界鱼类系统名典》第 24 页。

20. 白点蠕鳗 *Echelus myrus*（Linnaeus, 1758）

英 文 名：Painted eel

分类地位：鳗鲡目 Anguilliformes

蛇鳗科 Ophichthidae

蠕鳗属 *Echelus*

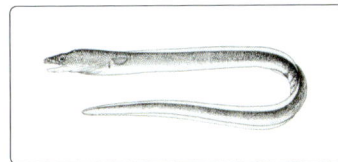

分类特征

体延长，躯干部横截面椭圆形，尾部渐侧扁。头中大，较平扁。眼较大，眼间隔较宽。前鼻孔短管状，位于上唇边缘，近吻端；后鼻孔位于眼前缘前方的上唇边缘外侧。口大，口裂伸达眼后缘下方。上颌长于下颌。鳃孔中大，裂缝状。两颌齿多行，圆锥形，弯曲。**背鳍起点位于胸鳍中部稍后方**；背鳍和臀鳍较低，**与尾鳍相连**；胸鳍发达。**具尾鳍，尾鳍鳍条不显著**。体光滑无鳞。体背呈灰绿色、绿褐色至黄绿色，腹部黄白色；**头部具淡黄色或白色的小点或线纹，项背部散布白点，沿侧线具白色小点**；背鳍和臀鳍边缘色深，末端黑色。

栖息地、生物学特征和渔业

栖息于泥沙质浅水区底部，分布深度为 3~1490 m，最大体长为 100 cm。常被陷阱类、钓具和底拖网类渔具捕获。

分布

东大西洋区自比斯开湾至刚果海域，地中海亦有分布。

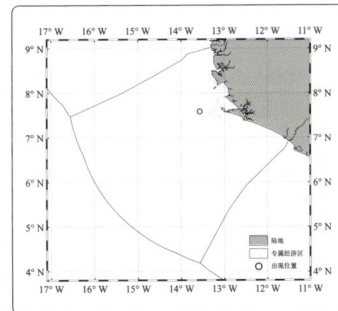

鉴定依据

《The living marine resources of the Eastern Central Atlantic, Volume3》第 1664 页；《拉汉世界鱼类系统名典》第 25 页。

21. 蛇鳗 *Ophichthus ophis*（Linnaeus, 1758）

英 文 名： Spotted snake eel
俗　　名： 斑蛇鳗
分类地位： 鳗鲡目 Anguilliformes
　　　　　 蛇鳗科 Ophichthidae
　　　　　 蛇鳗属 *Ophichthus*

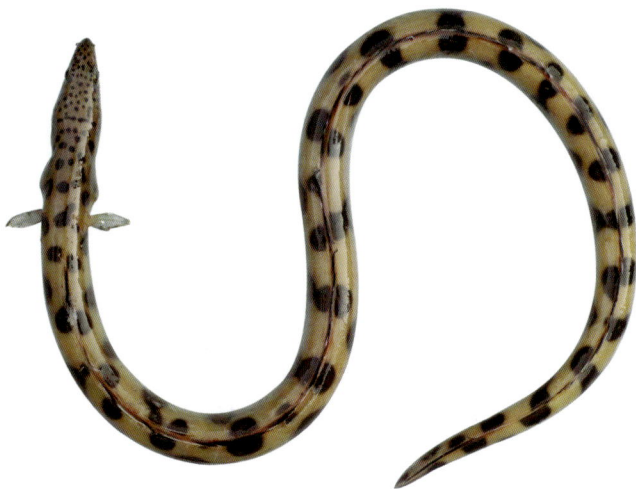

分类特征

体延长，躯干部略呈圆柱形，尾部渐侧扁。吻尖，中大，末端向下。眼中大，眼间隔宽阔，稍隆起。前鼻孔短管状，其长大于眼径 1/2，位于吻端两侧的上唇边缘。鳃孔较大，呈裂缝状。鳃区被许多重叠的鳃骨条扩大和增强。背鳍起点位于胸鳍后方；背鳍和臀鳍发达，止于尾端稍前方，不相连续；胸鳍较大；**无尾鳍，尾端尖突。** 体无鳞，皮肤光滑。侧线孔明显，头部黏液孔发达。脊椎骨 161~167。体背呈褐色，头部有多而密的小圆斑，**沿背鳍基部有 25~35 个大黑点，体侧中线有约 20 个大黑点。**

栖息地、生物学特征和渔业

栖息于沙质和岩石覆盖的浅水区，深度 10~50 m。最大全长为 210 cm。不常见，常被陷阱类、钓具和底拖网类渔具捕获。

分布

东大西洋区自佛得角群岛和圣多美群岛海域、塞内加尔至安哥拉海域；西大西洋区百慕大和美国佛罗里达至巴西亦有分布。

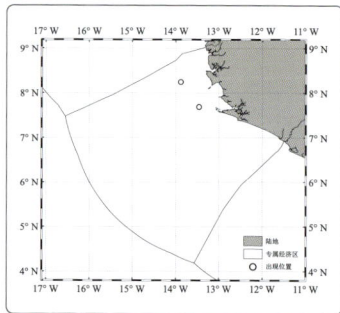

鉴定依据

《The living marine resources of the Eastern Central Atlantic, Volume 3》第 1665 页；《拉汉世界鱼类系统名典》第 26 页。

22. 半环豆齿鳗 *Pisodonophis semicinctus*（Richardson, 1848）

英 文 名： Saddled snake eel
俗　　名： 半带豆齿蛇鳗、半环平盖鳗
分类地位： 鳗鲡目 Anguilliformes

　　　　　蛇鳗科 Ophichthidae

　　　　　豆齿鳗属 *Pisodonophis*

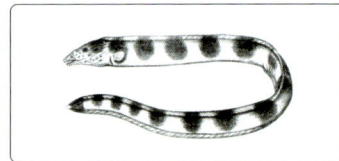

分类特征

　　体延长，躯干部略呈圆柱形，尾部渐侧扁，肛门位于体中部或后半部，吻尖而突出。眼小。口大，口裂伸达眼后缘。前鼻孔短管状，近吻端；**后鼻孔位于上唇边缘，眼的前下方。齿呈颗粒状**；上颌齿 2~3 行，下颌齿 3~4 行，排列不规则；前颌骨齿群呈长椭圆形，与犁骨齿几连续；犁骨齿 2~4 行，排列呈带状；腭骨齿 2~3 行，排列不规则。鳃孔中大，裂缝状。背鳍起点在鳃孔前上方；臀鳍起点紧位于肛门后方；背鳍和臀鳍均较发达，止于尾端稍前方，不相连续；胸鳍中大；**无尾鳍，尾端尖秃**。体光滑无鳞；侧线完整，侧线孔明显。体呈淡黄色，**头体具 18 个深紫褐色大斑或横带**，在侧线下渐消失，最后 3 个环绕着尾部；口鼻和颊具许多褐色小点；背鳍和臀鳍边缘黑褐色。

栖息地、生物学特征和渔业

　　栖息于水深 10~40 m 的浅水区。最大全长为 80 cm。不常见，常被陷阱类、钓具和底拖网类渔具捕获。

分布

　　东中大西洋区自摩洛哥至安哥拉海域，地中海亦有分布。

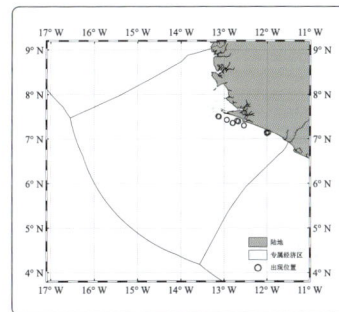

鉴定依据

《The living marine resources of the Eastern Central Atlantic, Volume3》第 1666 页；《拉汉世界鱼类系统名典》第 27 页；《中东大西洋底层鱼类》第 21 页。

23. 粗犁齿海鳗 *Cynoponticus ferox* Costa, 1846

英 文 名：Guinean pike conger
俗　　名：粗锄齿海鳗
商 品 名：CONGRE
分类地位：鳗鲡目 Anguilliformes
　　　　　康吉鳗科 Congridae
　　　　　粗犁齿海鳗属 *Cynoponticus*

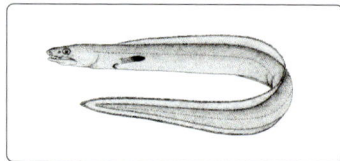

分类特征

　　体延长，躯干部略呈圆柱形，尾部渐侧扁。头中大。**眼大**。吻中长，上颌稍长于下颌。前鼻孔短管状，位于吻端稍后方；后鼻孔位于眼中部前方。口大，口裂伸达眼后缘，无肉质凸缘。**齿大，突出且锋利，上下颌齿多行，下颌前端齿扩大，口闭时下颌尖端和扩大的齿嵌入上颌缺刻中，齿不外露；犁骨齿 3 行，中间 1 行为大而侧扁的犬齿，两侧各有 1 行很小的齿**。鳃孔宽大，位于胸鳍前下方，**左右鳃孔在腹中线几相连，间距远小于鳃孔宽**。背鳍和臀鳍发达，与尾鳍相连续；背鳍始于胸鳍基上方或稍前方；胸鳍发达。体光滑无鳞，**侧线完整，侧线管通过复杂的多孔侧线管相连，头部感觉孔不明显**。体背呈深灰黑色，腹面色浅；胸鳍黑色，背鳍和臀鳍具窄黑边。

栖息地、生物学特征和渔业

　　栖息于 10~100 m 水深的沙质或泥沙质海底，大个体常栖息于 70~100 m 水深海域。以中小型鱼类和无脊椎动物为食。最大全长为 2 m。几内亚湾为主要渔场，通常用钓具和底拖网捕捞。可新鲜食用。

分布

　　东太平洋区西非沿岸自直布罗陀至安哥拉海域，地中海西部亦有分布。

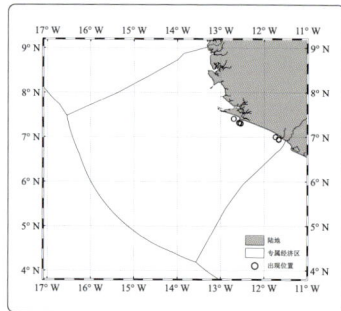

鉴定依据

　　《The living marine resources of the Eastern Central Atlantic, Volume 3》第 1673 页；《拉汉世界鱼类系统名典》第 28 页；《中东大西洋底层鱼类》第 22 页。

24. 美体鳗 *Ariosoma balearicum*（Delaroche, 1809）

英 文 名： Bandtooth conger
俗　　名： 锥体糯鳗、光鳗
分类地位： 鳗鲡目 Anguilliformes
　　　　　 康吉鳗科 Congridae
　　　　　 美体鳗属 *Ariosoma*

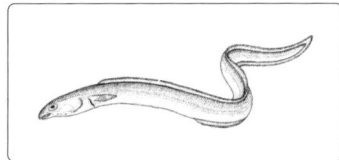

分类特征

体延长，前部呈圆柱形，近尾处侧扁。尾鳍微缩，**尾尖变硬**；肛前体长为全长的 45%~49%。上颌稍突出。**后鼻孔位于眼前下方。齿小，圆锥形，排列呈带状**；犁骨齿群长度约为上颌齿的一半。**背鳍起点位于胸鳍基部上方，背鳍和臀鳍鳍条不分节。眼后有 3 个感觉孔，上颌骨缝合部也有 3 个感觉孔。脊椎骨 120~136**。体背呈浅棕色，腹面色浅，腹侧下半部有银色或金色反光；背鳍、臀鳍和尾鳍后缘黑色，胸鳍红色；眼睛在瞳孔上方具新月形橙色斑块。

栖息地、生物学特征和渔业

栖息于水深 1~752 m（通常小于 100 m）的沙质海底，大部分时间都埋在海底。主要以小型底栖无脊椎动物为食。最大全长为 35 cm。常被底拖网捕获。

分布

东大西洋区自葡萄牙南部至安哥拉，包括地中海；西大西洋区自加拿大至南美洲北部亦有分布。

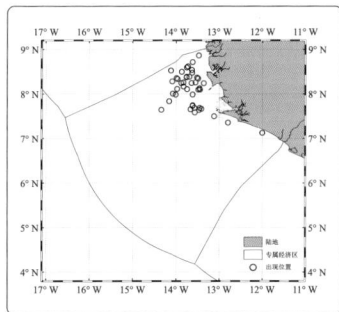

鉴定依据

《The living marine resources of the Eastern Central Atlantic, Volume 3》第 1686 页；《中东大西洋底层鱼类》第 23 页；《拉汉世界鱼类系统名典》第 28 页。

25. 斑长犁齿鳗 *Hoplunnis punctata* Regan, 1915

英 文 名： Slender duckbill eel
俗　　名： 斑长锄齿鳗
分类地位： 鳗鲡目 Anguilliformes
　　　　　 鸭嘴鳗科 Nettastomatidae
　　　　　 长犁齿鳗属 *Hoplunnis*

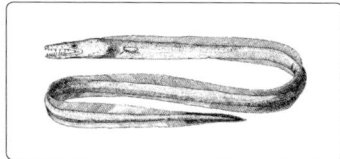

分类特征

　　体细长，肛门在体中部之前；**尾侧扁，向后渐细**。头细长，头部具发达的感觉孔。两颌突出，吻尖长，吻长为眼径的 2.8 倍。前鼻孔位于吻端，后鼻孔位于眼前方。眼大。口大，口裂伸达眼后缘。前颌骨具 2 对犬齿，后方中部具 2 枚齿；**犁骨具 5 枚齿，扩大呈犬齿状**；上颌齿 2 行，细小；下颌齿 2 行，外行齿细小，前端 2 对犬齿状，内行齿侧面 9 枚扩大。背鳍和臀鳍发达，与尾鳍相连接；背鳍始于鳃孔上方；具胸鳍，胸鳍长为吻长的 1/2。体表无鳞；侧线完整，侧线孔明显。体背呈橄榄色，腹面银色；**体上部具许多小黑点，形成不规则的纵行；尾部末端黑色**。

栖息地、生物学特征和渔业

　　栖息于大陆架和大陆坡底部或近底部。最大全长为 56 cm。偶尔会被拖网捕获。

分布

　　东大西洋区自塞内加尔至安哥拉海域。

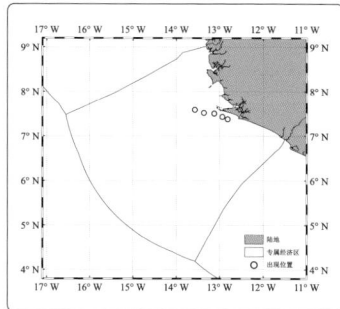

鉴定依据

　　《The living marine resources of the Eastern Central Atlantic, Volume 3》第 1698 页；《拉汉世界鱼类系统名典》第 30 页。

26. **欧洲鳀** *Engraulis encrasicolus*（Linnaeus, 1758）

英 文 名： European anchovy
分类地位： 鲱形目 Clupeiformes
　　　　　鳀科 Engraulidae
　　　　　鳀属 *Engraulis*

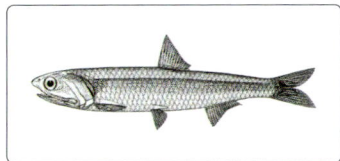

分类特征

　　体细长，呈纺锤形，横截面为椭圆形，体长约为体高的 6 倍。**腹部无明显棱鳞。吻突出**，较尖，突出于下颌前。**口大，前下位。上颌骨延长，末端圆形，几伸达前鳃盖骨前缘**，不超过第二辅上颌骨尖端。上颌长，伸达眼后缘后方；下颌前端伸达鼻孔下方。下鳃耙短， 鳃耙 27~43；**第三上鳃骨后方具鳃耙；假鳃长于眼径，伸至鳃盖内表面**。背鳍短，具 12~13 鳍条，起点约位于体中部；臀鳍短，具 13~15 鳍条，起点位于背鳍基后方。体被中大圆鳞，易脱落。体背呈蓝绿色（死后迅速褪色为银灰色），腹部灰白色；**体侧具银色纵带**，纵带边缘深灰色，随着年龄的增长而消失；尾鳍边缘色深。

栖息地、生物学特征和渔业

　　沿海中上层物种，主要分布在浅水区（50~400 m），常形成大的鱼群洄游。广盐性，在较为温暖的繁殖期也可进入潟湖、河口或湖泊，繁殖期 4—11 月，可多次产卵。以浮游生物为食。在其分布范围内均可被捕获，尤其是在摩洛哥、塞内加尔、加纳、多哥和刚果附近沿海，通常用围网、拖网和地拉网捕捞。可新鲜或加工（冷冻、盐渍、干制、熏制和罐装）销售，也可生产鱼粉和鱼油。

分布

　　东大西洋区自挪威卑尔根至南非德班海域；地中海、黑海和亚速海亦有分布。

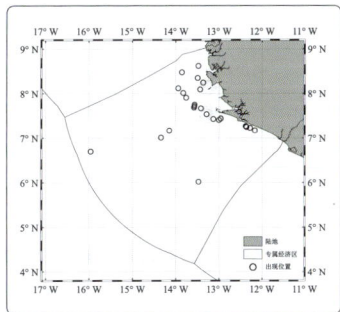

鉴定依据

　　《The living marine resources of the Eastern Central Atlantic, Volume 3》第 1717 页；《拉汉世界鱼类系统名典》第 32 页。

27. 西非鲥 *Ilisha africana*（Bloch, 1795）

英 文 名： West African ilisha
分类地位： 鲱形目 Clupeiformes
　　　　　 鲱科 Clupeidae
　　　　　 鲥属 *Ilisha*

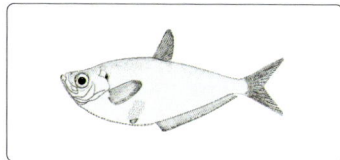

分类特征

　　体延长，**侧扁而高。腹部自鳃孔至肛门具锯齿状棱鳞（25~27+7~8）**。头中大，眼大。**口裂近垂直，下颌突出，上颌中央具一缺刻；辅上颌骨 2 块，颌齿细小；前颌骨后端与上颌骨间的亚上颌骨无齿；下颌骨关节位于眼中部下方**。鳃耙短粗，鳃耙 10~12+22~28（31~37）。背鳍 1 个，无鳍棘，具 14~18 鳍条，起点位于体中部或稍前方；**臀鳍长，具 41~50 鳍条，臀鳍起点位于背鳍基中后部下方**；胸鳍中大，具 13~16 鳍条；**腹鳍小**，具 6~8 鳍条，起点位于背鳍起点前部下方；尾鳍叉形，末端尖。**体被小圆鳞，易脱落；无侧线**，纵列鳞 40~43。**鳔后端具 2 短管**。体背呈灰色，腹部淡灰色或银色，**体侧鳃盖后方具一暗斑**（活体为绿色或金色）；背鳍黄色，尖端暗淡；胸鳍和腹鳍上部鳍条黄色，其余鳍条无色；臀鳍边缘黄色；尾鳍黄色，上叶和后缘暗褐色。

栖息地、生物学特征和渔业

　　栖息于近海水域、沙滩沿岸、河口至近淡水段，在底部至 25 m 水深或海表均可捕获。以小型浮游动物为食。为快速生长且寿命短的物种（最大寿命约 4 龄），全年产卵。最大全长为 22 cm。通常用地拉网、围网、刺网和拖网捕捞。幼体是河口手工渔业捕虾网中或虾拖网渔业中主要兼捕对象。其产品包括新鲜、冷冻、干制、盐渍、熏制等，也可用于鱼粉制作。

分布

　　东大西洋区自塞内加尔北部向南至安哥拉海域，塞内加尔至刚果沿海较常见。

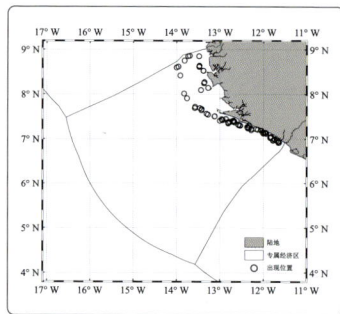

鉴定依据

　　《The living marine resources of the Eastern Central Atlantic, Volume 3》第 1719 页；《拉汉世界鱼类系统名典》第 31 页。

28. 筛鲱 *Ethmalosa fimbriata*（Bowdich, 1825）

英 文 名：Bonga shad
俗 名：弯耙鲱
商 品 名：OBO
分类地位：鲱形目 Clupeiformes
　　　　　鲱科 Clupeidae
　　　　　筛鲱属 *Ethmalosa*

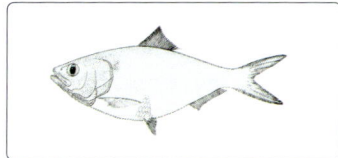

分类特征

体高而侧扁。头大。**腹部具棱鳞**（部分隐藏在鳞片凹槽中）。口端位，**下颌与上颌中央缺刻相吻合**。下鳃耙细长且密，长度约为鳃丝的 3 倍；**上鳃耙急剧向上弯曲，呈"V"形**。背鳍短，起点约位于体中部；臀鳍短；腹鳍具 1 不分支鳍条和 7 分支鳍条；尾鳍尖端长而尖。**鳞片后缘具穗状突起**。体背呈蓝绿色，腹部银色，**体侧在鳃盖后方具一椭圆形淡斑**；头背侧金色；背鳍前部鳍条色深，除基部外其余鳍条呈黄色；臀鳍基部黄色；尾鳍深铬黄色，但上部和后部边缘灰色。

栖息地、生物学特征和渔业

广盐性鱼类，栖息于沿海浅水区、潟湖和河口，有时在上游超过 300 km 的淡水中出现，主要集中于潟湖和河口。春季洄游到海岸带产卵，秋季洄游到外海，在盐度 3.5‰ ~38‰ 的海洋、潟湖和河口均可产卵。主要以极细的鳃耙过滤的浮游植物为食。最大全长为 46 cm。是一种重要的商业物种，年上岸量超过 10×10^4 t，通常被围网、围刺网、罩网、地拉网、拖网等渔具捕获。其产品包括新鲜、熏制、干制、盐渍等。

分布

东中大西洋区自西撒哈拉的达赫拉向南至安哥拉的洛比托（24°N—12°S）。

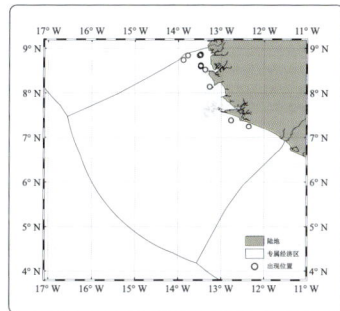

鉴定依据

《The living marine resources of the Eastern Central Atlantic, Volume 3》第 1731 页；《拉汉世界鱼类系统名典》第 34 页；《中东大西洋底层鱼类》第 24 页。

29. 金色小沙丁鱼 *Sardinella aurita* Valenciennes, 1847

英 文 名： Round sardinella
俗　　名： 亚来沙丁鱼、黄泽小沙丁鱼、
　　　　　圆小沙丁鱼
商 品 名： SARDINELLE
分类地位： 鲱形目 Clupeiformes
　　　　　鲱科 Clupeidae
　　　　　小沙丁鱼属 *Sardinella*

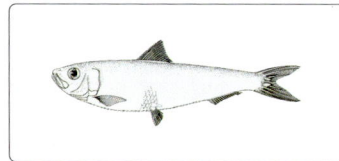

分类特征

　　体延长，略侧扁，**横截面为近圆柱形**。腹部圆形，**具明显的棱鳞**；眼中大，头长为眼径的 3 倍以上。口小，端位。**鳃耙细而多，第一鳃弓下鳃耙 80 以上**（体长为 23~28 cm 的西非样本第一鳃弓下鳃耙 130~248）。**鳃孔后缘有 2 个肉质突起**。背鳍起点位于体中部略前；臀鳍最后鳍条延长；**腹鳍具 1 不分支和 9 分支鳍条**。体背呈蓝绿色，腹部银色，体侧具一淡金色纵带，**体侧在鳃盖后部具一金色斑点，鳃盖后缘有一明显黑点**；背鳍灰白色至深黄色，上缘暗淡，前部鳍条呈黑色，但**背鳍起点处无黑斑**；胸鳍淡黄色，具深色斑点；尾鳍近基部淡黄色，其余部分暗淡，尖端黑色。

栖息地、生物学特征和渔业

　　栖息于近岸水域到外大陆架边缘的表层，常形成大而密集的鱼群；在上升流期间接近海岸并在表层，但在炎热季节后退到温跃层以下 200~350 m 深处。生长迅速，1 龄体长约 15 cm，2 龄性成熟，最大年龄约 6 龄。在西非沿海全年均可产卵，具明显季节性高峰，在某些地区与上升流事件有关。主要以浮游动物，尤其是桡足类为食。最大全长 42 cm，常见个体体长为 25 cm。常占鲱科鱼类捕获量的 90%，常使用围网、刺网和地拉网进行捕捞。其产品包括新鲜、冷冻、罐装、盐渍、熏制、干制等，也可用于鱼粉生产。

分布

　　东大西洋区非洲沿海自直布罗陀向南至南非的萨达尔尼亚湾，特别是在 3 个西非上升流区域：毛里塔尼亚至几内亚、科特迪瓦至加纳、加蓬至安哥拉。西大西洋区自美国科德角至阿根廷亦有分布。

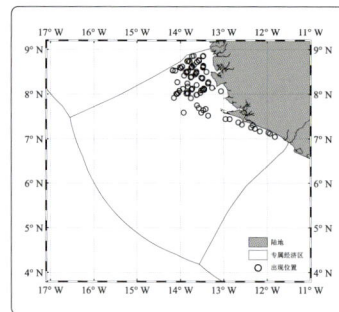

鉴定依据
　　《The living marine resources of the Eastern Central Atlantic, Volume 3》第 1735 页；《拉汉世界鱼类系统名典》第 35 页；《中东大西洋底层鱼类》第 26 页。

30. 短体小沙丁鱼 *Sardinella maderensis*（Lowe, 1838）

英 文 名： Madeiran sardinella
俗　　名： 沙丁鱼
商 品 名： SARDINELLE
分类地位： 鲱形目 Clupeiformes
　　　　　 鲱科 Clupeidae
　　　　　 小沙丁鱼属 *Sardinella*

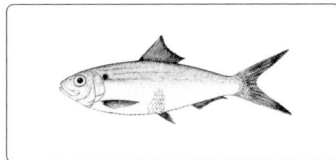

分类特征

体延长，略侧扁。**腹部自鳃孔至肛门具棱鳞**。眼中大，头长为眼径的 3 倍以上。口小，端位。**鳃耙细而多，第一鳃弓下鳃耙 70 以上**（体长 6 cm 以上个体第一鳃弓下鳃耙 70~166）。背鳍起点位于体中部略前；臀鳍最后鳍条延长；**腹鳍具 1 不分支和 8 分支鳍条**。体背呈蓝绿色，腹体银色，体侧具一淡金色纵带，纵带上方具 1~2 条更淡的金色纵带；**体侧在鳃盖后部具一金色、绿色或淡黑色斑点**；背鳍黄色，边缘暗淡，背鳍前基部具一黑斑；胸鳍上部鳍膜黑色，下部透明；**尾鳍深灰色**，末端几呈黑色，最下方鳍条无色。

栖息地、生物学特征和渔业

栖息于沿海、大洋的暖水性鱼类，从海表至水深 50 m 的海底均有分布；可耐受低盐度；幼体有时会进入河口。其季节性迁徙与上升流相关；近海 / 外海的迁移也与雨季 / 旱季相关。以各种小型浮游生物为食，最大体长为 32 cm。在西非海岸具有较大商业价值，常被刺网、罩网和地拉网捕获。其产品包括新鲜、冷冻、熏制、盐渍、干制、罐装等制品，越来越多的渔获物用于鱼粉生产。

分布

东大西洋区自西班牙东南部和直布罗陀，沿西非海岸向南自摩洛哥至安哥拉的罗安达，也许更往南；马德拉群岛和加那利群岛，地中海南部和苏伊士运河亦有分布。

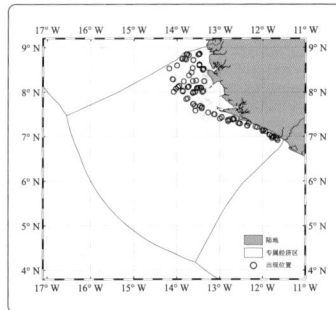

鉴定依据

《The living marine resources of the Eastern Central Atlantic, Volume 3》第 1736 页；《拉汉世界鱼类系统名典》第 35 页；《中东大西洋底层鱼类》第 27 页。

31. 黄尾小沙丁鱼 *Sardinella rouxi*（Poll, 1953）

英 文 名： Yellowtail sardinella
俗　　名： 沙丁鱼
商 品 名： SARDINELLE
分类地位： 鲱形目 Clupeiformes
　　　　　 鲱科 Clupeidae
　　　　　 小沙丁鱼属 *Sardinella*

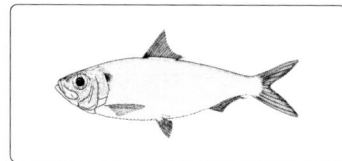

分类特征

　　体呈纺锤形，略侧扁。**腹部自鳃孔至肛门具棱鳞。眼大**，头长为眼径的 3.0~3.3 倍。口小，端位。**第一鳃弓下鳃耙 34~40**。背鳍起点位于体中部略前；臀鳍最后鳍条延长；**腹鳍具 1 不分支和 7 分支鳍条**。体背呈蓝绿色，腹部银色，体侧具一淡金色纵带，**体侧在鳃盖后部具一黑斑**；背鳍淡黄色，上缘暗淡，**背鳍前基部具一黑斑；尾鳍淡黄色，后缘暗淡**；除胸鳍上部暗淡外余鳍透明。

栖息地、生物学特征和渔业

　　栖息于海滩或沿岸水域的中上层鱼类；最大体长为 16 cm，常见个体体长为 13 cm。该物种的捕获量包括在未分类的小沙丁鱼的总捕获量中，常被手工、半工业或工业渔业中的地拉网、围网和刺网渔业捕获。其产品包括新鲜和干制品。

分布

　　东大西洋区自塞内加尔至刚果海域，可能向南分布至安哥拉北部。

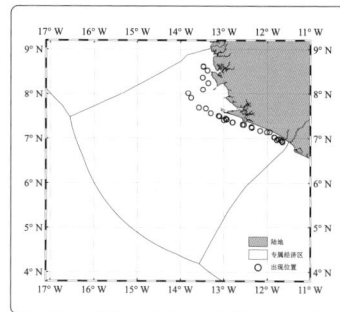

鉴定依据

　　《The living marine resources of the Eastern Central Atlantic, Volume3》第 1737 页；《拉汉世界鱼类系统名典》第 35 页。

32. 卡拉海鲇 *Carlarius heudelotii*（Valenciennes, 1840）

英 文 名：Smoothmouth sea catfish
俗　　名：红齿海鲇
商 品 名：MACHOIRON
分类地位：鲇形目 Siluriformes
　　　　　海鲇科 Ariidae
　　　　　卡拉海鲇属 *Carlarius*

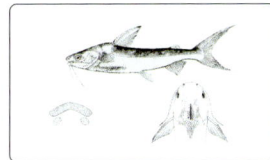

分类特征

　　体延长，粗壮，后部侧扁。头大，隆起，头背略平扁；**头背具粗糙盾状骨板**，向前延伸至眼中部；**上枕骨基部狭窄**，向后渐缩小，中央具隆嵴，前部凹陷形成一条狭窄的肉质凹槽，向前延伸至眼后缘；项板短，新月形，具明显褶皱。吻端圆形。口大，下位。**口须 3 对**（上颌须 1 对、颏须 2 对），上颌须远超胸鳍基部。**腭骨齿呈绒毛状，左右各 1 群，间距远大于齿群直径**，齿群有时退化。**第一、二鳃弓后方无鳃耙（或仅 1~2 微小鳃耙），第一鳃弓前方鳃耙 13~15，第二鳃弓前方鳃耙 10~14**。背鳍和胸鳍硬刺锯齿状，胸鳍具 10~12 鳍条，臀鳍具 18~19 鳍条；脂鳍发达。体背呈褐色至深蓝色，体侧浅褐色至蓝色，腹部白色。

栖息地、生物学特征和渔业

　　栖息于浅海沿岸水域和河口，最大全长为 83 cm，最大体重为 8.5 kg，常见个体全长 35 cm。占海鲇捕获量的比例较大，通常用底拖网、围网、定置网、刺网和延绳钓捕捞。可新鲜、干制、盐渍、熏制和加工成鱼粉销售。

分布

　　东大西洋区自毛里塔尼亚布兰克角至加蓬的沿岸海域，偶尔进入河口和淡水河流。

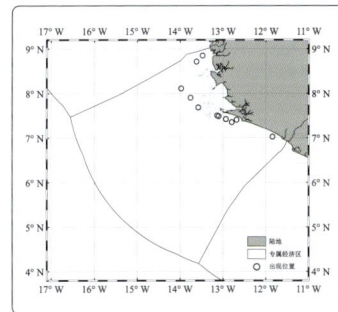

鉴定依据

　　《The living marine resources of the Eastern Central Atlantic, Volume 3》第 1746 页；《拉汉世界鱼类系统名典》第 124 页；《中东大西洋底层鱼类》第 30 页。

33. 粗硬头卡拉海鲇 *Carlarius latiscutatus*（Günther, 1864）

英 文 名：Rough-head sea catfish
俗　　名：粗硬头海鲇
商 品 名：MACHOIRON
分类地位：鲇形目 Siluriformes

　　　　　海鲇科 Ariidae

　　　　　卡拉海鲇属 *Carlarius*

分类特征

　　体延长，粗壮，后部侧扁。头大，略平扁；**头背具粗糙盾状骨板**，向前延伸至眼中部；**上枕骨基部宽大**，向后渐缩小，中央具隆嵴，前部凹陷形成一条肉质凹槽，向前延伸至眼中部；项板短，新月形，具明显褶皱。吻端圆形。口大，下位。**口须3对**（上颌须1对、颏须2对），上颌须伸达胸鳍基部。**腭骨齿呈绒毛状，左右各2群，前群宽，呈梯形，后群延长并于前群相连。第一、二鳃弓后方无鳃耙，第一鳃弓前方鳃耙12~22，第二鳃弓前方鳃耙18~23**。背鳍和胸鳍硬刺锯齿状，胸鳍具11~12鳍条，臀鳍具19鳍条；脂鳍发达。体背呈深棕色至绿色，腹部色浅，呈白色。

栖息地、生物学特征和渔业

　　栖息于浅海水域，以鱼类、底栖无脊椎动物、浮游动物和碎屑为食。最大全长为85 cm，常见个体全长40 cm。占该地区海鲇捕获量一定比例，常被底拖网、围网、定置网、刺网和延绳钓捕获。可腌制、熏制和加工成鱼粉或鲜鱼销售。

分布

　　东大西洋区自塞内加尔北部至纳米比亚沿岸海域，塞内加尔河流域和库内内河亦有分布。

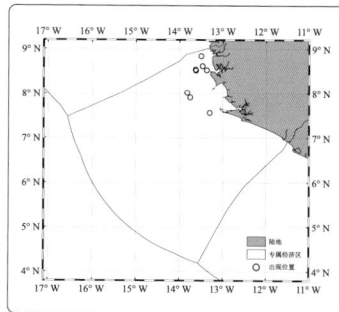

鉴定依据

　　《The living marine resources of the Eastern Central Atlantic, Volume 3》第1747页；《拉汉世界鱼类系统名典》第124页的粗硬头海鲇 *Arius Carlarius*（同物异名）；《中东大西洋底层鱼类》第34页。

34. 帕克卡拉海鲇 *Carlarius parkii*（Günther, 1864）

英 文 名： Guinean sea catfish
俗　　名： 帕克海鲇
商 品 名： MACHOIRON
分类地位： 鲇形目 Siluriformes
　　　　　 海鲇科 Ariidae
　　　　　 卡拉海鲇属 *Carlarius*

分类特征

体延长，粗壮，后部侧扁。头大，头背平扁；**头背具粗糙盾状骨板**，稍褶皱，向前伸达或超过眼前缘；**上枕骨基部较宽**，向后渐变细，中央隆嵴低，前部凹陷形成一条短窄的肉质凹槽，向前伸达眼后缘。吻圆钝。口大，下位，口须 3 对（上颌须 1 对、颏须 2 对），上颌须伸达或超过胸鳍基部。**腭骨齿呈绒毛状，左右各 1 群，圆形，间距等于或稍小于齿群直径。第一、二鳃弓后方无鳃耙，第一鳃弓前方鳃耙 11~14，第二鳃弓前方鳃耙 10~13**。背鳍和胸鳍硬刺强，后缘锯齿发达；胸鳍具 11~13 鳍条（通常为 11 或 12）；臀鳍具 19~21 鳍条；脂鳍发达。体背呈深褐色至绿色，腹面浅褐色至银色；鳍尖色深。

栖息地、生物学特征和渔业

喜栖息于沿岸浅水区和河口，咸淡水和海水中均有分布。主要以鱼类和虾类为食。最大全长为 75 cm，常见个体全长 40 cm。为近岸河口的常见海鲇物种，通常被底拖网、围网、定置网、刺网和延绳钓等捕获。新鲜、干制、腌制或烟熏后销售，可制成鱼粉。

分布

东大西洋区西非沿岸自毛里塔尼亚布兰克角至安哥拉海域，西撒哈拉和摩洛哥也有零星分布记录。

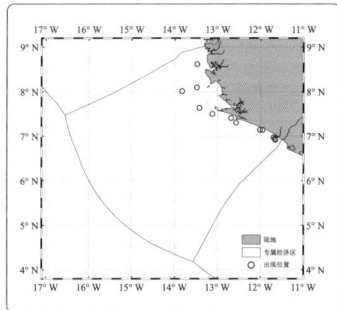

鉴定依据

《The living marine resources of the Eastern Central Atlantic, Volume 3》第 1745 页；《拉汉世界鱼类系统名典》第 124 页的帕克海鲇 *Arius parkii*（同物异名）；《中东大西洋底层鱼类》第 30 页。

35. 帕氏蛇鲻 *Saurida parri* Norman, 1935

英 文 名： Parr's lizardfish,
　　　　　 Brazilian lizardfish

俗　　 名： 巴西蛇鲻

商 品 名： ANOLE

分类地位： 仙鱼目 Aulopiformes
　　　　　 狗母鱼科 Synodontidae
　　　　　 蛇鲻属 *Saurida*

分类特征

　　身呈长圆柱形。头中大，略扁凹陷，头顶骨质表面鲜有皮褶。眼中大，侧位，脂眼睑位于眼睛的前后缘。口大，斜裂，上颌不突出，上颌骨缩小。两颌齿呈带状，内侧齿大，呈箭形；**腭骨每侧有 2 组齿带**；犁骨前部具齿。头体被圆鳞，尾鳍前缘和基部具鳞。背鳍约在背中部，脂鳍在臀鳍基部后上方；**腹鳍具 9 鳍条，外侧鳍条略短于内侧鳍条**；尾鳍叉形。体色多变，通常为棕色、微红色或银色，带有红色、黄色或蓝色斑纹；腹膜灰白色，腹中线两侧各有 5~11 个黑点。

栖息地、生物学特征和渔业

　　栖息于水深 18~410 m 的大陆架外海洋底部。最大体长为 10 cm，常见个体体长 5~8 cm。

分布

　　东大西洋区自毛里塔尼亚至安哥拉的海域，佛得角群岛和阿森松岛亦有分布。

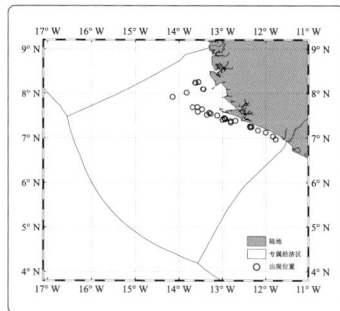

鉴定依据

　　《The living marine resources of the Eastern Central Atlantic, Volume 3》第 1827 页；《拉汉世界鱼类系统名典》第 142 页的巴西蛇鲻 *Saurida brasiliensis*（同物异名）。

36. 红狗母鱼 *Synodus synodus*（Linnaeus, 1758）

英 文 名： Redbarred lizardfish,
　　　　　Diamond lizardfish
商 品 名： ANOLE
分类地位： 仙鱼目 Aulopiformes
　　　　　狗母鱼科 Synodontidae
　　　　　狗母鱼属 *Synodus*

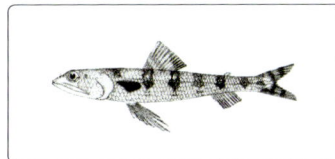

分类特征

　　体呈长圆柱形。头略扁凹陷。吻长略大于眼径。眼中大，侧位。口大，斜裂。体被圆鳞，**侧线上鳞 4~6 行**。脂鳍小。**臀鳍基底长短于背鳍基底长**；腹鳍鳍条长，**具 8 鳍条**；尾鳍叉形。**背部暗红色，腹侧褐黄色，腹部发白；体侧有褐色黄斑 9~11 个**，背鳍鳍膜有褐色斑点；**胸鳍和腹鳍呈红色或具红色条纹；尾鳍叉形，具 4~5 条明显的红色斑纹**。

栖息地、生物学特征和渔业

　　栖息于近岸海底和大陆架较浅区域向下约 90 m 深的水域。最大全长为 43 cm，常见个体全长为 20 cm。

分布

　　东大西洋区自塞内加尔至安哥拉北部海域，马德拉群岛、加那利群岛、佛得角群岛、阿森松岛和圣赫勒拿岛海域亦有分布。

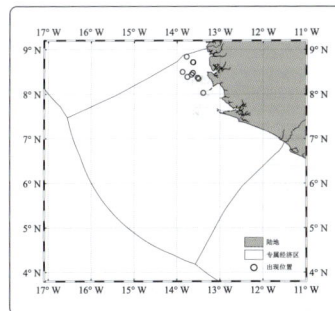

鉴定依据

　　《The living marine resources of the Eastern Central Atlantic, Volume 3》
第 1828 页；《拉汉世界鱼类系统名典》第 143 页。

37. 大头狗母鱼 *Trachinocephalus myops*（Forster, 1801）

英 文 名：Snakefish
俗　　名：大头花杆狗母
商 品 名：ANOLE
分类地位：仙鱼目 Aulopiformes
　　　　　狗母鱼科 Synodontidae
　　　　　大头狗母鱼属 *Trachinocephalus*

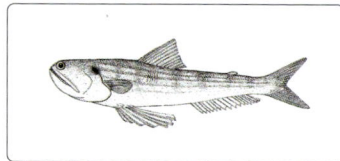

分类特征

　　体呈长圆柱形，体高大于体宽，前端略粗，后端较细。头大，头略扁凹陷，头顶骨质表面鲜有皮褶。眼中大，位于外侧，脂眼睑位于眼睛的前后缘。**吻短钝，吻长小于眼径**。口大，斜裂，末端超过眼后缘下方，上颌不突出，长度超过头长的1/2。上颌齿2行，下颌齿3行；**腭骨每侧具1组狭长齿带**；舌狭长，附于口底，舌上有3~4行细尖小齿。假鳃发达，鳃耙针尖状。体被圆鳞，**头顶部裸露无鳞，颊部和鳃盖具鳞**；侧线发达，侧线鳞53~58。背鳍1个，具12~14鳍条，起点位于腹鳍后上方，距吻端较距脂鳍近；臀鳍位于体后部，基底长大于背鳍基底长；胸鳍小，侧中位；腹鳍前腹位，**具8鳍条，外侧鳍条远短于内侧鳍条**；尾鳍深叉形。体背部中央具1行灰色花纹，头背部具红色网状花纹；鳃孔后上缘具一暗褐色斑；**沿体侧有12~14条灰色纵纹和3~4条黄色纵纹相间排列**；背鳍基部具1~2条黄色纵纹，腹鳍具1条斜列黄纹，脂鳍前具一灰色暗斑，尾鳍微黄色。

栖息地、生物学特征和渔业

　　栖息于近岸和近海底部区域，最大深度约365 m，常见于25~90 m深的浅水区域。最大全长为25 cm。有一定的渔业价值。

分布

　　太平洋、印度洋和大西洋的温带和热带海域均有分布；东大西洋区自毛里塔尼亚至加蓬，包括圣赫勒拿岛、阿森松岛和佛得角群岛亦有分布。

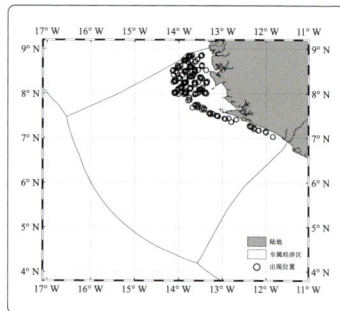

鉴定依据

《The living marine resources of the Eastern Central Atlantic, Volume 3》第1828页；《拉汉世界鱼类系统名典》第143页；《中东大西洋底层鱼类》第32页；《中国海洋及河口鱼类系统检索》第266页。

38. 中间光鳞鱼 *Lestrolepis intermedia*（Poey, 1868）

英 文 名： Arrow barracudina
俗　　名： 古巴裸蜥鱼、光鳞鱼、中间裸喙鱼
分类地位： 仙鱼目 Aulopiformes
　　　　　舒蜥鱼科 Paralepididae
　　　　　光鳞鱼属 *Lestrolepis*

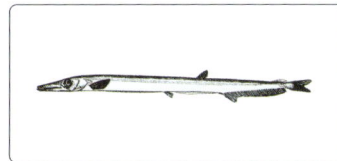

分类特征

　　体细长，侧扁，**腹部自颊部至腹鳍间两侧各具 1 条发光器**。头狭长，侧扁。眼中大，侧位，**眼前具明显乳突**。吻长而尖，口裂可达眼下缘。两颌和腭骨齿细长。鳃耙退化，呈齿状或针状。体若有鳞则为圆鳞，易脱落。**体侧具鳞状结构的侧线管 69~77 个**。背鳍 1 个，短小，具 9 鳍条，**起点位于腹鳍和臀鳍起点间距的中央上方**，后方具 1 脂鳍；臀鳍具 40~44 鳍条；腹鳍小；尾鳍叉形。体呈灰白色，背部色深，**眼前有一黑色小乳突**。

栖息地、生物学特征和渔业

　　温带、热带中底层鱼类，但在热带地区最为常见和多样化。游泳速度快。幼鱼栖息水深为 10~200 m，成鱼为 400~800 m。以小鱼为食。最大体长为 33.8 cm。

分布

　　全球暖温带至热带均有分布；东大西洋区分布于自佛得角群岛至安哥拉海域。

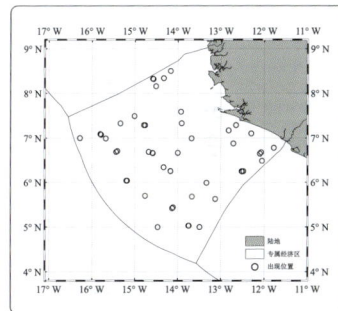

鉴定依据

《The living marine resources of the Eastern Central Atlantic, Volume 3》第 1847 页；《拉汉世界鱼类系统名典》第 144 页；《中国海洋及河口鱼类系统检索》第 281 页。

39. 多斑扇尾鱼 *Desmodema polystictum*（Ogilby, 1898）

英 文 名： Polka-dot ribbonfish
俗　　名： 短吻扇尾鱼、多斑带粗鳍鱼
分类地位： 月鱼目 Lampriformes
　　　　　粗鳍鱼科 Trachipteridae
　　　　　扇尾鱼属 *Desmodema*

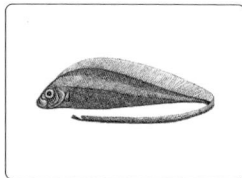

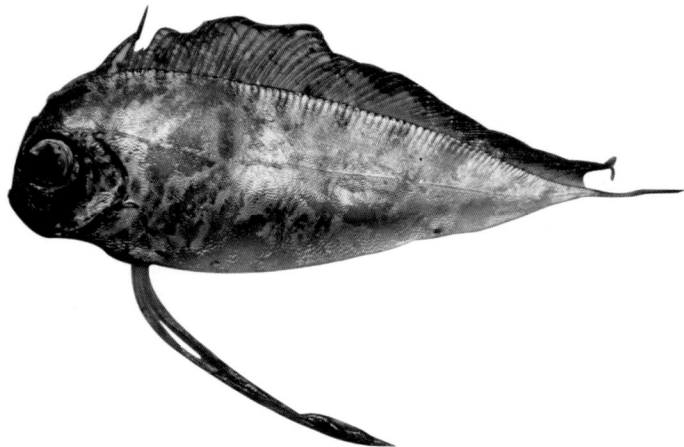

分布

全球温带至热带海域均有分布；东大西洋区分布于自 16°11′N 至纳米比亚和南非海域。

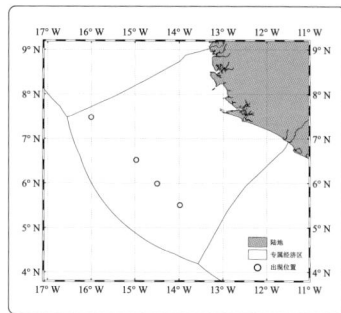

分类特征

成鱼体延长呈带状，幼鱼体呈卵圆形，甚侧扁，前部较高，肛门后渐细。**成鱼尾部细长，呈鞭状，吻端至肛门距离为体长的1/3；幼鱼尾部短，吻端至肛门距离为体长的2/3**。头小，头长远小于体高。吻短，吻长小于眼径。口小，上颌能伸缩。背鳍1个，基底长，具120~128鳍条，**幼鱼背鳍起点位于眼上方，前部鳍条延长呈丝状；成鱼背鳍起点位于胸鳍基上方，前部鳍条不延长**；无臀鳍；**幼鱼腹鳍特别延长呈丝状，具9鳍条；成鱼腹鳍退化**；尾鳍仅具上叶，具7~10鳍条，鳍条与体轴平行，尾鳍下叶鳍条退化。幼鱼具鳞，成鱼裸露无鳞；侧线稍平直。成鱼体呈银灰色带有粉红色，背鳍红色；幼鱼体呈银白色，散布褐色斑点。

栖息地、生物学特征和渔业

大洋性中表层洄游鱼类，偶见于近海和沿岸。对其习性知之甚少，以远洋甲壳类、小鱼和鱿鱼为食。卵自由漂浮，卵大且为红色。观察到幼鱼在水面游泳，长长的前背鳍和腹鳍条像水母触须一样拖在后面游弋。最大全长为110 cm。可食用。

鉴定依据

《The living marine resources of the Eastern Central Atlantic, Volume 3》第 1938 页；《拉汉世界鱼类系统名典》第 148 页；《中国海洋及河口鱼类系统检索》第 324 页。

40. 冠丝鳍鱼 *Zu cristatus*（Bonelli, 1819）

英 文 名：Scalloped ribbonfish
俗　　名：横带粗鳍鱼
分类地位：月鱼目 Lampriformes
　　　　　粗鳍鱼科 Trachipteridae
　　　　　粗鳍鱼属 *Zu*

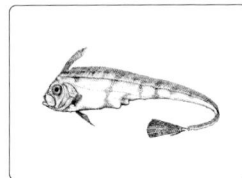

分类特征

　　身延长呈带状，甚侧扁，前部高而粗，肛门后渐细窄。头短小，头背高陡隆起。眼中大，眼间隔微凸，口小，向上倾斜，可向前伸出。上颌骨宽大，不被眶前骨所盖。背鳍1个，基底长，具120~150鳍条，**幼鱼背鳍起点位于鳃盖上方，前部鳍条延长呈丝状；成鱼背鳍起点位于胸鳍基上方，前部5~6鳍条延长**；无臀鳍；胸鳍短小，下侧位；幼鱼腹鳍延长呈丝状，位于胸鳍下方，具4~6鳍条，成鱼退化；尾鳍上叶发达，朝向上方，具9鳍条，下叶短小退化，仅具2~3鳍条。体被鳞，侧线鳞99~106；侧线浅弧形下弯。幼鱼体呈银白色，**背部有6条波状暗色横带，腹部有4条，尾部有6条黑带**，尾鳍黑色。成鱼体呈银灰色，腹部灰白色，**尾鳍红黑色**。

栖息地、生物学特征和渔业

　　大洋性中表层洄游鱼类。对其习性知之甚少。最大体长为118 cm。

分布

　　全球温带至热带海域均有分布。

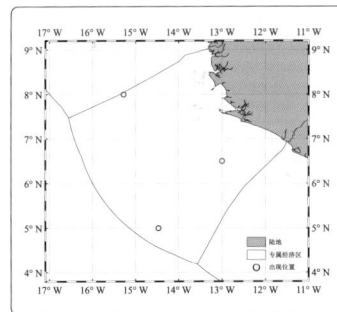

鉴定依据

　　《The living marine resources of the Eastern Central Atlantic, Volume 3》第1938页；《拉汉世界鱼类系统名典》第148页；《中国海洋及河口鱼类系统检索》第324页。

41. 大西洋犀鳕 *Bregmaceros atlanticus* Goode and Bean, 1886

英 文 名：Antenna codlet
俗　　名：大西洋海蝴鳅
分类地位：鳕形目 Gadiformes
　　　　　犀鳕科 Bregmacerotidae
　　　　　犀鳕属 *Bregmaceros*

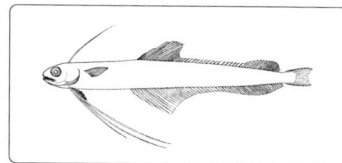

分类特征

　　体延长，侧扁，体长为体高的 8~10 倍。头小，头长为体长的 15%~20%。眼小，头长为眼径的 3~4 倍。吻短，约等于眼径。口中大，端位，上颌骨后端未达眼后缘。背鳍 2 个，**第一背鳍为一丝状延长鳍条，位于头后枕部，鳍端几伸达第二背鳍起点，平放时纳入背沟中；第二背鳍具 47~56 鳍条，鳍基长，自体中前部延伸至尾鳍基附近，中部鳍条短，鳍缘明显凹陷；臀鳍与第二背鳍同形相对，具 49~60 鳍条；胸鳍短，具 16~22 鳍条；腹鳍喉位，具 3 短鳍条和 4 丝状延长鳍条，末端延伸至臀鳍中部；**尾鳍稍内凹。体被小圆鳞，侧线位于背部第一背鳍背沟两侧。**身体大部覆盖密集的色素，背部最为集中，除臀鳍几透明外，余鳍均散布深色斑点。**

栖息地、生物学特征和渔业

　　栖息于沿海和海洋地区的中上层鱼类。常集群洄游。以浮游植物和浮游动物等为食，尤其是甲壳类。最大全长为 7.8 cm，常见个体体长为 6 cm。可作为具有商业价值鱼类的饲料。

分布

　　东中大西洋区西非沿岸向南至南非海域。

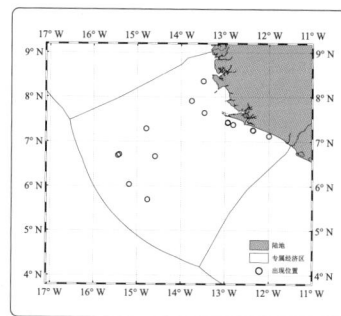

鉴定依据

《The living marine resources of the Eastern Central Atlantic, Volume 3》第 1958 页；《拉汉世界鱼类系统名典》第 148 页。

42. 须鼬鳚 *Brotula barbata*（Bloch and Schneider, 1801）

英 文 名：Bearded brotula
分类地位：鼬鳚目 Ophidiiformes
　　　　　鼬鳚科 Ophidiidae
　　　　　须鼬鳚属 *Brotula*

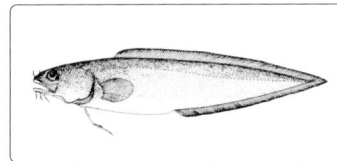

分类特征

　　体延长，侧扁。**吻部和下颌各具 3 对须**。第一鳃弓鳃耙 18~20，上鳃耙 4~5，下鳃耙 14~15；中部基鳃骨无齿群。**背鳍、臀鳍基底长，与尾鳍相连**；背鳍具 109~117 鳍条；臀鳍具 86~90 鳍条；胸鳍中大，侧中位，具 25~28 鳍条；腹鳍前胸位，起点在眼远后方，**左右腹鳍紧相并邻，各有 2 根长丝状鳍条，而 2 鳍条下段相连，末端呈分叉状**；尾鳍鳍条 8。体呈褐色，各鳍灰黑色。

栖息地、生物学特征和渔业

　　大陆架及深海底层暖温性鱼类，成鱼生活在 650 m 水深底部，幼鱼生活在珊瑚礁水域。肉食性，摄食底栖生物。最大全长为 94 cm，常见个体全长 50 cm。主要被底拖网捕获。有一定的商业价值。

分布

　　东大西洋区自塞内加尔至安哥拉海域；西大西洋区自佛罗里达至南美北部，包括墨西哥湾和加勒比海亦有分布。

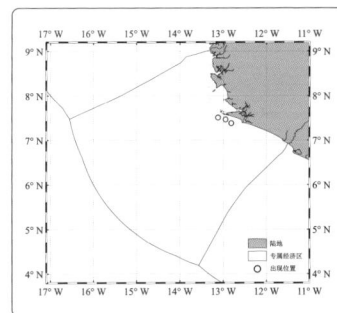

鉴定依据

　　《The living marine resources of the Eastern Central Atlantic, Volume 3》第 1952 页；《拉汉世界鱼类系统名典》第 155 页。

43. 绒头蟾鱼 *Batrachoides liberiensis*（Steindachner, 1867）

英 文 名：Hairy toadfish
分类地位：蟾鱼目 Batrachoidiformes
　　　　　蟾鱼科 Batrachoididae
　　　　　蟾鱼属 *Batrachoides*

分类特征

　　头宽，凹陷明显，前部圆形（幼鱼呈椭圆形），**大部覆盖着许多细短皮突，呈"多毛"外观**。口大，下颌两侧各具 2 行 4 条多分支的触须，其间由 4 个孔槽相连，孔槽后各具一冠状触须；上颌也具分支状触须。眼小，头长为眼径的 8~12 倍。鼻孔每侧 2 个，均呈管状，顶端不分叉。鳃盖骨和下鳃盖骨各具 2 棘。头部两侧各有 1 条自前部延伸至鳃盖棘的纵沟。上颌齿前端具齿 3~4 行，侧齿 2~3 行；下颌齿前端 4~5 行，侧齿 1 行；犁骨和腭骨齿强壮，呈圆锥状。背鳍 2 个，第一背鳍具 3 鳍棘，**第二背鳍具 24~26 鳍条；臀鳍具 21~23 鳍条**；胸鳍具 19~22 鳍条，第 13~15 鳍条间具腺体。体被细小嵌入状圆鳞，第一背鳍起点前头部和腹鳍基部前胸部裸露；侧线 2 条，上侧线向上弯曲至背鳍第十鳍条，下侧线向下弯曲至臀鳍第七鳍条，随后两条侧线沿鳍基底向后延伸至尾鳍。体色多变，**身体上通常有 4 个不规则的棕色横带；眼间具棕色斑点**，有时眼后有其他斑点。

栖息地、生物学特征和渔业

　　主要栖息于深度小于 30 m 的沿岸浅海水域，偶尔活动至更深的水域（约 100 m），咸淡水环境中也有分布。主要以蟹类为食。初次性成熟体长雄性为 17 cm、雌性为 12.2 cm。最大全长 24.5 cm，常见个体长 20.5 cm。主要被沿岸手工渔业捕获。

分布

　　东大西洋区西非沿岸自塞内加尔至安哥拉北部曼格格兰德海域。

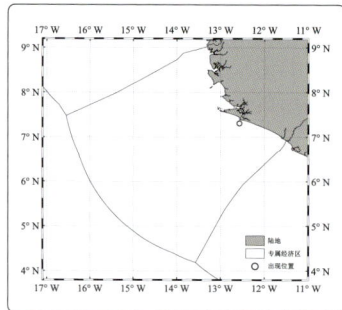

鉴定依据
　　《The living marine resources of the Eastern Central Atlantic, Volume 3》第 1731 页；《拉汉世界鱼类系统名典》第 161 页。

44. 腋孔蟾鱼 *Halobatrachus didactylus*（Bloch and Schneider, 1801）

英文名：Lusitanian toadfish
俗　名：双指蟾鱼、斑纹真蟾鱼
分类地位：蟾鱼目 Batrachoidiformes
　　　　　蟾鱼科 Batrachoididae
　　　　　孔蟾鱼属 *Halobatrachus*

分类特征

　　头巨大，宽扁。**眼小而高，头长为眼径的 3.6~5.1 倍，眼间隔窄**。口大，下颌两侧各具 2 行触须，其间由约 15 个孔槽相连，后部另具 1 行稍长的触须。鼻孔每侧 2 个，**前鼻孔呈管状，顶端具指状分叉**，位于头前缘；后鼻孔圆形，位于眼前。鳃盖骨具 2 棘，下鳃盖骨具 1 棘。上下颌齿前端各 3 行；犁骨和腭骨齿 2~3 行。体被细小嵌入状圆鳞，第一背鳍起点前头部和腹鳍基部前胸部裸露；侧线 2 条，上侧线具侧线孔 48 个。背鳍 2 个，第一背鳍具 3 鳍棘，第二背鳍 19~21 鳍条；臀鳍具 16~17 鳍条；胸鳍具 24~25 鳍条，**内侧表面具腺体，胸鳍腋窝上部具一小腋孔，位于鳃盖膜上缘之下**。体色多变，**体背侧密布如同石块状、大小不等的暗褐色斑**，腹部白色或黄白色。两眼间具一灰褐色带。

栖息地、生物学特征和渔业

　　暖水性近海底层鱼类，栖息于浅海至约 60 m 深水域。以软体动物和甲壳类为食；产卵期为 3—4 月。最大全长 50 cm。通常被底拖网和手工渔具捕获。味道鲜美，可食用，也用于制作鱼粉和鱼油；近年来因其作为毒理学和心脏病学研究中的一种实验物种而受到了特别的关注。

分布

　　东大西洋区自挪威的卡特加特南部沿伊比利亚半岛海岸，一直到地中海和西非北部沿海海域。

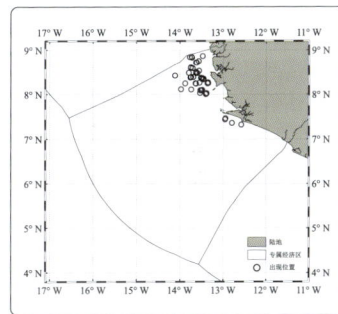

鉴定依据

　　《The living marine resources of the Eastern Central Atlantic, Volume 3》第 2041 页；《拉汉世界鱼类系统名典》第 162 页；《中东大西洋底层鱼类》第 35 页。

45. 带纹躄鱼 *Antennarius striatus*（Shaw and Nodder, 1794）

英 文 名：Striated frogfishes
俗　　名：斑条躄鱼、三齿躄鱼、黑躄鱼
分类地位：鮟鱇目 Lophiiformes
　　　　　躄鱼科 Antennariidae
　　　　　躄鱼属 *Antennarius*

分类特征

　　体略侧扁，口大，斜裂，具较多绒毛状齿。**眼小。皮肤松弛，具小棘，光滑无鳞**。犁骨及腭骨具细齿。**背鳍第一硬棘特化为吻触手**，末端具有数个蠕虫状附肢，**第二、第三硬棘后方有表皮与身体相连。胸鳍延长，足趾状**，具 3 支鳍骨；腹鳍小，位于喉部；尾鳍圆形。体色多变，鲜活标本淡黄色至橙色，**头、体具明显不规则斜纹**，腹面斜纹较稀，背鳍、尾鳍也具斜纹及横纹。

栖息地、生物学特征和渔业

　　栖息于岩石、沙质或碎石底质的岩礁和珊瑚礁区，也发现于河口水草区。栖息水深 10~219 m，平均栖息水深 40 m。底层鱼类，常潜伏于海底，以假臂状胸鳍在海底匍匐爬行，摆动吻触手诱食小鱼或甲壳类，遇敌害时腹部充气漂浮于水面。体色随环境改变，具拟态习性。最大全长 25 cm，常见个体全长 10 cm。

分布

　　广泛分布于大西洋和印度 – 西太平洋区；东大西洋区分布于自塞内加尔至非洲西南部海域，圣赫勒拿岛亦有分布记录。

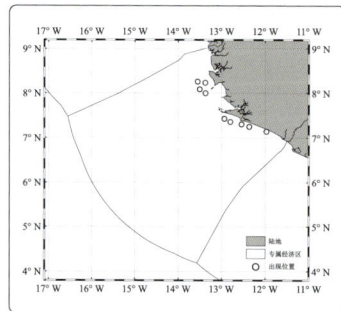

鉴定依据

　　《The living marine resources of the Eastern Central Atlantic, Volume 3》第 2053 页；《拉汉世界鱼类系统名典》第 162 页；《中国海洋及河口鱼类系统检索》第 382 页。

46. 镰鳍新龟鲛 *Neochelon falcipinnis*（Valenciennes, 1836）

英 文 名：Sicklefin mullet
俗　　名：鲻鱼、镰鳍梭鱼
商 品 名：MULET
分类地位：鲻形目 Mugiliformes
　　　　　鲻科 Mugilidae
　　　　　新龟鲛属 *Neochelon*

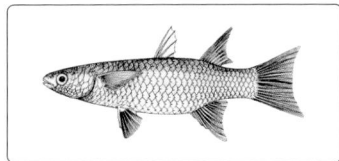

分类特征

　　体呈纺锤形，稍侧扁，口宽，下颌缝合处突出呈钝角。唇薄，上唇最大宽度为头长的 4%~8%，成鱼或幼鱼上唇外行具犬齿或少量臼齿，齿间间距清晰，内有近 10 行小臼齿，紧密排列。下唇无齿或出现单排绒毛状小齿。脂眼睑不发达，仅在眼周围形成一狭窄的环，向前延伸至鼻孔侧边，第二背鳍和臀鳍仅前部和基部被鳞，余皆裸露。第二背鳍具 10 鳍条（极少为 9），成体臀鳍具 3 鳍棘和 11 鳍条（极少 10 或 12），第二背鳍和臀鳍前部鳍条延长，呈镰状。胸鳍长为体长的 21%~24%，头长的 80%~100%。尾柄背腹侧被弱栉鳞，腹胸的腹侧被栉鳞，其余部位被圆鳞，纵列鳞 35~40，横列鳞 11.5~13.5。

栖息地、生物学特征和渔业

　　成体为广盐性鱼类，广泛分布于河流、河口、潟湖、海洋，喜欢栖息于沙质或泥质海底区域；繁殖区分布于潟湖或海洋。成体主要以细颗粒有机质、50~100 mm 大小的泥和沙砾、硅藻、蓝绿藻和绿藻为食。已发现最大叉长为 41 cm，但可长至 50 cm。通常被三重刺网、地拉网和底拖网捕获。

分布

　　东大西洋区西非海岸自塞内加尔至刚果、比奥科岛和圣多美群岛。

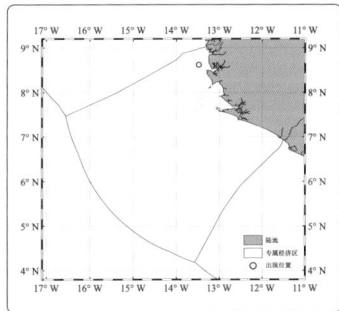

鉴定依据
　　《The living marine resources of the Eastern Central Atlantic, Volume 3》第 2093 页。

47. 蕉鲻 *Mugil bananensis*（Pellegrin, 1927）

英 文 名：Banana mullet
俗　　名：鲻鱼
商 品 名：MULET
分类地位：鲻形目 Mugiliformes
　　　　　鲻科 Mugilidae
　　　　　鲻属 *Mugil*

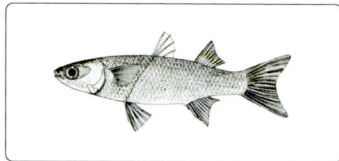

分类特征

　　体呈纺锤形，稍侧扁，口呈弧形，下颌缝合处突出呈锐角。唇薄，**上唇具 1 行肉眼可见的中长且下弯的单尖齿，下唇齿细小呈纤毛状或无**，下唇腹侧唇缘常具 5~6 行小乳突。眶前骨前腹侧边缘具锯齿，很平直，腹侧末端细长而尖，**伸达上颌骨后端**。上颌骨直而纤细，后端不伸达口角。**脂眼睑发达，覆盖虹膜大部**。第一鳃弓下鳃耙 22~46。背鳍 2 个，第一背鳍具 4 鳍棘，第二背鳍具 9 鳍条；**臀鳍具 3 鳍棘和 8~9 鳍条；第二背鳍和臀鳍仅前部和基部被鳞，余皆裸露**；胸鳍具 15~17 鳍条，第一鳍条短而呈棘状，胸鳍末端不达第一背鳍起点，胸鳍长为体长的 18%~23%，胸鳍基部腋鳞发达。腹侧被栉鳞，**纵列鳞 33~39**（通常为 36~37），**横列鳞 11~13**，第二背鳍起点前鳞 23~24，围尾柄鳞 17~20，背部鳞片常仅具一纵沟；体背前部被圆鳞，向前延伸至前鼻孔或稍前。体背部呈灰色，腹部银色，体侧具深色纵带；背鳍灰白色，胸鳍、腹鳍和臀鳍色浅或稍呈白色；尾鳍色浅，尤其是下叶；胸鳍基部具一黑斑。

栖息地、生物学特征和渔业

　　成鱼栖息于近岸、河口、潟湖和咸淡水区。最大全长为 40 cm，常见个体体长为 20 cm。常使用刺网、拖网和地拉网进行捕捞。新鲜、烟熏、咸干制品均可销售。

分布

　　东大西洋区自塞内加尔至安哥拉，包括比奥科岛（费尔南多波岛）。

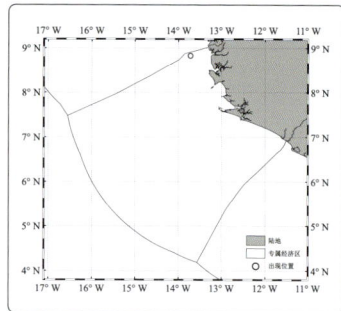

鉴定依据

《The living marine resources of the Eastern Central Atlantic, Volume 3》第 2103 页；《拉汉世界鱼类系统名典》第 167 页。

48. 库里鲻 *Mugil curema* Valenciennes, 1836

英 文 名： White mullet
俗　　名： 鲻鱼
商 品 名： MULET
分类地位： 鲻形目 Mugiliformes
　　　　　 鲻科 Mugilidae
　　　　　 鲻属 *Mugil*

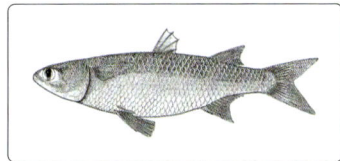

分类特征

体呈纺锤形，稍侧扁，口呈弧形，下颌缝合处突出呈锐角。唇薄，**上唇外缘有排列紧密的单尖齿，内缘有稀疏小齿，下唇具 1 行单尖齿，通常较上唇外缘齿小**。眶前骨前腹侧边缘具锯齿，较平直，腹侧末端细长而尖，**伸达上颌骨后端**。上颌骨直而纤细，后端不伸达口角。**脂眼睑发达，覆盖虹膜大部**。第一鳃弓下鳃耙 43~71。背鳍 2 个，第一背鳍具 4~5 鳍棘，第二背鳍具 9 鳍条；**臀鳍具 3 鳍棘和 9~10 鳍条；成鱼第二背鳍和臀鳍大部被鳞**；胸鳍具 15~18 鳍条，第一鳍条短而呈棘状，胸鳍末端不达第一背鳍起点，基部腋鳞发达。腹侧被栉鳞，**纵列鳞 32~39**（通常为 35~36），**横列鳞 12~13**，第二背鳍起点前鳞 22~25，围尾柄鳞 16~19，背部鳞片常具 1~2 纵沟；体背部前部被圆鳞，向前延伸至前鼻孔或稍前。体背部呈蓝绿色或橄榄色，腹部银色；眼至鳃盖上缘间有淡黄色斑点；臀鳍和腹鳍灰白色，有时偏黄色；胸鳍灰白色，具细小黑斑，基部具黑斑。

栖息地、生物学特征和渔业

成鱼栖息于近岸和河口水域；在盐度 15‰ 的水域也可栖息，但偏爱在盐度范围为 25‰ ~30‰ 的水域。在淡水中不常见。成鱼会成群繁殖。仔稚幼鱼以浮游生物为食；成鱼以过滤泥沙、有机碎屑、硅藻和绿藻等为食。最大全长 91 cm，常见个体全长 25 cm。常被拖网、地拉网和刺网捕获。可新鲜、烟熏、咸干制品销售。

分布

东大西洋区自塞内加尔至纳米比亚（20°S）海域；西大西洋区自美国马萨诸塞州科德角至巴西，以及东太平洋区墨西哥下加利福尼亚州至智利海域均有分布。

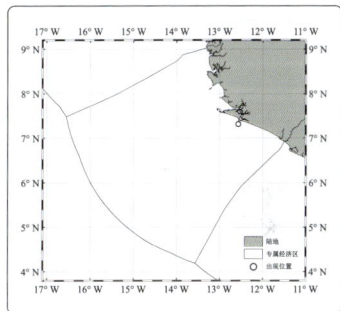

鉴定依据
《The living marine resources of the Eastern Central Atlantic, Volume 3》第 2107 页；《拉汉世界鱼类系统名典》第 167 页；《中东大西洋底层鱼类》第 132 页。

49. 横带扁颌针鱼 *Ablennes hians*（Valenciennes, 1846）

英 文 名：Flat needlefish
俗　　名：扁颌鹤鱵、扁鹤鱵
分类地位：颌针鱼目 Beloniformes
　　　　　颌针鱼科 Belonidae
　　　　　扁颌针鱼属 *Ablennes*

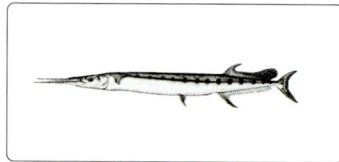

分类特征

　　体呈长带状，甚侧扁。尾柄侧扁，**无隆起嵴**。吻长，上下颌几等长。颌齿细小，上下颌各具 1 行排列稀疏的犬齿。无鳃耙。鳞细小；侧线在胸鳍基部无分支。背鳍具 23~36（通常 24~25）鳍条；臀鳍具 24~28（通常 26~27）鳍条；**背鳍和臀鳍的前部鳍条延长呈镰形；胸鳍镰形**；尾鳍深叉形，下叶长于上叶。体上部呈蓝绿色，下半部银白色；两侧有 1 条深蓝色纵纹，纵纹上**具 12~14 条深色横带**；下颌尖端红色。幼鱼和成鱼背鳍后部鳍条隆起部黑色。

栖息地、生物学特征和渔业

　　海洋中上层鱼类。肉食性，主要以小鱼为食。体长 27.8 cm 的雌鱼怀卵量 660 粒，卵黏性。最大全长为 140 cm，常见个体体长为 70 cm。可用罩网、浮拖网、垂钓、围网等进行捕捞。其产品包括新鲜、腌制或熏制制品。

分布

　　世界各热带及亚热带海域均有分布；东大西洋区分布于自佛得角群岛和毛里塔尼亚向南经几内亚湾至刚果和安哥拉南部木萨米迪什附近海域。

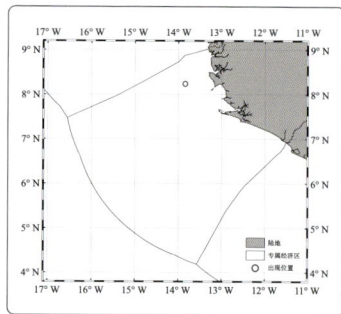

鉴定依据

　　《The living marine resources of the Eastern Central Atlantic, Volume 3》第 2121 页；《拉汉世界鱼类系统名典》第 173 页；《中国海洋及河口鱼类系统检索》第 431 页。

50. 斑翼须唇飞鱼 *Cheilopogon furcatus*（Mitchill, 1815）

英 文 名：Spotfin flyingfish
俗　　名：斑鳍燕鳐鱼
分类地位：颌针鱼目 Beloniformes
　　　　　飞鱼科 Exocoetidae
　　　　　须唇飞鱼属 *Cheilopogon*

分类特征

体延长，横截面近矩形，腹部几平坦。下颌略突出于上颌，**幼鱼具 1 对颏须**，由坚硬的尖茎和外缘皮褶组成，**体长为须长的 2.7~10 倍**，体长 11.2~17.5 cm 时须退化；下颌齿呈细小圆锥形，**腭骨无齿**。第一鳃弓鳃耙 18~25。侧线鳞 45~47（通常 46），背鳍前鳞 26~33（通常 27~30），**横列鳞7~9 行。背鳍较低，具 12~14 鳍条；臀鳍具 8~11 鳍条，起点位于背鳍第五至第七鳍条下方**；胸鳍具 14~17 鳍条，**第一鳍条不分支**；腹鳍起点距鳃盖骨后缘较距尾鳍基为近；尾鳍深叉形，下叶显著长于上叶。体背部色深，腹部色浅；背鳍和尾鳍灰色，臀鳍透明，胸鳍几呈黑色至灰色（活体为深蓝色），**中部透明斜带几达鳍上缘，后缘具宽透明边缘**。体长 5~10 cm 的幼鱼体侧具 6 条横带；背鳍和臀鳍有黑色斑点；胸鳍下部深色且具 2 条深色宽斜带；腹鳍也具深色斑点或色带。

栖息地、生物学特征和渔业

大洋性鱼类，不在近岸区活动。以浮游生物为食。性成熟体长为 19 cm。卵黏沉性，产于漂流的海藻或其他漂浮物上。最大全长 35 cm，常见个体全长 25 cm。

分布

分布于大西洋热带海域，东大西洋区较罕见（主要分布于 20°W 以西及赤道附近）。

鉴定依据

《The living marine resources of the Eastern Central Atlantic, Volume 3》第 2139 页；《拉汉世界鱼类系统名典》第 171 页；《中国海洋及河口鱼类系统检索》第 431 页。

51. 黑尾须唇飞鱼 *Cheilopogon melanurus*（Valenciennes, 1847）

英 文 名：Atlantic flyingfish
俗　　名：大西洋燕鳐鱼
分类地位：颌针鱼目 Beloniformes
　　　　　飞鱼科 Exocoetidae
　　　　　须唇飞鱼属 *Cheilopogon*

分类特征

　　体延长，横截面近矩形，腹部几扁平，体长为体高的 4.9~6.2 倍，为头长的 3.9~4.6 倍，头长为眼径的 2.8~3.6 倍。下颌略突出于上颌，**幼鱼具 1 对颏须**，由坚硬的尖茎和外缘皮褶组成，**体长为须长的 8~20 倍**（体长 8~10 cm 时须退化）。下颌齿呈细小圆锥形，腭骨无齿。第一鳃弓鳃耙 17~24。侧线鳞 45~47（通常 46），**背鳍前鳞 25~33（通常 27~30），横列鳞 6~8 行。背鳍较低，具 11~14 鳍条；臀鳍具 7~11 鳍条**，起点位于背鳍第五至第七鳍条下方；胸鳍 14~18 鳍条，**第一鳍条不分支，体长为胸鳍长的 1.4~1.6 倍**；腹鳍起点距鳃盖骨后缘较距尾鳍基为近，体长为腹鳍长的 2.5~3.3 倍；尾鳍深叉形，下叶显著长于上叶。体背部色深，腹面色浅；背鳍和尾鳍灰色，臀鳍透明，胸鳍灰色，**具模糊的灰白色三角形带和窄边缘**。体长小于 10~12 cm 的幼鱼体侧具 6 条横带；背鳍和臀鳍有深色斑纹；胸鳍灰白色，有深色斑点和弯曲的条纹；腹鳍也有黑色斑块和色带。

栖息地、生物学特征和渔业

　　浅海物种。以浮游动物为食。产沉性卵。最大全长 33 cm，常见个体全长 25 cm。

分布

　　大西洋热带海域；东大西洋区分布于西非沿岸自塞内加尔至安哥拉海域。

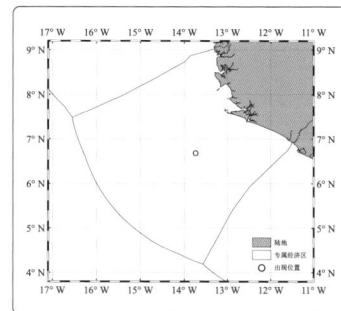

鉴定依据

　　《The living marine resources of the Eastern Central Atlantic, Volume 3》第 2142 页；《拉汉世界鱼类系统名典》第 171 页。

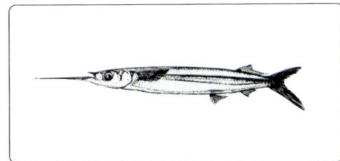

52. 巴劳鱵 *Hemiramphus balao* Lesueur, 1821

英 文 名： Balao halfbeak
分类地位： 颌针鱼目 Beloniformes
　　　　　 鱵科 Hemiramphidae
　　　　　 鱵属 *Hemiramphus*

分类特征

　　体延长，侧扁。吻短，**上颌呈三角形，无鳞；下颌延长呈喙状。无眶前嵴**。背鳍具 11~15 鳍条；**臀鳍具 10~13 鳍条；胸鳍长，向前折叠时超过鼻孔前缘**，具 10~12 鳍条；尾鳍深叉形，下叶远长于上叶。体被圆鳞，背鳍前鳞 37~41；侧线下侧位。体背呈深蓝色，腹侧银白色；喙黑色，尖端肉红色；**尾鳍上叶蓝紫色，下叶蓝色**。体长 17.5 cm 以上的幼鱼体侧具宽横带，腹鳍色素集中在基部。

栖息地、生物学特征和渔业

　　生活在近岸表层水面的集群性鱼类。食物以浮游动物为主，尤其是桡足类、十足类、管水母类和多毛类。最大全长为 40 cm，常见个体全长 35 cm。常被钓具、围网或中上层拖网捕获。其产品包括新鲜、盐渍干制品或加工成鱼油、鱼粉等。

分布

　　东大西洋区自加那利群岛和科特迪瓦向南至安哥拉海域；西大西洋区自美国纽约向南经墨西哥湾、加勒比海至巴西桑托斯海域亦有分布。

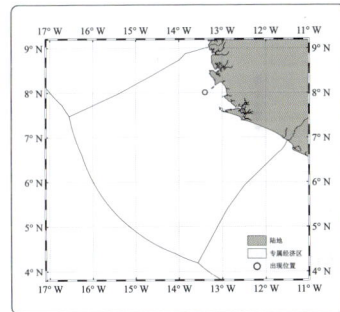

鉴定依据
　　《The living marine resources of the Eastern Central Atlantic, Volume 3》第 2140 页；《拉汉世界鱼类系统名典》第 172 页。

53. 似飞鱵 *Oxyporhamphus micropterus similis* Bruun, 1935

英 文 名： Atlantic smallwing flyingfish,
False halfbeak
分类地位： 颌针鱼目 Beloniformes
鱵科 Hemiramphidae
飞鱵属 *Oxyporhamphus*

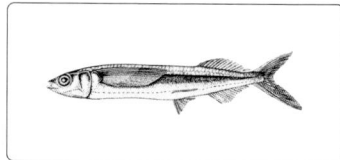

分类特征

体延长，侧扁。**吻短，上颌前缘平直**，幼鱼下颌延长成喙；**成鱼下颌稍突出，不延长成喙**。眼较大。鼻孔每侧1个。**第一鳃弓鳃耙 30~35**。体被圆鳞，侧线下侧位。背鳍具 12~15 鳍条；臀鳍具 13~17 鳍条；背鳍和臀鳍均位于体后部；胸鳍较长，末端不达腹鳍起点，**具 11~13 鳍条**；腹鳍小，位于腹部远后方；尾鳍深叉形，下叶长于上叶。体背呈蓝黑色，腹侧银白色；背鳍、臀鳍和胸鳍黑色，尾鳍暗灰色。

栖息地、生物学特征和渔业

分布广泛的中上层小型鱼类，最大体长为 18 cm。

分布

广泛分布于大西洋热带和亚热带海域；东大西洋区分布自佛得角群岛至安哥拉罗安达海域；西大西洋区自北卡罗来纳至巴西亦有分布。

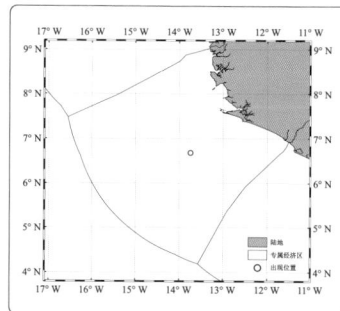

鉴定依据

《The living marine resources of the Eastern Central Atlantic, Volume 3》第 2163 页；《拉汉世界鱼类系统名典》第 172 页。

54. 矛状棘鳞鱼 *Sargocentron hastatum*（Cuvier, 1829）

英 文 名： Red squirrelfish
俗　　名： 毛状鰔
分类地位： 金眼鲷目 Beryciformes
　　　　　鰔科 Holocentridae
　　　　　棘鳞鱼属 *Sargocentron*

分类特征

　　体呈长椭圆形，稍侧扁，尾柄细长。头部各鳃盖骨边缘均具锯齿和棘，鼻骨和眶前骨各具一强棘，伸至上唇前方。鳃盖骨后角棘等于或长于前鳃盖骨隅棘。**第一鳃弓鳃耙 17~21。背鳍具 11 鳍棘和 13 鳍条**；臀鳍具 4 鳍棘和 9 鳍条，**第三鳍棘最长，平放时可伸达尾鳍基部。侧线有孔鳞 39~43。**头体呈红色，**体侧自鳃盖延伸至尾部具 9 条的白色纵纹**；头部具 2 条白色纹，一条沿着前鳃盖缘，另一条自吻端沿上颌至前鳃盖骨下角；鳃盖骨和棘略带黄色；**背鳍鳍棘部红色，各鳍棘间鳍膜基部各具一白斑**；腹鳍和臀鳍前部呈白色，后部红色；背鳍鳍条部和尾鳍红色；胸鳍黄色。

栖息地、生物学特征和渔业

　　栖息于岩石和珊瑚礁水域，从海岸带至200 m 水深海域均有分布。以底栖无脊椎动物为食。最大体长 25 cm。被手工渔业捕获，主要捕捞网具包括陷阱类、定置网、拖网等。其渔获物可新鲜或熏制食用。

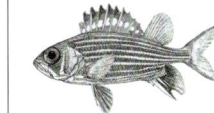

分布

　　东太平洋区自葡萄牙向南至安哥拉海域，包括佛得角群岛；西大西洋区圣文森特和圣安德烈斯群岛亦有分布记录。

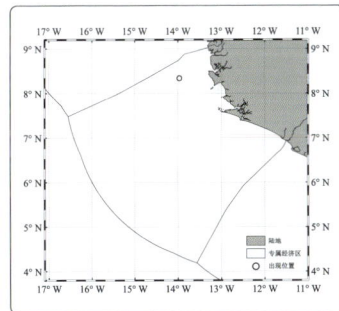

鉴定依据

　　《The living marine resources of the Eastern Central Atlantic, Volume 3》第 2199 页；《拉汉世界鱼类系统名典》第 188 页。

55. 裸亚海鲂 *Zenopsis conchifer*（Lowe, 1852）

英 文 名： Silver John dory
俗　　名： 美洲亚海鲂、裸雨印鲷
分类地位： 海鲂目 Zeiformes
　　　　　海鲂科 Zeidae
　　　　　亚海鲂属 *Zenopsis*

分类特征

　　体呈卵圆形，甚侧扁，尾柄高为尾柄长的 1/3。眼小，头长为眼径的 4 倍。背鳍鳍棘部与鳍条部间具深缺刻，**具 9~10 鳍棘和 24~27 鳍条，棘间鳍膜延长呈丝状，约等于鳍棘长；臀鳍具 3 鳍棘和 24~26 鳍条**；背鳍和臀鳍的前 2 鳍棘不可活动。腹鳍起点在眼下方，具 1 鳍棘和 5 鳍条。体无鳞，**沿背鳍和臀鳍基底两侧各具 1 行棘状骨板**，每棘状骨板中央具 1 短棘，背鳍两侧各有 6~9，臀鳍两侧各有 4~9，腹鳍至臀鳍间两侧各有 7~8，腹鳍前方有 2。体呈银灰色。**幼鱼体侧具约等于眼径的黑斑。**

栖息地、生物学特征和渔业

　　栖息于近海或 100~600 m 深水中，但更常见于 200~300 m 水域。游泳缓慢，以各种鱼类为食。集小群生活。最大全长为 80 cm，常见个体全长 50 cm。主要用底拖网捕捞。肉质鲜美；可新鲜、冷冻和盐渍食用，也用于制作鱼粉和鱼油。

分布

　　东太平洋区自比斯开湾（48°N）向南至南非海域；西大西洋区（从加拿大到阿根廷）和西印度洋区（印度、索马里至南非）亦有分布。

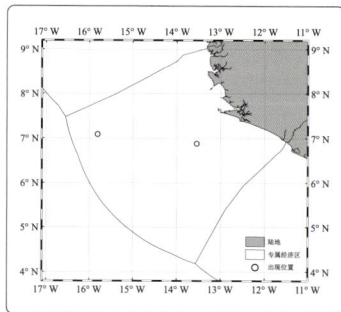

鉴定依据

　　《The living marine resources of the Eastern Central Atlantic, Volume 3》第 2227 页；《拉汉世界鱼类系统名典》第 189 页。

56. 西非海马 *Hippocampus algiricus* Kaup, 1856

英 文 名： West African seahorse
俗　　名： 斑点海马
分类地位： 刺鱼目 Gasterosteiformes
　　　　　 海龙科 Syngnathidae
　　　　　 海马属 *Hippocampus*

分类特征

　　体侧扁，腹部凸出。尾部细长，呈四棱形；尾端尖，无尾鳍。**头部弯曲，与躯干部成一大钝角或直角。**头顶部具顶冠，**顶冠低，圆形且向后倾斜。**吻呈管状。眼可各自向上下、左右或前后转动。口小，端位。**吻较长，头长为吻长的2.1~2.6 倍。**体无鳞，全体包以骨环，**体环 11+35~37。**背鳍具 17~18 鳍条，骨环 2+1；胸鳍具 16~17 鳍条。体呈褐色，**躯干部具小白点或大的棕色斑点。**

栖息地、生物学特征和渔业

　　卵胎生，雌性将卵产在雄性腹部育儿囊中。最大体长为19.2 cm。IUCN 红色名录中被列为易危物种（VU）。

鉴定依据

　　《The living marine resources of the Eastern Central Atlantic, Volume 3》第 2234 页；《拉汉世界鱼类系统名典》第 191 页。

分布

　　东中大西洋区西非沿岸自塞内加尔至安哥拉海域，地中海阿尔及利亚海域亦有分布记录。

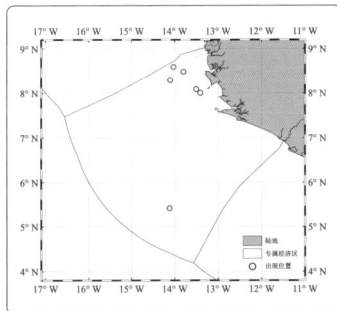

57. 欧洲海马 *Hippocampus hippocampus*（Linnaeus, 1758）

英 文 名：Short-snouted seahorse
俗　　名：短吻海马
分类地位：刺鱼目 Gasterosteiformes
　　　　　海龙科 Syngnathidae
　　　　　海马属 *Hippocampus*

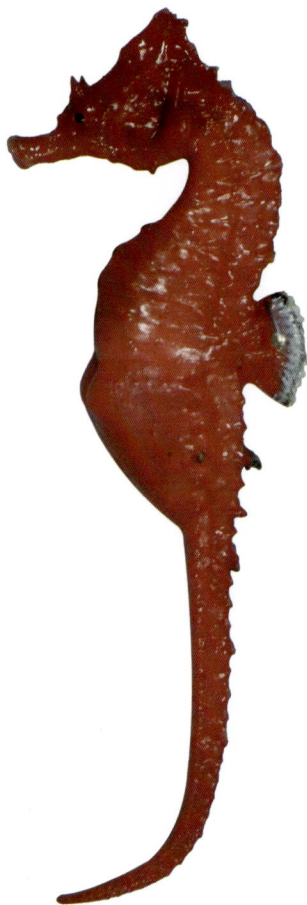

分类特征

　　体侧扁，腹部凸出。尾部细长，呈四棱形；尾端尖，无尾鳍。**头部弯曲，与躯干部几成直角**。头顶部顶冠狭窄，呈崤状，冠顶端、眼眶和颊部棘发达。**吻短，头长为吻长的2.8~3.4 倍**。体无鳞，全体包以骨环，**体环 11+35~38**。背鳍具 16~19 鳍条，骨环 2+1；胸鳍具 13~15 鳍条。体一般呈褐色、橘色、紫色或者黑色，有时有极小的白色斑点。

栖息地、生物学特征和渔业

　　栖息于近岸至 60 m 水深海草床水域。主要以浮游动物和有机碎屑为食。可拟态藏在藻类等海草中不被发现。最大全长为 15 cm。活体常用于水族贸易，干制品可药用。

分布

　　东大西洋区瓦登海向南至加那利群岛，沿西非沿岸至圣多美群岛和普林西比海域；地中海亦有分布。

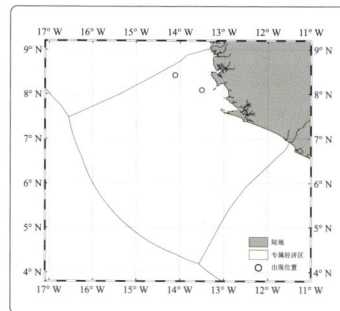

鉴定依据

　　《The living marine resources of the Eastern Central Atlantic, Volume 3》第 2235 页；《拉汉世界鱼类系统名典》第 191 页。

58. 鳞烟管鱼 *Fistularia petimba* Lacépède, 1803

英 文 名： Red cornetfish
俗　　名： 毛烟管鱼、巨齿烟管鱼、马鞭鱼
分类地位： 刺鱼目 Gasterosteiformes
　　　　　 烟管鱼科 Fistulariidae
　　　　　 烟管鱼属 *Fistularia*

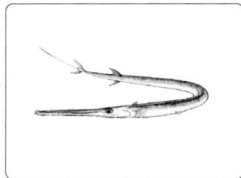

分类特征

　　体延长，呈管鞭状。**吻延长，呈管状**，横截面近六边形。**吻部嵴缘锯齿状**，上部嵴平行。眼椭圆形，眼间隔窄，近平坦。鼻孔明显，紧位于眼前。口小，前位，口裂近水平。下颌突出。两颌及犁骨、腭骨具尖齿。背鳍和臀鳍短，同形相对，具 14~16 鳍条；胸鳍具 15~16 鳍条；腹鳍小，腹位，具 6 鳍条；尾鳍叉形，**中间鳍条延长呈丝状**。侧线呈弧形，前部几沿背中线向后延伸，向下至体侧后并延伸至尾鳍中部延长鳍条上，**后部侧线骨化，具指向后方的锐棘；背鳍和臀鳍前方沿体中线各具 1 行长骨板**。体呈橙褐色或绿褐色，腹部银色；背鳍、臀鳍和尾鳍略呈橙色。

栖息地、生物学特征和渔业

　　栖息于近岸软质海底，水深通常大于 10 m。以小鱼、小虾为食。最大体长为 150 cm，常见个体体长为 100 cm。常被底拖网、刺网和手工渔业捕获。可新鲜、干制、腌制食用，也可制作鱼粉。

分布

　　广泛分布于大西洋、印度洋－西太平洋热带海域；东大西洋区分布于自布兰克角和佛得角群岛向南至刚果或安哥拉海域。

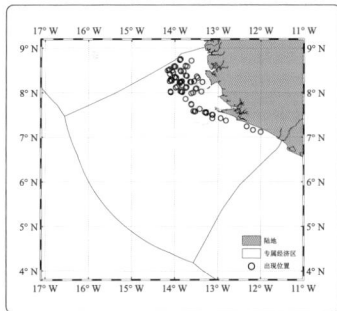

鉴定依据

　　《The living marine resources of the Eastern Central Atlantic, Volume 3》第 2243 页；《拉汉世界鱼类系统名典》第 193 页；《浙江海洋鱼类志（下册）》第 457 页。

59. 蓝斑烟管鱼 *Fistularia tabacaria* Linnaeus, 1758

英 文 名：Cornetfish
分类地位：刺鱼目 Gasterosteiformes
　　　　　烟管鱼科 Fistulariidae
　　　　　烟管鱼属 *Fistularia*

分类特征

体延长，呈管鞭状。**吻延长，呈管状**，横截面近六边形，**成鱼吻部嵴缘平滑**，上部嵴平行。口小，前位，开口于吻端。眼间隔窄凹。背鳍和臀鳍短，同形相对，具 14~16 鳍条；胸鳍具 15~16 鳍条；腹鳍小，腹位，具 6 鳍条；尾鳍叉形，**中间鳍条延长呈丝状**。幼鱼体侧具多列小棘，成鱼时消失；侧线呈弧形，前部几沿背中线向后延伸，向下至体侧后并延伸至尾鳍中部延长鳍条上，后部侧线骨化但无棘。体色随环境变化，体上部呈棕色，下部色浅；**沿背中线自头部至背鳍具 1 纵行淡蓝色斑点，体侧的淡蓝色斑点通常在后部合并成线状；吻部侧面具 2 纵行蓝斑。**

栖息地、生物学特征和渔业

常见于海草床和浅水中的珊瑚礁区域。以小鱼和小虾为食。最大全长 200 cm，常见个体全长 120 cm。常被底拖网、刺网和钓具捕获。可新鲜、干制、腌制或烟熏食用，但更常制成鱼粉。

分布

东大西洋区布兰克角和佛得角群岛向南至安哥拉海域；西中大西洋区新斯科舍、巴西、巴拿马和墨西哥湾北部、百慕大海域亦有分布。

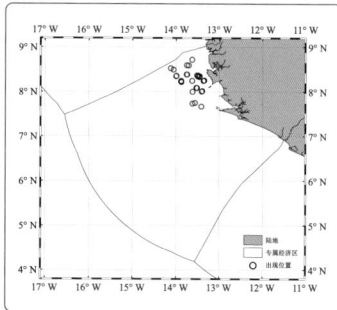

鉴定依据

《The living marine resources of the Eastern Central Atlantic, Volume 3》第 2244 页；《拉汉世界鱼类系统名典》第 193 页。

60. 翱翔真豹鲂鮄 *Dactylopterus volitans*（Linnaeus, 1758）

英 文 名：Flying gurnard
俗　　名：翱翔真飞角鱼
分类地位：鲉形目 Scorpaeniformes
　　　　　豹鲂鮄科 Dactylopteridae
　　　　　真豹鲂鮄属 *Dactylopterus*

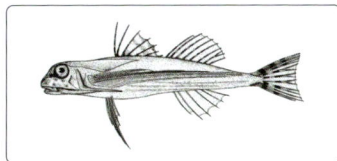

分类特征

　　体延长，前部较粗壮，向后渐细。**头部钝，顶部和侧面均被于骨板形成的骨甲中，项顶两侧各具一骨棱向后延伸至第一背鳍中部下方。前鳃盖骨下角具一三棱形长棘。**两颌具颗粒状齿带。背鳍2个，**第一背鳍前2鳍棘基部紧邻，且鳍棘间仅近基底以鳍膜相连，与后部5鳍棘分离**，第二背鳍具8鳍条；臀鳍具6鳍条；胸鳍长大，基部近水平，鳍条分为上下两部分，上部具6短鳍条，下部具26~30长鳍条，可伸达尾鳍基部；尾鳍微凹，**尾鳍基部两侧各具2个隆起锐嵴**。体被栉鳞，鳞中央具一纵嵴。体色随环境变化，头部和体侧红色或黄褐色，胸鳍上有亮蓝色斑点。

栖息地、生物学特征和渔业

　　栖息于沙滩、泥质的沿海海域，水深至80 m，可以通过腹鳍在底部"行走"，同时可用短的胸鳍鳍条拨开沙子寻找食物。主要以底栖甲壳类，蛤蜊和小鱼为食。最大体长为45 cm，常见个体体长为20 cm。非商业捕捞对象。主要被拖网兼捕，偶尔在手工围网渔业中出现。

分布

　　东大西洋区英吉利海峡、地中海、亚速尔群岛、马德拉群岛、加那利群岛、佛得角群岛和圣赫勒拿群岛以及葡萄牙至安哥拉；西大西洋区百慕大、美国马萨诸塞州至阿根廷海域亦有分布。

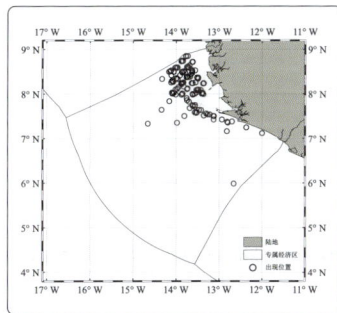

鉴定依据

　　《The living marine resources of the Eastern Central Atlantic, Volume 3》第2248页；《拉汉世界鱼类系统名典》第194页。

61. 安哥拉鲉 *Scorpaena angolensis* Norman, 1935

英 文 名：Angola rockfish
俗　　名：红鲉
商 品 名：RASCASS
分类地位：鲉形目 Scorpaeniformes
　　　　　鲉科 Scorpaenidae
　　　　　鲉属 *Scorpaena*

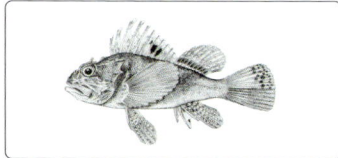

分类特征

　　体呈长椭圆形，侧扁。**头大而多棘，棘棱粗且坚硬，项部有一深凹或横凹沟，鼻棘与眼之间略凹。眶前骨下缘具 3 棘（幼鱼 2 棘）并延伸至上颌骨**；眶下棱近眶前骨处无棘，第二和第三眶下骨具 3 棘；前鳃盖骨下缘与眼上棘后端各具 1 个皮质突。**前鳃盖骨具 5 棘突，鳃盖骨具 2 棘**。体被中大栉鳞，胸部与胸鳍基部无鳞，**自上匙骨棘至尾鳍基部具鳞 40~46 列**。背鳍连续，鳍棘部与鳍条部间具深缺刻，**具 12 鳍棘和 9 鳍条**；胸鳍末端伸达臀鳍第一鳍棘；尾鳍后缘圆形。体呈褐红色，散布不规则红棕色至黑色斑块，特别在间鳃盖骨、鳃盖骨、体侧和鳍上，体上斑点形成 3 个暗色鞍斑：第一个在背鳍第一至第三鳍棘基部，第二个较宽，在背鳍第五至第八鳍棘基部，第三个在背鳍鳍条部下方且几乎延伸至臀鳍；**背鳍第六至第九鳍棘间具一大黑斑，腹鳍和胸鳍具不规则白色小点或条纹**，尾鳍（特别是鳍条上）具许多黑斑。

栖息地、生物学特征和渔业

　　暖水性底层鱼类，主要栖息于海岛附近石砾、泥沙底质的浅海中，栖息水深 40~200 m。肉食性，以小鱼、甲壳类为食。最大全长为 25 cm，常见个体全长 10 cm。为底拖网兼捕渔获物。肉嫩味美。

分布

　　东大西洋区自毛里塔尼亚至安哥拉海域，佛得角群岛亦有分布。

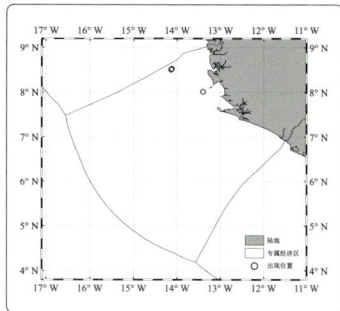

鉴定依据

　　《The living marine resources of the Eastern Central Atlantic, Volume 3》第 2267 页；《拉汉世界鱼类系统名典》第 196 页；《中东大西洋底层鱼类》第 45 页。

62. 光鳞鲉 *Scorpaena laevis* Troschel, 1866

英 文 名： Senegalese rockfish
俗　　名： 红鲉
商 品 名： RASCASS
分类地位： 鲉形目 Scorpaeniformes
　　　　　鲉科 Scorpaenidae
　　　　　鲉属 *Scorpaena*

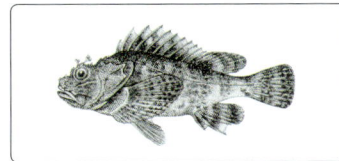

分类特征

　　头大，棘棱发达。眼上缘突出于头背缘，眼间隔宽，为体长的 6%~9%，眼前在眼与眶前骨上升突间具一三角形的凹陷。体被圆鳞，自上匙骨棘至尾鳍基部具鳞 40~45 列。鳍棘部与鳍条部连续，具浅缺刻，具 11 鳍棘和 10 鳍条；臀鳍具 3 鳍棘和 5 鳍条；胸鳍较大，具 18 鳍条，末端接近背鳍最后一鳍棘。体色多变，因栖息地不同而不同。岛屿海域体色较为暗淡，而在海岸带水域偏棕色；背鳍红棕色，具各种斑点，在第 6~8 鳍棘之间具黑色斑点；**胸鳍内侧表面具较大的棕色斑块**，边缘为暗色，有时有小的灰白斑点或条纹。

栖息地、生物学特征和渔业

　　常见于浅水区岩石栖息地。主要以章鱼为食，也摄食其他无脊椎动物和鱼类。最大体长为 35 cm，常见个体体长 20 cm 以下。具有一定的渔业捕捞量和商业价值，常在 15~90 m 水深海域被捕获。

分布

　　东大西洋区佛得角群岛、马德拉群岛、加那利群岛、毛里塔尼亚（近提米尔斯角，19°30'N）和几内亚南部至刚果海域，常见于圣多美群岛、安诺本岛和费尔南多岛海域。

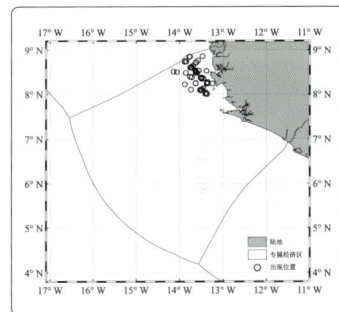

鉴定依据

　　《The living marine resources of the Eastern Central Atlantic, Volume 3》第 2273 页；《拉汉世界鱼类系统名典》第 196 页。

63. 赤鲉 *Scorpaena scrofa* Linnaeus, 1758

英 文 名: Red scorpionfish
俗　　名: 红鲉、南非鲉
商 品 名: RASCASS
分类地位: 鲉形目 Scorpaeniformes
　　　　　鲉科 Scorpaenidae
　　　　　鲉属 *Scorpaena*

分类特征

　　体呈长椭圆形，侧扁。头大，棘棱发达，枕部稍凹陷。上颌骨被眶前骨所盖，眶前骨前缘具 3~4 棘（幼体通常仅具 2 棘），侧缘通常无棘，眶下棱具 2~4 棘。**下颌具许多绒毛状皮瓣。下颌联合部感觉孔分离，小而难辨。**头部被圆鳞，体被栉鳞，**胸部及胸鳍基底无鳞**，纵列鳞 42~48。体色多变，红色、橙红色或红棕色，具斑点、斑块或斑纹。腹鳍末端色暗；小个体沿背鳍基部隐约具鞍斑；**背鳍在第 6~11 鳍棘之间具黑色斑块**，黑斑通常较小或消失。

栖息地、生物学特征和渔业

　　栖息于沙质、岩礁、珊瑚底质水域。以无脊椎动物、软体动物和鱼类为食。最大全长为 66 cm，常见个体 20~30 cm。常被拖网、陷阱类、钓类等渔具捕获，在当地市场常见。可新鲜或冷冻售卖。

分布

　　东大西洋区自不列颠群岛（罕见）至塞内加尔，包括马德拉群岛、加那利群岛和佛得角群岛，除黑海外的地中海也广泛分布；东非沿岸自南非阿尔戈阿湾至索马里也有分布记录。

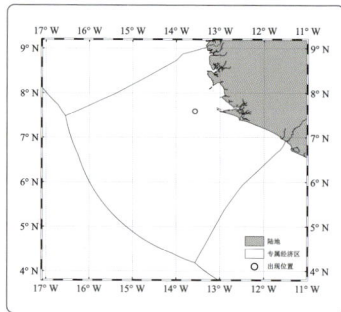

鉴定依据
　　《The living marine resources of the Eastern Central Atlantic, Volume 3》第 2281 页;《拉汉世界鱼类系统名典》第 196 页。

64. 格氏日鲬 *Solitas gruveli*（Pellegrin, 1905）

英 文 名： Guinea flathead
俗　　名： 格氏鲬、格氏棘线鲬
分类地位： 鲉形目 Scorpaeniformes
　　　　　 鲬科 Platycephalidae
　　　　　 日鲬属 *Solitas*

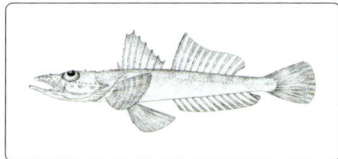

分类特征

　　体延长，向后渐细。头平扁，具棘棱，颊部感觉管发达。**口大，下颌突出**。两颌、犁骨和腭骨均具小犬齿。眶上棱前部平滑，后部有 4~7 棘；眼前具 1 棘；**眶下棱在眼前具 1 棘，眼中部下方具 1 棘，眼后具 3~7 棘**。前鳃盖骨具 3 棘，上棘最长，不达鳃盖骨后缘，基部具副棘。鳃耙短，第一鳃弓鳃耙 8~9。**背鳍 2 个，分离，第一背鳍具 8~9 棘，第一鳍棘短，几不与第二鳍棘相连**；第二背鳍和臀鳍均具 12 鳍条；胸鳍具 20~22 鳍条；腹鳍胸位，位于体两侧且分开较远，具 1 鳍棘和 5 鳍条；尾鳍圆形。侧线鳞 51~52，**各鳞均具一向后小棘并伸达鳞后缘**，侧线鳞孔 2 个。体上部呈橄榄棕色，下部粉红色；**第一背鳍边缘黑色**，胸鳍和背鳍鳍条具褐色斑点，**腹鳍中部具暗纵带**，臀鳍灰白色，尾鳍基部具宽暗带，尾鳍后部具几条窄暗带。

栖息地、生物学特征和渔业

　　栖息于 20~200 m 深水的大陆架。以甲壳类和小鱼为食。最大全长为 20 cm。较为常见，但商业价值低。主要用底拖网进行捕捞。以新鲜和盐腌产品销售，偶尔用于制作鱼粉。

分布

　　东大西洋区沿西非沿岸自毛里塔尼亚至安哥拉海域。

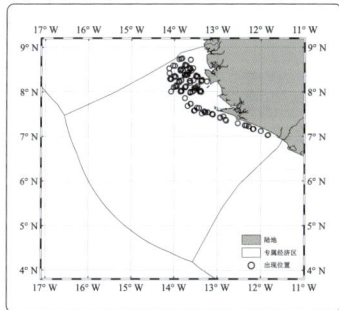

鉴定依据

　　《The living marine resources of the Eastern Central Atlantic, Volume 3》第 2288 页；《拉汉世界鱼类系统名典》第 202 页。

65. 加蓬绿鳍鱼 *Chelidonichthys gabonensis*（Poll and Roux, 1955）

英 文 名： Gabon gurnard

俗　　名： 加蓬鲂鮄、燕鲂鮄

分类地位： 鲉形目 Scorpaeniformes

　　　　　鲂鮄科 Triglidae

　　　　　绿鳍鱼属 *Chelidonichthys*

分类特征

体延长，稍侧扁，前部粗大，后部渐细。头大，近方形，吻角钝圆。两颌及犁骨均具绒毛状齿。**头部、背面与两侧均被骨板**。背鳍 2 个，分离，第一背鳍具 9~10 鳍棘，第二背鳍具 15~17 鳍条；臀鳍具 14~16 鳍条；胸鳍发达，第四和第五鳍条最长，**下侧有 3 指状游离鳍条**，能弯曲。**胸部、腹鳍间和腹部均被鳞，体鳞不深埋**，侧线鳞 64~70。**侧线无棘或骨板**。体背部和上侧呈红棕色，下侧和腹部白色；胸鳍深蓝色。

栖息地、生物学特征和渔业

栖息于沿岸至 200 m 水深的泥沙质海底。摄食虾类、软体动物和小鱼。最大全长为 30 cm，常见个体全长 20 cm。

分布

东大西洋区自几内亚湾、佛得角群岛向南至安哥拉海域。

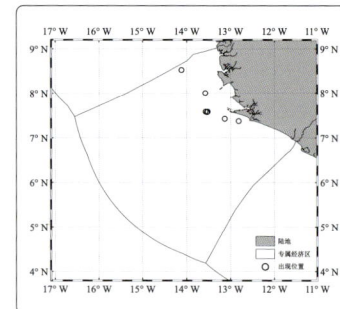

鉴定依据

《The living marine resources of the Eastern Central Atlantic, Volume 3》第 2304 页；《拉汉世界鱼类系统名典》第 200 页；《中东大西洋底层鱼类》第 50 页。

66. 纵带绿鳍鱼 *Chelidonichthys lastoviza*（Bonnaterre, 1788）

英 文 名： Streaked gurnard
俗　　名： 纵带直棱鲂鮄、线鲂鮄、脊皮绿鳍鱼
分类地位： 鲉形目 Scorpaeniformes
　　　　　 鲂鮄科 Triglidae
　　　　　 绿鳍鱼属 *Chelidonichthys*

分类特征

　　体延长，稍侧扁，前部粗大，后部渐细。**头中大，骨质，具较多棘和硬棘**，但不具须。口中大，下位，口裂伸达眼中部。**背鳍 2 个，分离，第 1 背鳍具 9~11 鳍棘，第 2 背鳍具 15~17 鳍条**；臀鳍具 15~17 鳍条；胸鳍长大，为体长的 34%~47%，**下侧有 3 指状游离鳍条。胸部部分裸露或全被鳞，腹部全部被鳞**，侧线鳞 63~75；**侧线管沿体侧形成大量垂直分支，沿体侧形成横沟**。颜色多变，头部和背部微红色，腹部灰白色；背鳍、臀鳍、尾鳍和腹鳍略呈红色，背鳍部分区域具黄色，胸鳍具蓝色带状斑点。

栖息地、生物学特征和渔业

　　底层鱼类，主要栖息于 30~150 m 水深海域。最大全长为 40 cm，常见个体全长 15 cm。

分布

　　广泛分布于东大西洋区挪威、不列颠群岛、地中海、亚速尔群岛，西非沿岸自直布罗陀南部至安哥拉海域。

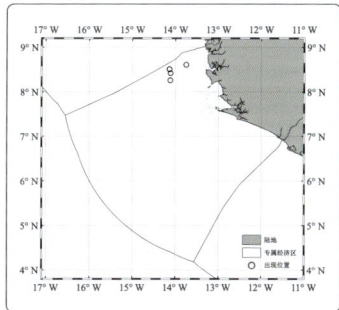

鉴定依据

　　《The living marine resources of the Eastern Central Atlantic, Volume 3》第 2305 页；《拉汉世界鱼类系统名典》第 201 页纵带直棱鲂鮄 *Trigloporus lastoviza*（同物异名）。

67. 日本尖牙鲈 *Synagrops japonicus*（Döderlein, 1883）

英 文 名： Blackmouth splitfin
俗　　名： 光棘尖牙鲈、深水天竺鲷
分类地位： 鲈形目　Perciformes
　　　　　发光鲷科　Acropomatidae
　　　　　尖牙鲈属　*Synagrops*

分类特征

　　体呈长椭圆形，稍侧扁，**体长为体高的 3.3~4.1 倍。头中大，体长为头长的 3.0~3.3 倍**。眼大，眼径大于吻长，眼上缘近头背缘。**上颌骨后 2/3 处具纵嵴**；具辅上颌骨。下颌前 2/3 有 4~6 大犬齿，犬齿间和后部具细齿，下颌缝合处两侧明显凹陷；犁骨具三角形绒毛状齿群，腭骨具绒毛状齿带。前鳃盖骨边缘具细锯齿，隅角锯齿扩大，嵴光滑。**鳃盖骨后端具 2 扁平棘；下鳃盖骨和间鳃盖骨边缘具明显锯齿**。鳃耙粗壮，第一鳃弓下鳃耙 12~15。**第一背鳍具 8~9 鳍棘，第二背鳍具 1 鳍棘和 9~10 鳍条，背鳍间隙几等于眼径**；臀鳍具 2 鳍棘和 7~8 鳍条；胸鳍具 15~17 鳍条，末端不达肛门；腹鳍短于胸鳍。体被大圆鳞，易脱落，**侧线鳞 28~30。体呈深棕色或黑色，头部灰白色**；背鳍边缘、口腔和鳃腔黑色。

栖息地、生物学特征和渔业

　　栖息于 50~1000 m 的大陆斜坡处。以甲壳类、鱼类和头足类动物为食。最大全长为 38 cm。可被拖网捕获。

分布

　　东大西洋区自几内亚至安哥拉海域；西大西洋区加拿大、百慕大至巴西南部海域，包括墨西哥湾和加勒比海，以及从南非至夏威夷间的中印度洋和太平洋亦有分布。

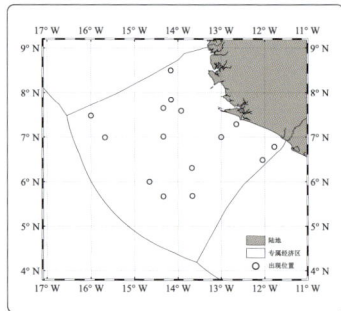

鉴定依据

　　《The living marine resources of the Eastern Central Atlantic, Volume 4》第 2361 页；《拉汉世界鱼类系统名典》第 213 页；《中国海洋及河口鱼类系统检索》第 591 页。

68. 纹眼九棘鲈 *Cephalopholis taeniops*（Valenciennes, 1828）

英 文 名： Bluespotted seabass
俗　　名： 篮点九棘鲈、蓝点九棘鲈
商 品 名： DORADE, CONGO
分类地位： 鲈形目 Perciformes
　　　　　 鮨科 Serranidae
　　　　　 九棘鲈属 *Cephalopholis*

分类特征

　　体呈长椭圆形，**头长大于体高**，体长为体高的 2.8~3.3 倍（体长 12~25 cm 的个体），为头长的 2.6~2.8 倍。眼径小于吻长，头长为眼径的 4.9~5.8 倍。**前鳃盖骨圆形，后缘具细锯齿**。上颌骨后下角显著凸起。第一鳃弓鳃耙 22~25，上鳃耙 8~9，下鳃耙 15~17。**背鳍具 9 鳍棘**和 14~16 鳍条；臀鳍具 3 硬棘和 9~10 软鳍条；胸鳍具 16~19 鳍条；腹鳍末端未达肛门；尾鳍圆形，具 15 分支鳍条。体侧中部被强栉鳞，侧线鳞 68~75，纵列鳞 114~122。**体呈橙红色，头、体、背鳍、臀鳍和尾鳍覆盖明显的小蓝点**，各鳍边缘色深。幼鱼体呈棕色或橄榄色。

栖息地、生物学特征和渔业

　　主要栖息于底质为沙或岩石的沿海海域，水深范围为 20~200 m。以鱼类和甲壳类为食。最大全长为 70 cm，常见个体全长 40 cm。西非西海岸均有渔业捕捞，但主要集中于塞内加尔至毛里塔尼亚海域。主要采用底拖网、陷阱和钓具进行捕捞。可新鲜、冷冻或熏制销售。

分布

　　东大西洋区自摩洛哥至安哥拉，包括加那利群岛和佛得角群岛、圣多美群岛和普林西比等海域。

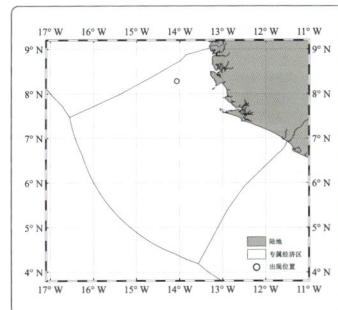

鉴定依据

　　《The living marine resources of the Eastern Central Atlantic, Volume 4》第 2385 页；《拉汉世界鱼类系统名典》第 214 页；《中东大西洋底层鱼类》第 52 页。

69. 青铜石斑鱼 *Epinephelus aeneus*（Geoffroy Saint-Hilaire, 1817）

英 文 名：White grouper
俗　　名：石斑鱼
商 品 名：CHERNE, THIOF
分类地位：鲈形目 Perciformes
　　　　　鮨科 Serranidae
　　　　　石斑鱼属 *Epinephelus*

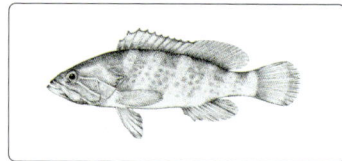

分类特征

　　体呈长椭圆形，**头长大于体高，体长为体高的 3.0~3.6 倍**。吻长大于眼径，头长为眼径的 4.9~5.8 倍。**前鳃盖骨隅角具 3~6 强棘**，最下面的棘指向腹侧。第一鳃弓鳃耙 23~26，上鳃耙 8~10，下鳃耙 15~17。**背鳍具 11 鳍棘和 14~16 鳍条，第 3 和第 4 鳍棘最长，鳍棘间膜微裂；臀鳍具 3 鳍棘和 8 鳍条**；胸鳍具 18~20 鳍条；腹鳍末端不达肛门；**尾鳍圆形**，具 15 分支鳍条。体侧中部被强栉鳞，侧线鳞 67~72，纵列鳞 98~102。体呈深红棕色或灰绿色，有时具灰白色横带；**眼后头部具 2~3 条白色斜纹**，成鱼不明显。幼鱼体表具淡黑斑，形成 5 条模糊的黑色斜带。

栖息地、生物学特征和渔业

　　栖息于沙质和岩石底质海域，水深范围为 20~200 m，常见于 100 m 水深以浅的海域。幼鱼出现在沿海潟湖和河口的底层水域，通常独居。主要以鱼类、口足类、蟹类和头足类为食。有性逆转现象。初次性成熟为雌性，5~7 龄、体重约 3 kg、体长为 50~60 cm，10 龄以上、体长 80 cm 以上时逆转为雄性，但体重较小时也有雄性鱼出现。最大全长为 120 cm，最大体重为 25 kg，常见个体全长 60 cm。在地中海和非洲西海岸渔业中具有较高经济价值。捕捞方式为底拖网、拖网和手钓。主要捕捞国是毛里塔尼亚和塞内加尔。可鲜售或熏制后销售。

分布

　　东大西洋区自摩洛哥至安哥拉，包括佛得角群岛、圣多美群岛和普林西比海域；地中海南部和葡萄牙沿岸亦有分布。

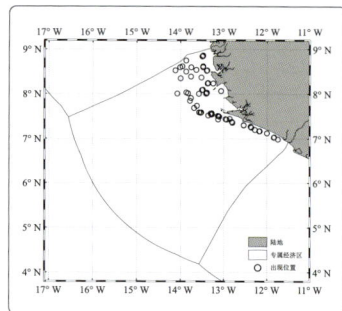

鉴定依据

　　《The living marine resources of the Eastern Central Atlantic, Volume 4》第 2388 页；《拉汉世界鱼类系统名典》第 214 页；《中东大西洋底层鱼类》第 53 页。

70. 棕线石斑鱼 *Epinephelus costae*（Steindachner, 1878）

英 文 名： Goldblotch grouper
俗　　名： 地中海石斑鱼、金斑石斑鱼
分类地位： 鲈形目 Perciformes
　　　　　 鮨科 Serranidae
　　　　　 石斑鱼属 *Epinephelus*

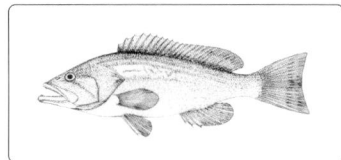

分类特征

体呈长椭圆形，**头长大于体高，体长为体高的 2.8~3.4 倍，为头长的 2.5~2.7 倍。前鳃盖骨隅角尖形，边缘具锯齿，隅角处 2~3 锯齿扩大，体长 40 cm 以上个体前鳃盖骨隅角呈圆形裂片，上方锯齿状；鳃盖骨后缘具 3 棘，成鱼上棘不明显，但中、下棘扁平且明显，鳃盖骨上缘平直或微凸**。第一鳃弓鳃耙 24~27，上鳃耙 8~10，下鳃耙 16~18。**背鳍具 11 鳍棘和 15~17 鳍条**；臀鳍具 3 鳍棘和 8 鳍条；胸鳍具 18~19 鳍条；尾鳍略凸或微凹，具 15 分支鳍条。体被栉鳞，侧线鳞 70~73，纵列鳞 113~130。**体呈黄褐色至棕褐色，幼鱼体背侧具 5~6 条暗色纵带，颊部具 2 条暗色斜线**；成鱼暗带不明显。**大个体成鱼体侧常具一弥散的金色斑块**，死后很快消失。

栖息地、生物学特征和渔业

栖息于水深 300 m 以浅的沙、泥或岩石底质海域，浅水中资源更加丰富。以鱼类、甲壳类和软体动物为食。最大体长为 140 cm。捕捞方式为线钓、拖网和底拖网。可鲜食、冷冻和熏制食用。是地中海部分区域重要的捕捞对象。

分布

东大西洋区西非沿岸自摩洛哥至安哥拉，以及佛得角群岛和加那利群岛、圣多美群岛和普林西比群岛海域；地中海和葡萄牙沿岸亦有分布。

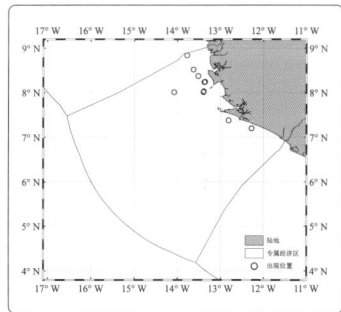

鉴定依据

《The living marine resources of the Eastern Central Atlantic, Volume 4》第 2390 页；《拉汉世界鱼类系统名典》第 214 页。

71. 真皂鲈 *Rypticus saponaceus*（Bloch and Schneider, 1801）

英 文 名：Greater soapfish
分类地位：鲈形目 Perciformes
鮨科 Serranidae
皂鲈属 *Rypticus*

分类特征

体呈长椭圆形，侧扁，**头长小于体高**。口大，唇厚，**下颌突出**。上颌骨后部宽大，其宽度（包括辅上颌骨）显著大于眶前骨宽度（自眼下缘至上颌骨）。上下颌、犁骨和腭骨均具绒毛状齿带。**鳃盖上缘与身体以皮肤相连，鳃盖骨后缘具 3 强棘，前鳃盖骨上缘具 1~3 棘**。鳃耙 6~9。背鳍鳍棘部和鳍条部连续，**前部较低，向后渐高，具 3 鳍棘和 23~25 鳍条**；臀鳍具 15 鳍条，无鳍棘；背鳍和臀鳍基底肉质，被鳞片和皮肤覆盖；胸鳍短于头长，具 14~17 鳍条；腹鳍短，起点在胸鳍基部之前，内侧鳍条以皮膜与身体相连；尾鳍圆形，具 15 分支鳍条。体被小圆鳞，嵌入皮下；侧线完整，前鳃盖骨边缘和下颌下缘线鳞孔明显。**成鱼体呈深灰色或棕灰色**，腹部色浅；体侧通常有细的黑线，在鳍上呈网状；**体侧有约等于瞳孔或更小的灰白色斑点**，斑点常合并，背鳍和臀鳍上斑点较少；头背部中侧具灰白色条纹，幼鱼尤为明显。幼鱼体呈灰白色，体侧散布不规则的黑斑或条纹。

栖息地、生物学特征和渔业

栖息于 50 m 以浅的石灰岩、砂岩混合区和珊瑚礁底质浅海海域。受到惊扰时会分泌大量的黏液，使其具有苦味，以抵御捕食者。最大全长为 32 cm，常见个体全长 25 cm。捕捞方式为陷阱和钓具。可鲜食或熏制。因其黏液具毒性，不推荐食用。

分布

东中大西洋区圣赫勒拿、阿森松、圣保罗岩、佛得角群岛、塞内加尔至安哥拉、圣多美群岛和普林西比群岛等海域；西中大西洋区百慕大、美国佛罗里达州南部和墨西哥湾、加勒比海至巴西南部海域亦有分布。

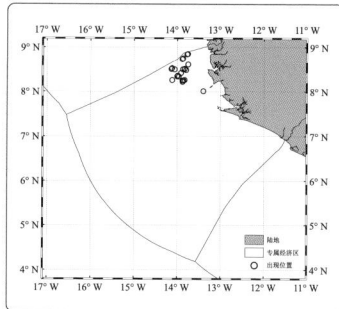

鉴定依据

《The living marine resources of the Eastern Central Atlantic, Volume 4》第 2404 页；《拉汉世界鱼类系统名典》第 218 页。

72. 大鳞鮨 *Serranus accraensis*（Norman, 1931）

英文名： Ghanian comber
分类地位： 鲈形目 Perciformes
鮨科 Serranidae
鮨属 *Serranus*

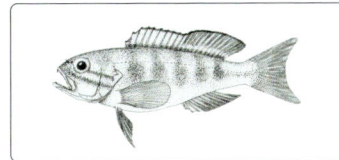

分类特征

体呈长椭圆形，**体高小于或等于头长**。头中大，头背缘隆起，眼径几等于吻长，眼间隔凸出。**前鼻孔后缘具一宽大瓣膜，边缘有 6 个触须**；后鼻孔圆形。**上颌骨裸露，外侧具一低纵嵴**。上颌外侧具 13 向内弯曲的小犬齿，内侧齿小，下颌具 1 行由 12 小犬齿与较小齿混合的齿带；犁骨齿尖细，呈"人"字形；腭骨具 1~2 行细齿。前鳃盖骨边缘具细弱锯齿。**第一鳃弓下鳃耙 11~14**。背鳍具 10 鳍棘和 12~13 鳍条；尾鳍微凹，具 15 鳍条。体被栉鳞，头上部裸露区延伸至眼后，**侧线鳞 45~48**，围尾柄鳞 22。活体体侧侧线以下呈淡蓝银色，具黄色纵纹，侧线以上呈淡蓝紫色；头部暗黄色，**有 2 条蓝色纵纹**，一条自吻端沿眼下方至胸鳍基部上端，另一条自眼下缘至鳃盖后缘，头下部白色；背鳍淡黄色，鳍条部具淡蓝色斑点和橙色边缘；体背侧具 5~6 条暗色横带，侧线下部具暗斑；背鳍和尾鳍有微弱的斑点。

栖息地、生物学特征和渔业

栖息于水深 25~150 m 的泥沙底质海域，常聚集在海底。以鱼为食。体长 12 cm 达性成熟。最大全长为 20 cm。一般被拖网捕获。可鲜售或熏制后出售。

分布

东大西洋区自几内亚比绍至安哥拉海域。

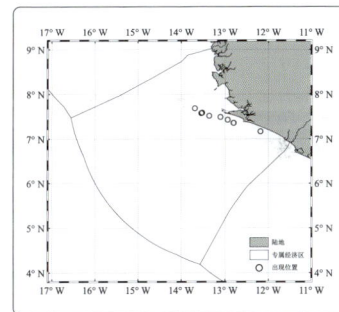

鉴定依据

《The living marine resources of the Eastern Central Atlantic, Volume 4》第 2406 页；《拉汉世界鱼类系统名典》第 218 页。

73. 点鳍鮨 *Serranus heterurus*（Cadenat, 1937）

英 文 名： Spotted comber

分类地位： 鲈形目 Perciformes

鮨科 Serranidae

鮨属 *Serranus*

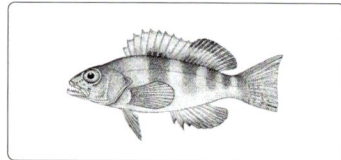

分类特征

体呈长椭圆形，**体高约等于头长，体长为体高的 3.2 倍**。眼中大，**眼径等于或略大于吻长，头长为眼径的 3.5 倍**。前鳃盖骨隅角具棘，边缘锯齿状。第一鳃弓下鳃耙 9。**背鳍连续无缺刻，具 10 鳍棘和 12 鳍条**；臀鳍具 3 鳍棘和 7 鳍条，中部鳍条最长，第一和最后鳍条几等长；胸鳍具 17 鳍条，**胸鳍长明显小于头长**；尾鳍截形，具 15 鳍条，上部 2~3 鳍条稍延长。体被栉鳞，颊部和鳃盖骨被鳞，头顶裸露区自吻端延伸至眼后；侧线完全，侧线鳞 46。体呈红色，**具 5 条深色横带**，第一条横带位于背鳍鳍棘部后半部，最后一条位于尾鳍基部上侧，倒数第二条位于尾柄后半部；体侧和尾鳍具小蓝点。

栖息地、生物学特征和渔业

栖息于水深 25~30 m 的岩礁区。相关生物学习性不详。最大体长为 8 cm。被拖网兼捕。

分布

东大西洋区佛得角群岛和西非沿岸自几内亚至刚果海域。

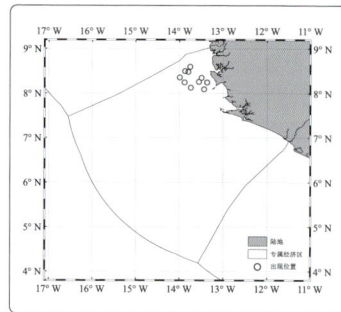

鉴定依据

《The living marine resources of the Eastern Central Atlantic, Volume 4》第 2411 页；《拉汉世界鱼类系统名典》第 218 页。

74. 砂大眼鲷 *Priacanthus arenatus* Cuvier, 1829

英 文 名： Atlantic bigeye
俗　　名： 大西洋大眼鲷
商 品 名： CARPE ROUGE
分类地位： 鲈形目 Perciformes
　　　　　大眼鲷科 Priacanthidae
　　　　　大眼鲷属 *Priacanthus*

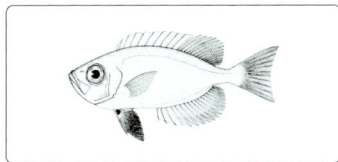

分类特征

　　体呈长椭圆形，甚侧扁，体长为体高的 2.5~3.1 倍。**眼甚大，眼径约为头长的 1/2**。口大，颇倾斜，上颌骨宽大，后端伸达瞳孔下方；**下颌突出，顶端位于体中线之上**。两颌、犁骨、腭骨和前颌骨具细齿。前鳃盖骨后缘与下缘具锯齿，隅角处具一强棘，**体长超过 12.5 cm 时锯齿和棘不明显或消失**。第一鳃弓鳃耙 28~32。背鳍连续无缺刻，具 10 鳍棘和 13~15 鳍条；臀鳍具 3 鳍棘和 14~16 鳍条；胸鳍具 17~19 鳍条；尾鳍微凹至新月形。体被细小栉鳞，**体后部鳞片表面和后缘具小刺**；侧线有孔鳞 71~84，横列鳞 49~59。**鳔前后各具 1 对突起**。头体和眼均呈红色，有时变为银白色，头部和体侧具红色宽横带，**沿侧线具 1 纵行小黑点**；背鳍、臀鳍和尾鳍鳍膜色暗；**胸鳍基部常具一黑斑**。

栖息地、生物学特征和渔业

　　栖息于水深 20~250 m（通常 30~50 m）的珊瑚礁和岩礁水域，偏爱外礁斜坡等庇护生境，具领域性。西大西洋区繁殖期为 9 月，2—4 月幼鱼集中出现。以甲壳类、多毛类和小鱼为食。最大全长为 45 cm。被拖网、钓具、长矛等渔具捕获，数量较低。大多鲜售。

分布

　　东大西洋区自马德拉群岛向南至安哥拉海域；西大西洋区自加拿大至阿根廷北部亦有分布。

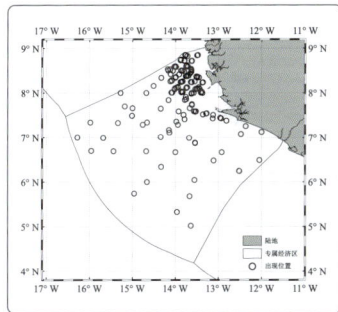

鉴定依据
　　《The living marine resources of the Eastern Central Atlantic, Volume 4》第 2422 页；《拉汉世界鱼类系统名典》第 218 页；《中东大西洋底层鱼类》第 60 页。

75. 欧洲天竺鲷 *Apogon imberbis*（Linnaeus, 1758）

英 文 名：Cardinal fish
分类地位：鲈形目 Perciformes
天竺鲷科 Apogonidae
天竺鲷属 *Apogon*

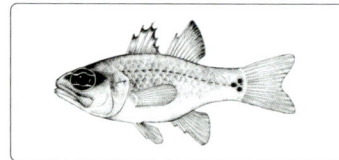

分类特征

体呈长椭圆形，侧扁。头较大。眼大，眼径远大于吻长。口大，斜裂。两颌齿呈绒毛带状，无扩大犬齿。前鳃盖骨嵴光滑，边缘较平滑，仅具细微锯齿。背鳍 2 个，第一背鳍具 6 鳍棘，第二背鳍具 1 鳍棘和 9 鳍条；**臀鳍具 8 鳍条；胸鳍具 12 鳍条**，胸鳍长，伸达臀鳍起点。腹鳍向后不伸达臀鳍起点，腹鳍最内侧鳍条大多不与腹部相连。鳞较大，颊部及鳃盖上均被鳞；侧线完全，延伸至尾柄。体呈红色或粉红色，背鳍、臀鳍末端色深；**胸鳍基部无黑斑，尾柄侧线处具一黑斑**，吻端至眼前缘具一暗色短纵带。

栖息地、生物学特征和渔业

栖息于沿岸至 200 m 水深处。在岩礁边缘集群活动，白天喜躲在洞穴内。夜间活动，以浮游动物、小型无脊椎动物和小鱼为食。雄鱼口孵。最大体长为 15 cm。

分布

东大西洋摩洛哥至安哥拉北部、马德拉群岛、佛得角群岛、圣多美群岛和普林西比群岛、安诺本岛海域；地中海亦有分布。

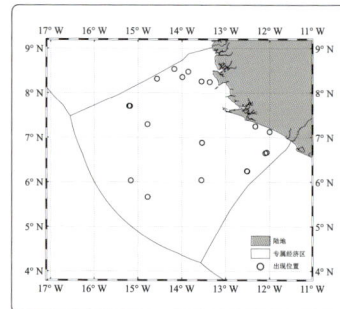

鉴定依据

《The living marine resources of the Eastern Central Atlantic, Volume 4》第 2428 页；《拉汉世界鱼类系统名典》第 225 页。

76. 犬牙天竺鲷 *Paroncheilus affinis*（Poey, 1875）

英 文 名： Bigtooth cardinalfish
俗　　名： 天竺鲷
分类地位： 鲈形目 Perciformes

天竺鲷科 Apogonidae

犬牙天竺鲷属 *Paroncheilus*

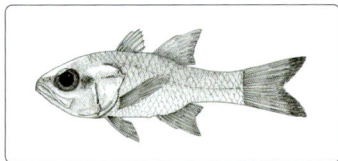

分类特征

　　体呈长椭圆形，侧扁。头较大，侧扁。眼大，头长为眼径的 3 倍。口大，斜裂，上颌骨后端伸达瞳孔下方。**上下颌齿各 1 行，部分齿扩大呈突出的犬齿状**；犁骨和腭骨齿细小。前鳃盖骨骨嵴光滑，后缘锯齿状。背鳍 2 个，第一背鳍具 6 鳍棘，第二背鳍具 1 鳍棘和 9 鳍条，**臀鳍具 2 鳍棘和 9 鳍条**，起点与第二背鳍起点相对；腹鳍向后不伸达臀鳍起点，**最内侧鳍条大多不与腹部相连**；尾鳍叉形。体被圆鳞和弱栉鳞，鳞较大，颊部及鳃盖均被鳞；侧线完全，延伸至尾柄。**体半透明，呈浅橙红色至粉红色**，背鳍、臀鳍、腹鳍暗红色，尾鳍淡红色，尾鳍基底色深。

栖息地、生物学特征和渔业

　　栖息于沿岸至 50 m 水深处。昼伏夜出，喜栖息于洞穴和岩礁处。卵由雌雄双方口孵。最大体长为 7.6 cm。

分布

　　东大西洋区几内亚湾和佛得角群岛海域；西大西洋区自佛罗里达和巴哈马群岛至委内瑞拉和巴西伊塔帕里卡岛亦有分布。

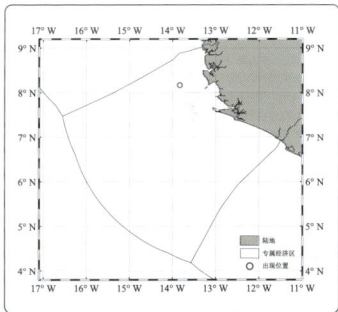

鉴定依据

　　《The living marine resources of the Eastern Central Atlantic, Volume 4》第 2427 页;《拉汉世界鱼类系统名典》第 225 页犬牙天竺鲷 *Apogon affinis*（同物异名）。

77. 䲟 *Echeneis naucrates* Linnaeus, 1758

英 文 名：Live sharksucker
俗　　名：长䲟鱼、鞋底鱼、吸盘鱼
分类地位：鲈形目 Perciformes
　　　　　䲟科 Echeneidae
　　　　　䲟属 *Echeneis*

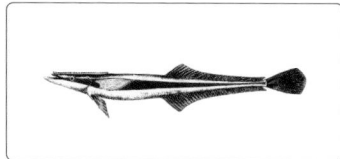

分类特征

体细长，前端稍平扁，向后渐成圆柱形，**体长为体高的 8~14 倍**。口宽大，前上位，下颌突出。上下颌、犁骨、腭骨、舌上均具绒毛状齿群。体被小鳞。背鳍 2 个，**第一背鳍特化，在头顶部形成吸盘，吸盘横板 21~28 对**；第二背鳍长，无鳍棘，始于肛门后上方，后方鳍条不伸达尾鳍基；臀鳍与第二背鳍同形相对，**具 31~34 鳍条**；胸鳍短，位高，尖形；幼鱼尾鳍呈长尖形，中部鳍条延长且丝状，成体尾鳍几近截形且上下叶延长。体呈黑褐色或黑色，**体侧具深色宽纵带，上下有白色窄纵纹；背鳍、肛鳍和尾鳍的顶端白色**，白色边缘随着体长增加而变窄。

栖息地、生物学特征和渔业

栖息于近海岩礁、沙砾底质海区，常以吸盘吸附于其他大型鱼类、船底、海龟等做远距离迁徙。摄食大鱼吃剩的残渣或船上抛弃的食物，也食小鱼和无脊椎动物。最大体长为 90 cm，最大体重为 5.38 kg，常见个体体长 40~50 cm。底拖网兼捕，产量很低。为西非沿海常见鱼类之一，肉可食用。无重要渔业价值。

分布

除东太平洋区外的全球热带和温带海域均有分布；东中大西洋区分布于自亚速尔群岛向南至圣赫勒拿岛及西非沿岸海域。

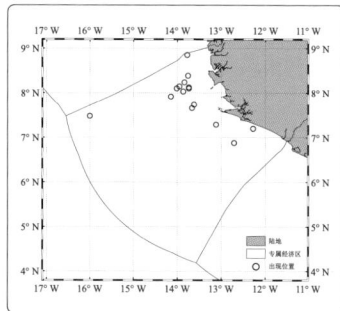

鉴定依据

《The living marine resources of the Eastern Central Atlantic, Volume 4》第 2444 页；《拉汉世界鱼类系统名典》第 230 页；《中东大西洋底层鱼类》第 65 页。

78. 虱䲟 *Phtheirichthys lineatus*（Menzies, 1791）

英 文 名： Slender suckerfish
俗　　名： 鞋底鱼、吸盘鱼
分类地位： 鲈形目 Perciformes
　　　　　 䲟科 Echeneidae
　　　　　 虱䲟属 *Phtheirichthys*

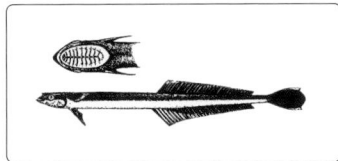

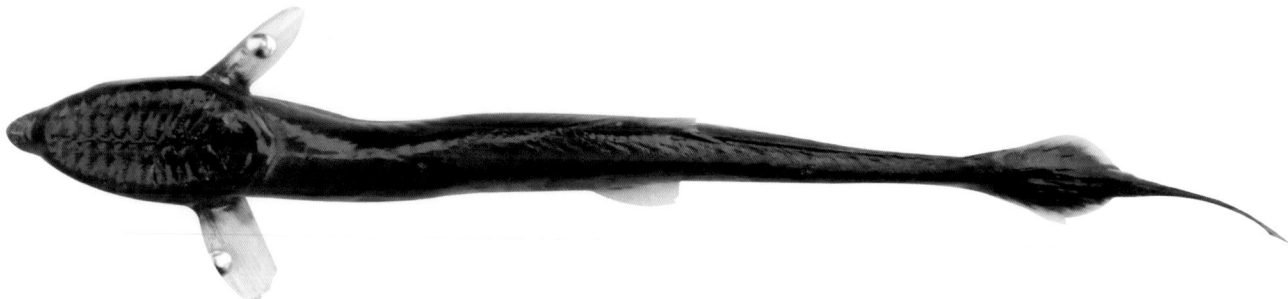

分类特征

体细长，前端稍平扁，向后渐呈圆柱形，体长为体高的 13 倍。口大，前上位，下颌比上颌显著向前突出。吻平扁，略尖。眼小，侧位，距吻端较距鳃孔为近。眼间隔宽扁，约等于吻长。口大，前位，深弧形。鳃孔大，侧位。上下颌、犁骨、腭骨均有绒毛状齿群。鳃盖骨均埋于皮下，无棘。背鳍 2 个，**第一背鳍特化，在头顶部形成吸盘，吸盘横板 9~11 对**；背鳍和臀鳍几相对，基底长；胸鳍上侧位，后端尖形；腹鳍胸位，起点在胸鳍基后下方；**幼体尾鳍中部鳍条延长且丝状**，成鱼尾鳍截形。

栖息地、生物学特征和渔业

大洋性物种。常吸附于鱼类和海龟身上或进入鱼的鳃腔内，最常见吸附对象为鲯科鱼类。最大全长为 76 cm。

分布

广泛分布于全球热带和温带海域；东中大西洋区较罕见，亚速尔群岛和加纳海域亦有分布记录。

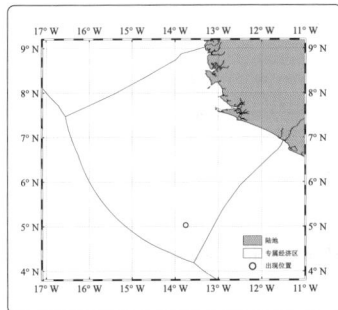

鉴定依据

《The living marine resources of the Eastern Central Atlantic, Volume 4》第 2444 页；《拉汉世界鱼类系统名典》第 230 页；《虱䲟 *Phtheirichthys lineatus* (Menzies)——中国鱼类区系新记录》第 108 页。

79. 短臂短鲫 *Remora brachyptera*（Lowe, 1839）

英 文 名： Spearfish remora
俗 名： 黑短鲫鱼
分类地位： 鲈形目 Perciformes
　　　　　鲫科 Echeneidae
　　　　　短鲫属 *Remora*

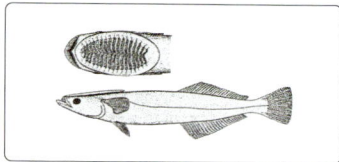

分类特征

　　体粗短，前端稍平扁，向后渐成圆柱状，**尾柄侧扁**。口宽大，上位，下颌突出。**第一背鳍特化为由成对鳍条软骨横板组成的吸盘，吸盘横板 14~17 对，吸盘长为体长的 27%~40%，吸盘后缘不超过胸鳍末端**，吸盘横板后缘具 2~3 行小刺，第二背鳍具 26~34 鳍条；**胸鳍钝圆**，具 23~27 鳍条；臀鳍基部短，具 25~34 鳍条；**幼鱼尾鳍分叉，成鱼尾鳍几近截型**。体呈深褐色，背鳍、臀鳍具白边，尾鳍下叶尖端白色。

栖息地、生物学特征和渔业

　　世界性暖水性鱼类，寄宿在旗鱼和剑鱼体侧，随宿主进行移动，摄食宿主的残食或体表寄生虫。最大全长 50 cm，常见个体全长 25 cm。

分布

　　广泛分布于各大洋热带和温带海区。西非沿岸及附近大洋海域均有分布。

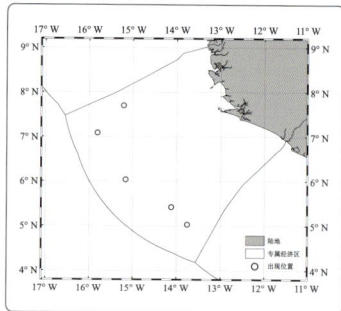

鉴定依据

　　《The living marine resources of the Eastern Central Atlantic, Volume 4》第 2447 页；《拉汉世界鱼类系统名典》第 230 页；《中国海洋及河口鱼类系统检索》第 689 页。

80. 军曹鱼 *Rachycentron canadum*（Linnaeus, 1766）

英 文 名：Cobia
俗　　名：海鲡
商 品 名：COBIA, MAFOU, TOSJIE
分类地位：鲈形目 Perciformes
　　　　　军曹鱼科 Rachycentridae
　　　　　军曹鱼属 *Rachycentron*

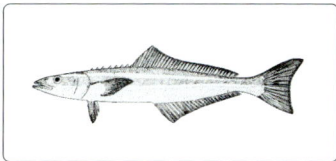

分类特征

体延长，近圆柱形，稍侧扁。**头平扁，头顶略凹陷**。眼小，近头前部，上缘几达头背部，眼间隔宽平。口大，前位，稍倾斜，上颌骨后端伸达眼前缘或稍后，下颌稍长于上颌。上下颌、犁骨、腭骨及舌上均具绒毛状齿带。**第一背鳍具 7~9（通常为 8）鳍棘，鳍棘短粗，无鳍膜相连，近分离状**，第二背鳍长，具 1 鳍棘和 34~35 鳍条，成鱼前部鳍条较长；臀鳍与第二背鳍同形，但基底较短，具 2 鳍棘和 24~26 鳍条；胸鳍随生长由尖形变为镰形；尾鳍随生长而异，幼鱼呈尖形，逐渐变为截形，继而浅凹形，成鱼呈新月形，上叶显著长于下叶。体被细小圆鳞，嵌于皮下；侧线前部略呈波浪形。体背部和侧面呈深褐色，腹部淡黄色，**体侧具 2 条边缘清晰的银色窄纵带**；各鳍多呈深褐色。

栖息地、生物学特征和渔业

中上层鱼类，也见于浅水珊瑚礁区和沿岸礁石区，偶见于河口。主要以底栖动物为食，也摄食蟹类、头足类和鱼类。生长迅速，2 龄性成熟。最大全长为 200 cm。为重要的休闲游钓对象，主要鲜食，也可冷冻或熏制。因其生长速度快、养殖性状优、市场需求大及商品价格高等优点，在其分布区有重要的商业养殖潜力。

分布

广泛分布于除东太平洋区外的热带和亚热带海域。

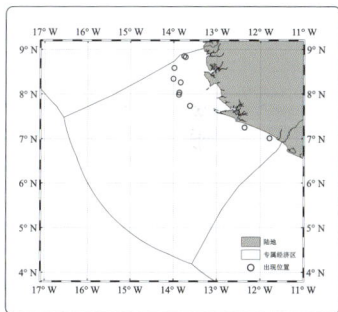

鉴定依据

《The living marine resources of the Eastern Central Atlantic, Volume 4》第 2448 页；《拉汉世界鱼类系统名典》第 230 页；《中东大西洋底层鱼类》第 66 页。

81. 棘鲯鳅 *Coryphaena equiselis* Linnaeus, 1758

英 文 名： Pompano dolphinfish
俗　　名： 鬼头刀
分类地位： 鲈形目 Perciformes
　　　　　鲯鳅科 Coryphaenidae
　　　　　鲯鳅属 *Coryphaena*

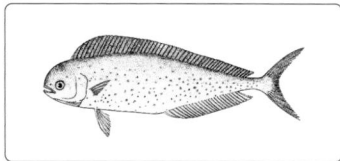

分类特征

体延长而侧扁，**成鱼体高为体长的 1/4 以上，体最高处在腹鳍后方**。头大，幼鱼头部轮廓略隆起，额部随生长而高耸，**雄性成鱼额部具一骨质隆起**。成鱼眼较小，侧下位近腹面，眼间隔宽而圆凸。口大，稍倾斜，上颌骨后端伸达眼中部。两颌具细尖齿，前端多行，向后渐为 1 行；犁骨、腭骨均具齿带，**舌上绒毛齿带宽大，呈梯形**。背鳍 1 个，甚长大，自眼后起止于尾鳍基前，**具 52~59 鳍条**；臀鳍具 23~29 鳍条，自肛门延伸至尾鳍基前；胸鳍较短，**成鱼胸鳍长约为头长的 1/2**；腹鳍长，具 1 鳍棘和 5 鳍条，部分可收藏于腹沟中；尾鳍深叉形。体被细小圆鳞，头部仅颊部被鳞；侧线完全，在胸鳍上方呈波状弯曲。活体体前背部呈蓝色或绿色，具明亮的金属光泽，死后迅速褪色为灰色并略带绿色，体侧银色带金属光泽并具许多小黑点；背鳍色深；幼鱼尾鳍边缘白色。

栖息地、生物学特征和渔业

大洋性洄游鱼类，常集群于大洋水域，但也偶尔发现于沿岸水域。一般栖息于海洋表层，喜生活于阴影下，故常可发现成群聚集于漂浮的船舶、流木或浮藻的下面。最大全长为 146 cm，常见个体全长 50 cm。通过曳绳钓、延绳钓和围网进行捕捞。可鲜食。

分布

广泛分布于世界热带和亚热带海域；东大西洋区分布于亚速尔群岛、马德拉群岛、加那利群岛和塞内加尔海域。

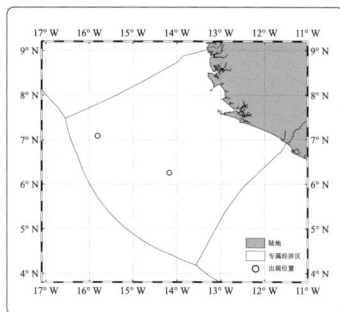

鉴定依据

《The living marine resources of the Eastern Central Atlantic, Volume 4》第 2452 页；《拉汉世界鱼类系统名典》第 230 页；《中国海洋及河口鱼类系统检索》第 687 页。

82. 亚历山大丝鲹 *Alectis alexandrina*（Geoffroy Saint-Hilaire, 1817）

英 文 名：Alexandria pompano
俗　　名：方头鲹
商 品 名：YAWAL
分类地位：鲈形目 Perciformes
　　　　　鲹科 Carangidae
　　　　　丝鲹属 *Alectis*

分类特征

　　体侧扁而高，随生长体延长而极侧扁，项部和头部轮廓具棱角。头高大于头长，枕骨嵴明显。眼中大，头长为眼径的 3.4 倍，脂眼睑不发达。上颌骨后端伸达眼前缘稍前（幼鱼伸达眼前缘）。上下颌具绒毛状齿带，随生长逐渐退化。**第一鳃弓鳃耙 34~39**，上鳃耙 7~11，**下鳃耙 25~28。第一背鳍具 7 鳍棘（叉长约大于 15 cm 时被全埋于皮下），第二背鳍具 1 鳍棘和 20~22 鳍条**；臀鳍具 1 鳍棘和 18~20 鳍条，前部具 2 游离棘（随生长渐埋于皮下而不明显）；**幼鱼第二背鳍和臀鳍前部鳍条延长呈细丝状**；胸鳍呈镰形，胸鳍长大于头长；幼鱼腹鳍延长。**体表裸露，被鳞处鳞片微小且埋于皮下**；侧线前部弯曲度大且较长，直线部具 4~20 棱鳞；尾柄两侧各具 1 对隆起嵴。成鱼枕骨嵴、第一背鳍、第二背鳍和臀鳍后部 7~10 支鳍骨扩大。体大部呈银色，头体上 1/3 部呈淡金属蓝色；幼鱼体侧具 5 条"人"字形暗带。

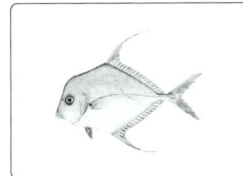

栖息地、生物学特征和渔业

　　成鱼多于近底部独居（水深 50 m 以上），幼鱼一般随洋流漂流。最大全长 100 cm，常见个体全长 60 cm。用底拖网、中上层拖网、围网和延绳钓捕捞。一般鲜食、腌制、烟熏或制成鱼粉。

分布

　　东大西洋区西非沿岸自摩洛哥至安哥拉南部海域，地中海较温暖的水域（包括以色列、叙利亚、马耳他、西班牙南部、摩洛哥）亦有分布。

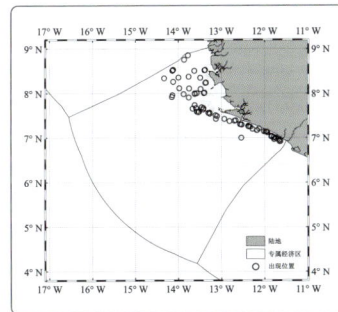

鉴定依据

　　《The living marine resources of the Eastern Central Atlantic, Volume 4》第 2470 页；《拉汉世界鱼类系统名典》第 230 页。

83. 丝鲹 *Alectis ciliaris*（Bloch, 1787）

英 文 名：African pompano
俗　　名：短吻丝鲹
商 品 名：YAWAL
分类地位：鲈形目 Perciformes
　　　　　鲹科 Carangidae
　　　　　丝鲹属 *Alectis*

分类特征

　　体侧扁而高，随生长体延长而更侧扁，项部和头部轮廓宽圆。眼较大，头长为眼径的 4.0~4.7 倍，脂眼睑不发达。上颌骨后端伸达眼后部。上下颌具绒毛状齿带，随生长逐渐退化。**第一鳃弓鳃耙 18~22**，上鳃耙 4~6，**下鳃耙 12~17**。**第一背鳍具 7 鳍棘（叉长 17 cm 以上时全埋于皮下），第二背鳍具 1 鳍棘和 18~19 鳍条**；臀鳍具 1 鳍棘和 15~17 鳍条，前部具 2 游离棘（随生长渐埋于皮下而不明显）；**幼鱼第二背鳍和臀鳍前部鳍条延长呈细丝状**，成鱼鳍条稍延长（叉长 80 cm 时叉长为背鳍鳍条长的 7 倍）；胸鳍呈镰形，胸鳍长大于头长；幼鱼腹鳍延长。**体表裸露，被鳞处鳞片微小且埋于皮下**，侧线前部弯曲度大，直线部具 12~30 棱鳞；尾柄两侧各具 1 对隆起嵴。体大部呈银色，头体上 1/3 部淡蓝色；幼鱼体侧具 3 条"人"字形暗带；第二背鳍第三至第六鳍条基部具一黑斑，延长丝状鳍条末端黑色。

栖息地、生物学特征和渔业

　　栖息于环热带水域，常独居。幼鱼通常在远洋漂流，成鱼生活在水深至少 100 m 以上的底层。主要以鱼类和鱿鱼为食。最大全长为 150 cm，最大体重为 22.9 kg，常见个体叉长为 100 cm。为兼捕物种，一般通过海钓方式捕捞，地拉网经常可捕捞到幼鱼。鱼肉味道鲜美。一般新鲜食用或者腌制。

分布

　　广泛分布于世界环热带海域；东大西洋区分布于西非沿岸自塞内加尔至刚果和佛得角群岛海域。

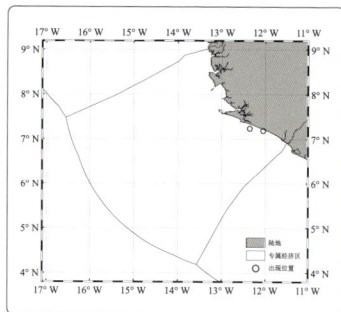

鉴定依据

　　《The living marine resources of the Eastern Central Atlantic, Volume 4》第 2472 页；《拉汉世界鱼类系统名典》第 230 页；《中国海洋及河口鱼类系统检索》第 692 页。

84. 金鲹 *Caranx crysos*（Mitchill, 1815）

英文名：Blue runner
商品名：CAFANG
分类地位：鲈形目 Perciformes
　　　　鲹科 Carangidae
　　　　鲹属 *Caranx*

分类特征

　　体延长，稍侧扁而高。眼中大，头长为眼径的 4~5 倍，脂眼睑稍发达。**上颌骨后端伸达眼中部**。上颌外侧具 1 行不规则小犬齿，内侧具 1 行细齿，下颌仅 1 行小犬齿，前部无扩大犬齿。**第一鳃弓上鳃耙 10~14，下鳃耙 25~28**。第一背鳍具 8 鳍棘，第二背鳍具 1 鳍棘和 22~25 鳍条；臀鳍具 1 鳍棘和 19~21 鳍条，前部具 2 游离棘；第二背鳍和臀鳍前部鳍条延长，鳍条长小于头长；胸鳍镰形，胸鳍长大于头长。尾鳍深叉形。**侧线弯曲部短而高，直线部具 46~56 棱鳞；胸部均被鳞**；尾柄两侧各具 1 对隆起嵴。成鱼后颞骨扩大。体上部呈浅橄榄色至深蓝绿色，下部银灰色至金色；幼鱼体侧具约 7 条深色横带。

栖息地、生物学特征和渔业

　　集群性鱼类，通常靠近海岸，但在较深的水域（超过 100 m）也有发现。在开阔的海底游动速度很快，而珊瑚礁周围不常见。主要以鱼类为食，也以虾、蟹和其他无脊椎动物为食。最大叉长为 62 cm，最大体重为 5.1 kg，常见个体叉长 35 cm。用底拖网、刺网、围网等渔具捕捞。可新鲜食用、腌制、烟熏和制成鱼粉、鱼油；肉质较差。

分布

　　东大西洋区自塞内加尔至安哥拉及地中海西部、加那利群岛、马德拉群岛、佛得角群岛、阿森松和圣赫勒拿群岛海域；西大西洋区百慕大群岛、新斯科舍至巴西海域亦有分布。

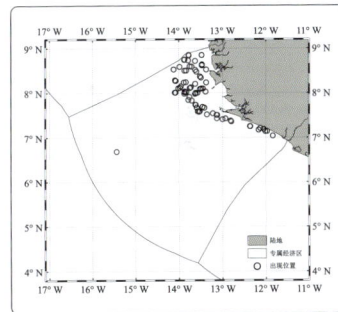

鉴定依据

　　《The living marine resources of the Eastern Central Atlantic, Volume 4》第 2475 页；《拉汉世界鱼类系统名典》第 230 页。

85. 马鲹 *Caranx hippos*（Linnaeus, 1766）

英 文 名：Crevalle jack
俗　　名：方头鲳（鲹）
商 品 名：SAKA
分类地位：鲈形目 Perciformes
　　　　　鲹科 Carangidae
　　　　　鲹属 *Caranx*

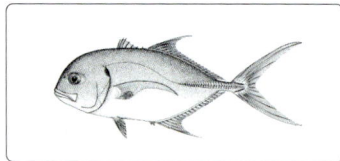

分类特征

　　体延长，稍侧扁而高。眼大，脂眼睑发达。**上颌骨后端伸达或伸越眼后缘**。上颌外侧具 1 行强犬齿，内侧为 1 行细齿带；下颌仅 1 行中大犬齿，前端具 1~2 对犬齿明显扩大。第一鳃弓上鳃耙 4~8，下鳃耙 16~18。**第一背鳍具 8 鳍棘**，第二背鳍具 1 鳍棘和 **19~20 鳍条**；臀鳍具 1 鳍棘和 **16~17 鳍条**，前部具 2 游离棘；第二背鳍和臀鳍前部鳍条延长（**大型成鱼背鳍鳍条长小于头长**）；胸鳍呈镰形，胸鳍长大于头长。体被小圆鳞，**胸部除腹鳍基部前小部被鳞外均裸露**；侧线前部甚弯曲，直线部具 35~37 棱鳞；尾柄两侧各具 1 对隆起嵴。体上部呈青绿色或蓝黑色，下部银白色至淡黄色或金黄色；**胸鳍下半部有一椭圆形黑斑，臀鳍黄色（死后变为橙黄色）**。幼鱼体侧具 5 条黑色横带。

栖息地、生物学特征和渔业

　　集群性鱼类，一般形成中大型鱼群出现在沿海地区，河口和潟湖是幼鱼重要孵化场和栖息地。幼鱼在潟湖生长至 12 cm 后返回大海，成鱼每年 9—12 月又返回近海水域产卵。产卵季持续时间长，主要在秋季。以鱼类为食，也摄食无脊椎动物。最大全长 124 cm，最大体重为 32 kg。通过拖网和刺网捕捞，也可垂钓捕捞。一般新鲜食用、冷冻、烟熏、腌制或提取鱼油和制作鱼粉。不同方式处理味道不同，但是捕捞后放血可提升肉质口感。

分布

　　东大西洋区西非沿岸自毛里塔尼亚至安哥拉、佛得角群岛和阿森松岛海域；西大西洋自新斯科舍到乌拉圭的地区可能亦有分布。

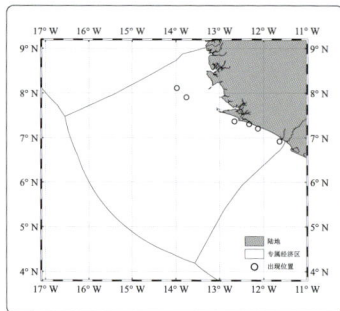

鉴定依据

　　《The living marine resources of the Eastern Central Atlantic, Volume 4》第 2477 页；《拉汉世界鱼类系统名典》第 230 页；《中东大西洋底层鱼类》第 70 页。

86. 玫鲹 *Caranx rhonchus* Geoffroy Saint-Hilaire, 1817

英 文 名：False scac
俗　　名：斑鳍圆鲹
分类地位：鲈形目 Perciformes
　　　　　鲹科 Carangidae
　　　　　鲹属 *Caranx*

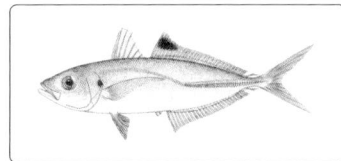

分类特征

体延长，微侧扁，背腹缘轮廓相似。眼中大，脂眼睑发达，眼后部覆盖更广。**上颌骨后端平直，略向后上方倾斜，被小鳞**。上下颌牙齿呈不规则窄带状，前部最宽，外行齿稍扩大。第一鳃弓上鳃耙14~18，下鳃耙36~40。第一背鳍具 8 鳍棘，第二背鳍具 1 鳍棘和 28~32 鳍条（包含小鳍）；臀鳍具 1 鳍棘和 25~28 鳍条，前部具 2 游离棘；**第二背鳍和臀鳍后方各有一部分游离的小鳍，仅在基部有鳍膜相连**；体被小圆鳞；侧线前部稍弯曲，具 75~86 侧线鳞，其中弯曲部具 45~55 普通鳞和 0~3 棱鳞，直线部具 24~32 棱鳞。体上部为褐色至橄榄色，下部浅橄榄色至白色；自头后部至尾鳍基部有时具淡黄色窄纵带；鳃盖后上缘具 1 黑斑；**第二背鳍前上部具黑斑，边缘具窄白边**。

栖息地、生物学特征和渔业

集群性鱼类，主要分布于 30~50 m 水深的底层水域，在 200 m 水深也有分布。产卵季也出现在大洋表层水域，以小鱼和无脊椎动物为食，主要为桡足类。最大全长 60 cm。一般用拖网、围网和刺网捕捞。可鲜食、冷冻、烟熏、腌制或提取鱼油及制作鱼粉。

分布

东大西洋区西非沿岸自摩洛哥至安哥拉南部和佛得角群岛海域，向北至西班牙和地中海东部亦有分布。

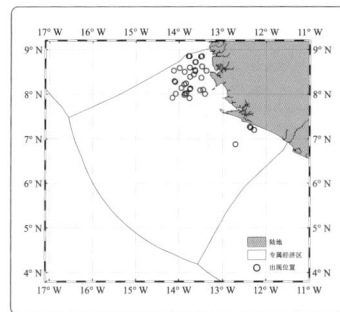

鉴定依据

《The living marine resources of the Eastern Central Atlantic, Volume 4》第 2488 页；《拉汉世界鱼类系统名典》第 230 页；《中东大西洋底层鱼类》第 75 页。

87. 塞内加尔鲹 *Caranx senegallus* Cuvier, 1833

英 文 名：Senegal jack
俗　名：扁鲹
商 品 名：SAFAR
分类地位：鲈形目 Perciformes
　　　　　鲹科 Carangidae
　　　　　鲹属 *Caranx*

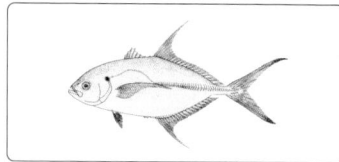

分类特征

　　体延长，稍侧扁而高，成鱼枕骨嵴隆起。吻钝尖。眼大，头长为眼径的 3~4.1 倍，脂眼睑弱。**上颌后端伸达眼中部。**上颌前部外侧有 1 行中小犬齿，后部齿小，内侧为不规则细长犬齿，后部细小；下颌仅 1 行细小犬齿，前部无扩大大齿。第一鳃弓上鳃耙 11~13；下鳃耙 27~30。第一背鳍具 8 鳍棘，第二背鳍具 1 鳍棘和 20~21 鳍条；臀鳍具 1 鳍棘和 17~18 鳍条，前部具 2 游离棘；第二背鳍和臀鳍前部鳍条延长呈镰形，**背鳍鳍条长大于头长**；胸鳍镰形，胸鳍长大于头长。体被小圆鳞，**胸部腹侧完全裸露无鳞，裸露区向后一直延伸至腹鳍起点后部，向上延伸至胸鳍基部**；侧线前部弯曲度大，直线部具 40~45 棱鳞；尾柄两侧棱鳞上下各有一隆起嵴。头体上部呈浅褐色至深褐色，下部白色或淡黄色；鳃盖后上角侧线起点处具一黑斑；背鳍褐色，尾鳍和臀鳍幼鱼呈黄色，较大个体呈褐色。

栖息地、生物学特征和渔业

　　栖息于从海洋表层到 90 m 水深（甚至达到 200 m）近海海域，也可进入潟湖和河口。主要以鱼类、蟹类和虾类为食。最大全长 100 cm，常见个体全长 50 cm。

分布

　　东大西洋区西非沿岸自毛里塔尼亚至安哥拉南部海域。

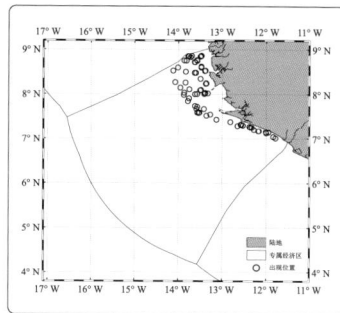

鉴定依据
　　《The living marine resources of the Eastern Central Atlantic, Volume 4》第 2482 页；《拉汉世界鱼类系统名典》第 230 页；《中东大西洋底层鱼类》第 71 页。

88. 绿鲭鲹 *Chloroscombrus chrysurus*（Linnaeus, 1766）

英 文 名：Atlantic bumper
俗　　名：鲹鱼
商 品 名：LAGNA LAGNA
分类地位：鲈形目 Perciformes
　　　　　鲹科 Carangidae
　　　　　鲭鲹属 *Chloroscombrus*

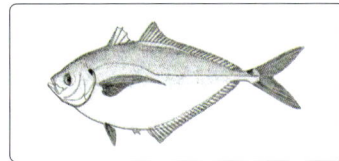

分类特征

　　体呈卵圆形，甚侧扁，腹缘较背缘凸。吻短而钝尖。眼小，头长为眼径的 3.0~3.4 倍，脂眼睑不发达。**口小而倾斜**，上颌骨后端几伸达前眼前缘。颌齿呈窄带状，下颌齿渐变成不规则 2 行。第一鳃弓上鳃耙 9~12，下鳃耙 30~37。背鳍几连续，第一背鳍具 8 鳍棘，第二背鳍具 1 鳍棘和 25~28 鳍条；臀鳍具 1 鳍棘和 25~28 鳍条，前部具 2 游离棘；第二背鳍和臀鳍前部鳍条略延长；尾鳍深叉形，上叶较长（约为下叶长的 1.2 倍）。体被小圆鳞，胸部全被鳞；侧线弯曲部短而高，侧线直线部**有 6~12 弱棱鳞（主要分布在尾柄上）**。头体背部色深，呈金属蓝色或彩虹绿色，侧面和腹部银色；**尾柄上缘具一褐色鞍斑**。

栖息地、生物学特征和渔业

　　集群性鱼类，常栖息于浅水区，在沿海、河口和红树林环绕的潟湖都有分布，捕捞时会发出咕噜声，幼鱼一般远离海岸，常与水母一起出现。最大全长为 65 cm，常见个体叉长为 25 cm。一般用拖网、围网或者定置网捕捞。一般用于鲜食、冷冻、熏制、干盐腌制和提取鱼油及制作鱼粉。

分布

　　东大西洋区西非沿岸自毛里塔尼亚至安哥拉，西班牙加迪斯湾也有分布；广泛分布于西大西洋区百慕大和美国马萨诸塞州至乌拉圭海域。

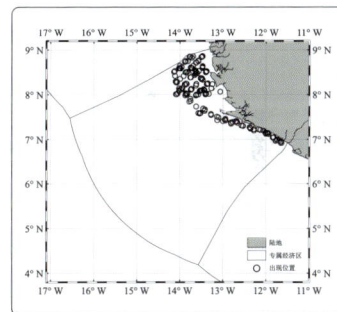

鉴定依据

　　《The living marine resources of the Eastern Central Atlantic, Volume 4》第 2483 页；《拉汉世界鱼类系统名典》第 230 页；《中东大西洋底层鱼类》第 73 页。

89. 黑点圆鲹 *Decapterus punctatus*（Cuvier, 1829）

英 文 名：Round scad
俗　　名：桑氏圆鲹
分类地位：鲈形目 Perciformes
　　　　　鲹科 Carangidae
　　　　　圆鲹属 *Decapterus*

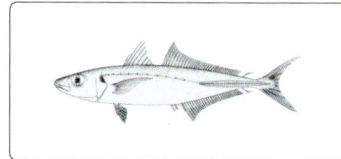

分类特征

　　体细长，横截面近圆柱形。眼中大，脂眼睑极发达，几覆盖眼睛，仅瞳孔中央露出一垂直狭缝。**上颌后端上部微凹，下部圆形延长**。齿细小，上下颌齿各 1 行，随生长数量和范围逐渐减少。**肩带上下各具一浅凹和 1 对乳突，下部的凹槽和乳突较大**。第一鳃弓上鳃耙 11~13，下鳃耙 32~37。两背鳍间距宽，第一背鳍具 8 硬棘，第二背鳍具 1 鳍棘和 29~34 鳍条（包括小鳍）；臀鳍具 1 鳍棘和 26~30 鳍条（包括小鳍），前部具 2 游离棘；**第二背鳍和臀鳍后方各有一游离小鳍**；侧线鳞 87~99，其中**弯曲部普通鳞 46~62 和棱鳞 0~8，直线部普通鳞 0（极少为 1~2）和棱鳞 30~38**，背侧副侧线短，止于近头部末端。体上部呈绿色或绿蓝色，下部渐变为暗色或银色，腹部白色；自吻端至尾柄沿侧线直线部棱鳞上方有一青铜色或橄榄色窄纵带，鳃盖后上缘有 1 个黑斑，**沿侧线弯曲部间距 3~14 鳞距具小黑点（叉长 10 cm 以上时明显）**；上颌骨联合处皮膜暗色或透明；尾鳍暗色或琥珀色。

栖息地、生物学特征和渔业

　　集群性鱼类，主要分布于中层或底层水域，可达水深 90 m。在产卵季，成鱼和幼鱼在近海海面也常有发现，1 龄即性成熟。以浮游动物和无脊椎动物为食，主要为桡足类。最大全长为 25 cm，常见个体叉长为 15 cm。一般用底拖网或垂钓捕捞，无特定的渔具渔法。渔获物通常用于延绳钓、杆钓等渔业的诱饵，也有小规模的市场销售。

分布

　　分布于大西洋两岸；东大西洋区分布于自马德拉群岛至纳米比亚沃尔维斯湾，包括马德拉群岛、加那利群岛、佛得角群岛、阿森松岛和圣赫勒拿岛；西大西洋区分布于自百慕大至巴西海域。

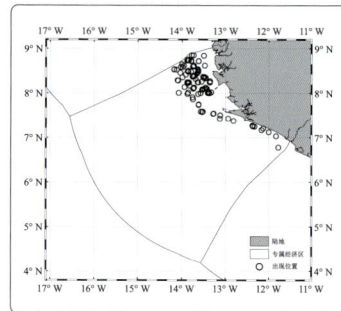

鉴定依据
　　《The living marine resources of the Eastern Central Atlantic, Volume 4》第 2486 页；《拉汉世界鱼类系统名典》第 230 页。

90. 纺锤鰤 *Elagatis bipinnulata*（Quoy and Gaimard, 1825）

英 文 名： Rainbow runne
俗　　名： 鰤鱼、双带鰤
分类地位： 鲈形目 Perciformes
　　　　　 鲹科 Carangidae
　　　　　 纺锤鰤属 *Elagatis*

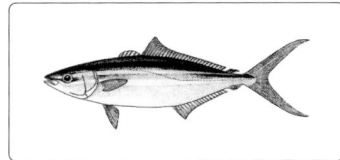

分类特征

体延长，呈纺锤形。头尖。吻尖长。口小，**上颌骨后端远未达眼前缘（幼鱼可达眼前缘）**。上下颌齿呈绒毛带状，犁骨、腭骨和舌上也具细小齿。第一背鳍具 6 鳍棘，第二背鳍具 1 鳍棘和 25~30 鳍条；臀鳍基底短（约为第二背鳍基底长的 2/3），具 1 鳍棘和 18~22 鳍条，**前部具一游离鳍棘（较大个体埋于皮下）；第二背鳍和臀鳍后各有 1 个由 2 根鳍条组成的小鳍。胸鳍短**，几等于腹鳍长，约为头长的 1/2；尾鳍深叉形。**体被栉鳞**，胸部、部分鳃盖、颊部、胸鳍、腹鳍和尾鳍亦被鳞，无棱鳞；侧线前部稍弯曲，尾柄背腹缘具尾柄沟。**体上部呈深橄榄蓝色或绿色**，下部白色；**体侧有 2 条浅蓝色或蓝白色窄纵带**，窄带间有一较宽的橄榄色或淡黄色纵带；各鳍色深，略带橄榄色或黄色。

栖息地、生物学特征和渔业

大洋性鱼类，主要生活在海洋上层、礁石区，有时也出现在近岸海域，资源丰富时可形成鱼群，主要以无脊椎动物和鱼类为食。最大全长为 180 cm，最大体重为 46.2 kg，常见个体叉长为 80 cm。垂钓或者用围网捕捞。肉质鲜美。

分布

世界环热带海域均有分布；东大西洋区分布于西非沿岸自塞内加尔至安哥拉南部，以及亚速尔群岛、佛得角群岛、阿森松岛和圣赫勒拿岛海域。

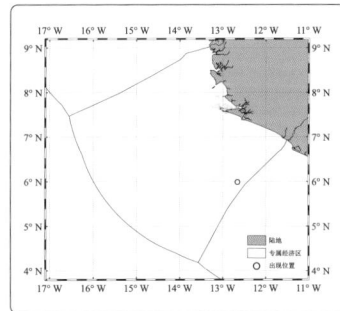

鉴定依据

《The living marine resources of the Eastern Central Atlantic, Volume 4》第 2489 页;《拉汉世界鱼类系统名典》第 230 页;《中国鱼类系统检索》第 315 页;《南海海洋鱼类原色图谱》第 171 页。

91. 舟鲕 *Naucrates ductor*（Linnaeus, 1758）

英 文 名：Pilotfish
俗　　名：黑带鲹
分类地位：鲈形目 Perciformes
　　　　　鲹科 Carangidae
　　　　　舟鲕属 *Naucrates*

分类特征

　　体呈亚圆柱形，背腹缘相似，头背轮廓在吻前半部陡斜。吻短钝，**上颌骨后端狭窄，几伸达眼前缘**。上下颌齿尖细，中部呈齿带状。第一鳃弓鳃耙 21~27，上鳃耙 6~7，下鳃耙 15~20。**第一背鳍具 4~5 鳍棘（叉长 20 cm 以上个体第一鳍棘细小，最后一鳍棘退化且埋于皮下）**，第二背鳍具 1 鳍棘和 25~29 鳍条，鳍条短；臀鳍具 1 鳍棘和 15~17 鳍条，前部具 2 棘短小，第一棘退化且埋于皮下，第二背鳍基底长为臀鳍基底长的 1.6~1.9 倍。体被细小栉鳞，无棱鳞，**尾柄两侧各具一发达的隆起嵴，背腹缘具尾柄沟**。体呈浅银色，**体侧具 5~6 条黑色横带**，大多数个体其背部形成 3 个蓝色大斑块。**头部色深，各鳍暗色至黑色，尾鳍上下叶尖端白色，第二背鳍和臀鳍鳍条末端白色**。

栖息地、生物学特征和渔业

　　中上层暖水性鱼类，常与鲨、鳐、海龟、渔船、浮木等共游，幼鱼经常与海草或水母共生。以食物残渣和小型无脊椎动物为食。最大叉长为 63 cm，常见个体叉长为 35 cm。常被抄网、垂钓或刺网捕获。兼捕物种，无专门的渔具渔法。

分布

　　世界环热带海域均有分布；东大西洋区分布于直布罗陀海峡至安哥拉南部，包括亚速尔群岛、马德拉群岛、加那利群岛、佛得角群岛、阿森松岛和圣赫勒拿岛，地中海和北欧也有发现，但是数量稀少。

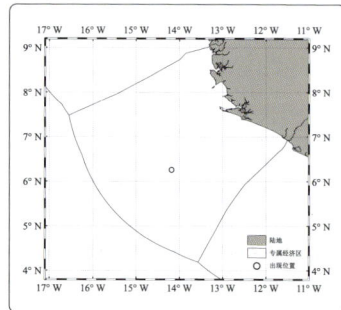

鉴定依据

　　《The living marine resources of the Eastern Central Atlantic, Volume 4》第 2492 页；《拉汉世界鱼类系统名典》第 231 页。

92. 脂眼凹肩鲹 *Selar crumenophthalmus*（Bloch, 1793）

英文名： Bigeye scad
俗　名： 大目瓜仔、白鲹、鲹鱼
分类地位： 鲈形目 Perciformes
　　　　　鲹科 Carangidae
　　　　　凹肩鲹属 *Selar*

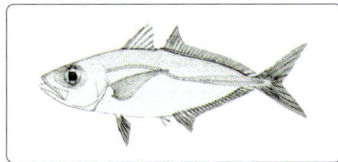

分类特征

　　体呈长椭圆形，稍侧扁，背缘较腹缘稍凸。**眼很大，脂眼睑发达，几覆盖眼睛**。上颌骨后端稍扩大，伸达瞳孔前缘。齿细小并向后弯曲，上颌具一窄齿带且向后渐小，下颌具 1 行不规则齿带。第一鳃弓鳃耙 37~42。**肩带下角具一深凹，深凹上缘具一大乳突，肩带上缘另具一较小乳突**。第一背鳍具 8 鳍棘，第二背鳍具 1 鳍棘和 24~27 鳍条；臀鳍具 1 鳍棘和 21~23 鳍条，前部具 2 棘；胸鳍短于头长。侧线鳞 83~94，侧线前部弯曲不明显且较长，弯曲部具普通鳞 48~56 和棱鳞 0~4，直线部前部具普通鳞 0~11、后部至尾鳍基部具棱鳞 29~42，背部副侧线向后延伸至第一背鳍起点下方。体上 1/3 部和头顶呈金属蓝色或蓝绿色，吻端暗黑色，头体下 2/3 部银色或白色；**体侧自鳃盖边缘至尾柄上部具一黄色窄纵带**，瞳孔上方稍黑，有时呈微红色；臀鳍基部透明或微暗；尾鳍暗色，上叶尖端黑色；胸鳍基部透明、暗色或淡黄色；腹鳍透明。

栖息地、生物学特征和渔业

　　集群性鱼类。一般出现在近岸或浅水区域，也有在 170 m 水深处捕获，礁石或可见度低的水体也有踪迹。以小型鱼类、浮游生物或者底栖无脊椎动物为食。最大体长为 60 cm，常见个体叉长为 24 cm。可用拖网、围网、垂钓捕捞。一般鲜食、熏制，味鲜美，可制作鱼粉和提取鱼油。

分布

　　世界热带和亚热带海域均有分布；东大西洋区分布于西非沿岸自塞内加尔至安哥拉南部，以及佛得角群岛、阿森松岛和圣赫勒拿岛海域。

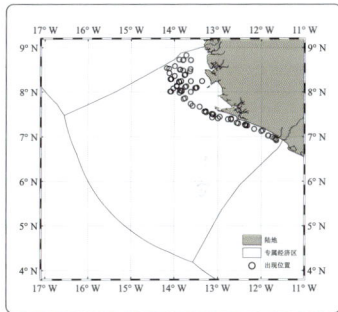

鉴定依据
　　《The living marine resources of the Eastern Central Atlantic, Volume 4》第 2494 页；《拉汉世界鱼类系统名典》第 231 页。

93. 隆背月鲹 *Selene dorsalis*（Gill, 1863）

英 文 名： African lookdown
俗　　名：吉邦犁鲹、方头鲹
商 品 名： MOUSSO
分类地位：鲈形目 Perciformes
　　　　　鲹科 Carangidae
　　　　　月鲹属 *Selene*

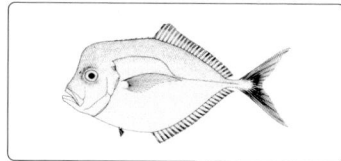

分类特征

体短，甚侧扁而高，腹缘较背缘稍凸，**头顶轮廓呈圆形，眼前急剧陡斜并微凹**。吻钝圆，下颌较突出。眼较小。上颌较短，上颌骨后端扩大并远低于眼，后端约伸达眼前缘。上下颌均具不规则窄细齿带，下颌齿带后部呈不规则 1 行。鳃耙 38~43。第一背鳍具 8 鳍棘，第二背鳍具 1 鳍棘和 23~24 鳍条，叉长小于 6 cm 的幼鱼前四鳍棘较长，其中第二个鳍棘最长，随着生长这些鳍棘逐渐变短（叉长 30 cm 时几消失），**第二背鳍鳍条略延长**；臀鳍具 1 鳍棘、18~20 鳍条，前部具 2 游离棘，远离后部臀鳍（叉长 13 cm 时几消失）；**腹鳍鳍条较短。体表裸露，鳞小且嵌入皮下**，覆盖身体下半部大部，但腹鳍前部至侧线弯曲部无鳞；**侧线直线部鳞弱且几无分化**，尾柄上侧线鳞 8~17。活体头体呈银色优势带蓝色金属光泽，体上部、头部和吻部更明显；鳃盖边缘上部有一不明显黑斑，尾柄上缘有一狭窄的黑色区域；**幼鱼（叉长 5~9 cm）体通常呈银色，侧线直线部有一椭圆形黑斑**。

栖息地、生物学特征和渔业

集群性鱼类，近岸水域至 60 m 水深处均有分布，幼鱼一般出现在海湾和河口。以其他小鱼和甲壳类为食。最大全长为 40 cm，常见个体叉长为 24 cm。用中上层和底层拖网捕捞。一般可鲜食、加工成鱼粉或提取鱼油。

分布

东大西洋区自葡萄牙至南非，以及加那利群岛、佛得角群岛和马德拉群岛。

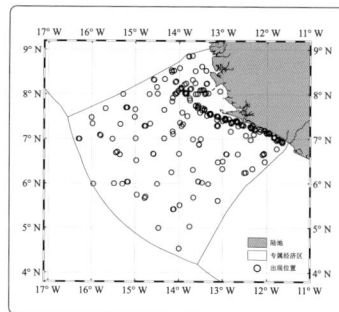

鉴定依据

《The living marine resources of the Eastern Central Atlantic, Volume 3》第 2496 页；《拉汉世界鱼类系统名典》第 231 页。

94. 长鳍鲕 *Seriola rivoliana* Valenciennes, 1833

英 文 名：Almaco jack
俗　　名：鲕鱼
分类地位：鲈形目 Perciformes
　　　　　鲹科 Carangidae
　　　　　鲕属 *Seriola*

分类特征

　　体呈纺锤形，稍侧扁，体高中等，背缘较腹缘轮廓更凸。吻较钝圆，**上颌骨后部非常宽**（成鱼上颌骨后背角尖锐），末端伸达瞳孔前缘。上下颌齿尖细，均排列呈宽带状。**第一鳃弓鳃耙数随生长而略减少，叉长小于 10 cm 的鳃耙 24~29，较大个体鳃耙 18~25**。第一背鳍具 7 鳍棘（大个体第一和最后鳍棘短或埋于皮下），第二背鳍具 1 鳍棘和 27~33 鳍条，**第二背鳍前部鳍条延长呈镰形**；臀鳍具 1 鳍棘和 18~22 鳍条，前部具 2 游离鳍棘（大个体会减少或埋于皮下），第二背鳍基底长为臀鳍基底长的 1.5~1.6 倍；腹鳍长于胸鳍；尾鳍叉形，**尾柄具尾柄沟**。体被小圆鳞，无棱鳞。背部呈棕色或橄榄色至蓝绿色，侧面和腹部颜色较浅；**成鱼项部自眼后上方至第一背鳍起点常具一深色斜带**，眼后常具淡琥珀色短纵带；臀鳍色深，前端、基底和边缘白色；腹鳍外缘和腹面呈白色，背面色深；尾鳍色深，后缘具一浅色窄边。幼鱼（叉长 2~18 cm）除项部深色斜带外，体侧另具 6 条深色横带，尾柄末端也具一深色横带；臀鳍尖端白色。

栖息地、生物学特征和渔业

　　成鱼栖息于外洋海底，而幼体喜栖息在漂浮的植物和碎片下方。以鱼类为食。最大叉长为 160 cm，最大体重为 59.9 kg，常见个体叉长 55~80 cm。喜攻击钓线饵料或者海底处的死鱼诱饵。用大洋性拖网或垂钓捕捞。可鲜食、腌制或制成鱼粉和提取鱼油。

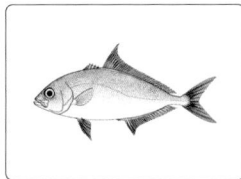

分布

　　世界环热带、亚热带海域均有分布；东大西洋区分布于英格兰南部、亚速尔群岛、葡萄牙、马德拉群岛、佛得角群岛、加那利群岛、圣多美群岛和普林西比群岛（几内亚湾）、阿森松和沿非洲海岸从摩洛哥到安哥拉南部；地中海亦有捕捞记录（在兰佩杜萨岛附近）。

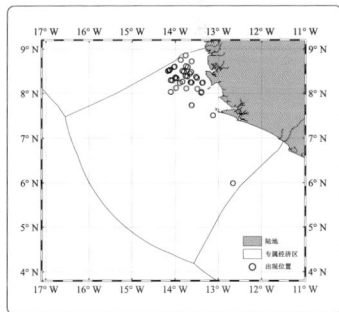

鉴定依据

《The living marine resources of the Eastern Central Atlantic, Volume 4》第 2503 页；《拉汉世界鱼类系统名典》第 231 页。

95. 无斑鲳鲹 *Trachinotus maxillosus* Cuvier, 1832

英 文 名： Galloon pompano
俗 名： 鲳鲹
商 品 名： POMPANO, YAKOR
分类地位： 鲈形目 Perciformes
鲹科 Carangidae
鲳鲹属 *Trachinotus*

分类特征

体呈卵圆形，侧扁而高，背腹缘轮廓相似，头部轮廓倾斜。吻钝圆，眼小，头长为眼径的 2.7~3.8 倍，上颌末端狭宽，后端伸达眼中部。两颌齿小，呈圆锥且向后弯曲，但叉长 30 cm 后全部退化消失；**幼鱼时舌上有 1 行窄齿带**（随生长渐消失，叉长 35 cm 以上个体完全消失）。第一鳃弓上鳃耙 5~8，下鳃耙 9~11。第一背鳍具 6 鳍棘，第二背鳍具 1 鳍棘和 20~21 鳍条，**叉长大于 10 cm 个体第二背鳍鳍条长通常大于头长，叉长为鳍条长的 2.5~4.2 倍**；臀鳍具 1 鳍棘和 17~20 鳍条，前部具 2 短棘；臀鳍和第二背鳍基底长几相等；胸鳍较短，头长是胸鳍条长的 1.1~1.2 倍；尾鳍深叉形，尾部无隆起嵴；大个体成鱼背鳍中部鳍条和臀鳍前 2 棘增粗。体被小圆鳞，部分鳞片埋于皮下；侧线在第二背鳍中部下方略呈弧形向上弯曲，后部侧线平直，侧线上无栉鳞。**尾柄无隆起嵴**。头体上部 1/3 色深，下侧银白色至淡黄色，体侧无黑斑；腹鳍灰白色，余鳍色深，**臀鳍橙色且前部和末端微黑色**。

栖息地、生物学特征和渔业

暖水性中上层鱼类，栖息于沿海浅水区。春夏季集群，随暖流向近海洄游。主要以浮游动物、甲壳类和小型水母类为食。最大叉长为 60 cm。用中上层拖网和底拖网进行捕捞。可鲜食和盐腌食用。

分布

东大西洋区佛得角群岛和塞内加尔至安哥拉海域。

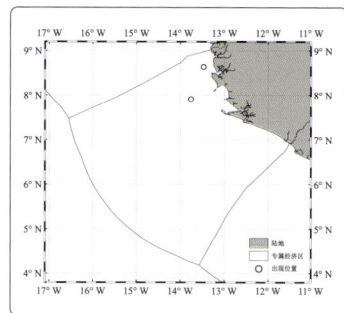

鉴定依据

《The living marine resources of the Eastern Central Atlantic, Volume 4》第 2506 页；《拉汉世界鱼类系统名典》第 231 页；《中东大西洋底层鱼类》第 78 页。

96. 穆克鲳鲹 *Trachinotus mookalee* Cuvier, 1832

英文名：Indian pompano
俗　名：鲳鲹
商品名：POMPANO
分类地位：鲈形目 Perciformes
　　　　鲹科 Carangidae
　　　　鲳鲹属 *Trachinotus*

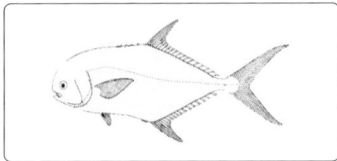

分类特征

体呈长卵圆形（幼体呈卵圆形），侧扁而高，背腹缘圆凸，头部轮廓倾斜。吻钝圆。两颌均具绒毛状齿带；**舌面具一狭齿带**（持续至叉长 50 cm）。第一鳃弓上鳃耙 5~8，下鳃耙 8~10。背鳍 2 个，第一背鳍具 6 鳍棘（大型成体前部鳍棘嵌入皮下），第二背鳍具 1 鳍棘和 **18~20 鳍条**；臀鳍具 1 鳍棘和 **16~18 鳍条**，前部具 2 短棘（大型成体嵌入皮下）；第二背鳍和臀鳍前部鳍条延长呈镰形；腹鳍短于胸鳍；尾鳍深叉形。体被小圆鳞，部分鳞片嵌入皮下；侧线前部仅胸鳍上方略弯曲，后部平直，无棱鳞。头体一般呈银色，背面呈绿色至蓝灰色，下侧灰白色；大型成体体大部呈青铜色或绿金色。第二背鳍和尾鳍暗黄色，前缘和鳍尖色深；臀鳍浅黄色至暗黄色；腹鳍浅黄色至白色；胸鳍色深。幼鱼体呈银色，除背鳍上半部黑色外其余鳍条均呈淡黄色。

栖息地、生物学特征和渔业

热带、亚热带海洋鱼类。栖息于近沿岸泥沙底质的水域或内湾，或沿岸礁石底质水域。最大叉长为 77 cm，体重为 8.1 kg。具有较高经济价值。

分布

分布于印度洋 – 西太平洋区，西印度洋区自阿曼湾和波斯湾向东至斯里兰卡，西太平洋区新加坡、泰国和中国亦有分布记录。东大西洋以前未有分布报道，此次为新记录种，疑为从印度洋海域扩散而至。

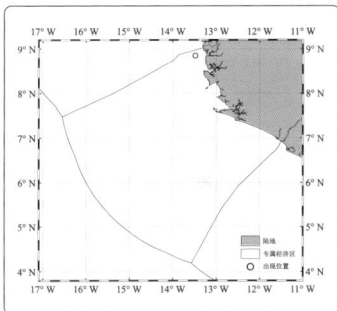

鉴定依据

《The living marine resources of the Eastern Central Atlantic, Volume 4》第 2749 页;《拉汉世界鱼类系统名典》第 231 页;《中国海洋及河口鱼类系统检索》第 710 页。

97. 卵形鲳鲹 *Trachinotus ovatus*（Linnaeus, 1758）

英 文 名：Pompano
俗　名：灰波线鲹
商 品 名：POMPANO
分类地位：鲈形目 Perciformes
　　　　　鲹科 Carangidae
　　　　　鲳鲹属 *Trachinotus*

分类特征

　　体呈长卵圆形，侧扁。背腹缘轮廓相似，头部轮廓倾斜。吻钝尖。眼小，头长为眼径的 3.4~4.1倍。上颌末端狭窄，后端伸达眼睛下 1/3 处。两颌齿小，呈圆锥形且向后弯曲，前部齿排列呈 1 行宽齿带，后面渐变细；舌上有 1 行窄带齿，后部较宽。**第一鳃弓上鳃耙 10~19，下鳃耙 22~32**。第一背鳍具 6 鳍棘，第二背鳍具 1 硬棘及 23~27 鳍条；臀鳍具 1 鳍棘及 22~25 鳍条，前部具 2 短棘；第二背鳍和臀鳍基底长几相等，**第二背鳍条长短于头长，叉长为鳍条长的 6.5~8.3 倍**；胸鳍短，头长为胸鳍长的 1.3~1.6 倍；尾鳍深叉形，尾部无隆起嵴和尾柄沟。体被小圆鳞，部分鳞片嵌入皮下；**侧线在胸鳍上方略呈弧形向上弯曲**，胸鳍后侧线为直线，侧线上无栉鳞。**体侧具 3~5 深色斑点**，背鳍鳍棘部下方 3~4 斑点向腹侧垂直拉长 1/3 或更多；**背鳍和臀鳍末端黑色**，背鳍其余部分透明或略呈暗色，臀鳍通常透明；尾鳍近末端逐渐变黑。

栖息地、生物学特征和渔业

　　成鱼和幼鱼经常集群出现在碎波带和水质良好的沙滩水域。以小型无脊椎动物和鱼类为食。最大全长为 70 cm，常见个体全长 35 cm。用中上层拖网、底拖网、围网、定置网或垂钓捕捞。用于鲜食、冷冻、熏制、干盐腌制、加工成鱼粉或提取鱼油。

分布

　　东大西洋区西非沿岸自摩洛哥至安哥拉南部及近海岛屿，包括阿森松岛和圣赫勒拿岛海域；常见于地中海，偶见于北欧水域。

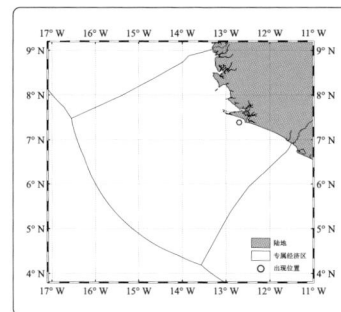

鉴定依据
　　《The living marine resources of the Eastern Central Atlantic, Volume 4》第 2507 页；《拉汉世界鱼类系统名典》第 231 页；《中东大西洋底层鱼类》第 79 页。

98. 短鳍鲳鲹 *Trachinotus teraia* Cuvier, 1832

英 文 名： Terai pompano,
　　　　　Shortfin pompano
俗　　名： 鲳鲹
商 品 名： POMPANO
分类地位： 鲈形目 Perciformes
　　　　　鲹科 Carangidae
　　　　　鲳鲹属 *Trachinotus*

分类特征

　　体呈卵圆形，侧扁而高，背腹缘轮廓相似，头部轮廓倾斜。吻钝。眼小，体长为眼径的 2.8~4.6 倍。下颌骨末端狭窄，后端伸达瞳孔后缘。两颌齿小，呈圆锥形且向后弯曲，前部齿排列呈 1 行齿带，后面渐变细；**舌上无齿**。第一鳃弓上鳃耙 5~7，下鳃耙 9~13。第一背鳍具 6 鳍棘，第二背鳍具 1 鳍棘和 19~21 鳍条；臀鳍具 1 鳍棘和 **16~18 鳍条**，前部具 2 短棘；第二背鳍和臀鳍基底长几相等，**第二背鳍鳍条长短于头长**；尾鳍深叉形，无隆起嵴或尾柄沟。体被小圆鳞，部分鳞片嵌入皮下；侧线前部略呈波状弯曲，直线部始于背鳍中部下方，侧线上无桥鳞。头和体上部 1/3 呈黑色或蓝灰色至蓝绿色，下侧银色；**腹鳍和臀鳍大部呈黄色，臀鳍末端黑色**；胸鳍、背鳍和尾鳍暗色至黑色。

栖息地、生物学特征和渔业

　　常栖息于近海、河口，偶尔进入内陆河流中。以软体动物、甲壳类、其他无脊椎动物和小鱼为食。最大叉长为 61 cm，最大体重为 7.9 kg。用中上层拖网、底拖网和围网捕捞。用于鲜食、干盐腌制、加工成鱼粉或提取鱼油。

分布

　　东大西洋区自塞内加尔至安哥拉及佛得角群岛海域。

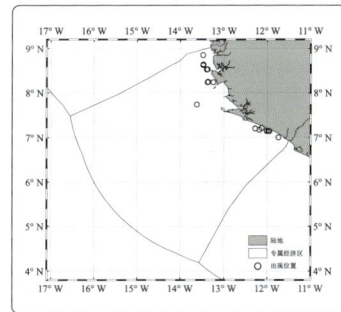

鉴定依据
　　《The living marine resources of the Eastern Central Atlantic, Volume 4》第 2508 页；《拉汉世界鱼类系统名典》第 231 页。

99. 短线竹荚鱼 *Trachurus trecae* Cadenat, 1949

英文名：Cunene horse mackerel
分类地位：鲈形目 Perciformes
鲹科 Carangidae
竹荚鱼属 *Trachurus*

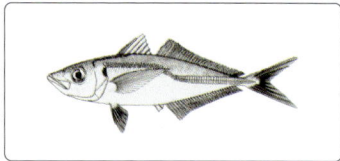

分类特征

体呈纺锤形，略侧扁，背腹缘轮廓相似。眼大，头长为眼径的 3.0~3.9 倍，脂眼睑发达。上颌骨中等宽，后端伸达眼前缘。上下颌具 1 行细齿。第一鳃弓上鳃耙 13~16，下鳃耙 37~45。**匙骨边缘上端具小沟，但无凸起**。第一背鳍具 8 鳍棘，第二背鳍具 1 鳍棘和 30~33 鳍条；臀鳍具 2 鳍棘，与鳍条部分离，后部具 1 鳍棘和 25~29 鳍条；**第二背鳍和臀鳍末端鳍条通过鳍膜前方鳍条相连**；胸鳍长约等于头长。鳞片较小，除胸鳍后方外体被鳞。侧线弯曲和直线部均被棱鳞，**共 71~78 个**，其中弯曲部棱鳞 35~43 个，**最大鳞高为体长的 2.0%~2.9%**，直线部棱鳞 33~38 个；**背侧副侧线终止于第一背鳍第一至第六背鳍棘下方**。体上部和头顶暗淡黑色或灰色至蓝绿色，体侧下 2/3 和头侧偏白，呈灰白色至银色；鳃盖后上角边缘有一黑斑。

栖息地、生物学特征和渔业

集群性鱼类，分布于水深 20~300 m 的底层水域，性成熟群体分布于水深 100~300 m。有时也在水体上层，性成熟后开始季节性洄游，主要沿着海岸线洄游，同时与水温有关，通常在 19~21 ℃等温线之间聚集。主要以甲壳类为食。最大叉长为 35 cm。可用中上层拖网、底拖网以及围网捕捞。食用方式为鲜食、冷冻、干盐腌制、制作罐头和熏制。

分布

东大西洋区分布于西非沿岸自毛里塔尼亚至安哥拉南部，以及佛得角群岛海域。

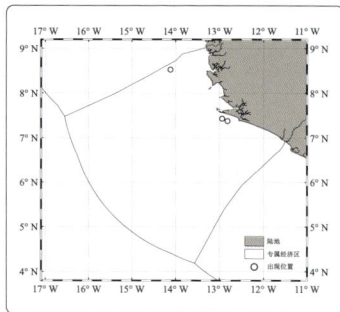

鉴定依据

《The living marine resources of the Eastern Central Atlantic, Volume 4》第 2512 页；《拉汉世界鱼类系统名典》第 231 页。

100. 棉口尾甲鲹 *Uraspis secunda*（Poey, 1860）

英 文 名：Cottonmouth jack
俗　　名：舌甲鲹
分类地位：鲈形目 Perciformes
　　　　　鲹科 Carangidae
　　　　　尾甲鲹属 *Uraspis*

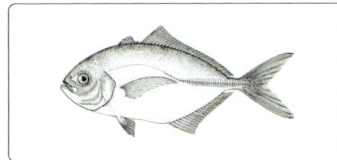

分类特征

　　体呈椭圆形，侧扁而高。吻钝。眼较小，脂眼睑不发达。上颌骨末端伸达眼前缘或眼中部下方；犁骨、腭骨及舌上均无齿。第一鳃弓上鳃耙 3~8，下鳃耙 13~16。第一背鳍具 8 鳍棘，第二背鳍具 1 鳍棘和 **25~32 鳍条**；臀鳍具 1 鳍棘和 19~23 鳍条，**前部具 2 短棘（叉长大于 15 cm 时消失或嵌于皮下）**；大个体胸鳍镰形，鳍长大于头长；叉长 25 cm 以下个体腹鳍较长，大个体较短。侧线在胸鳍上方稍弯曲，直线部具 23~40 棱鳞，**叉长 20 cm 以下个体棱鳞具向前小棘，数量随生长而减少；胸部腹鳍起点区域裸露，胸部侧面胸鳍基部裸露区被一宽鳞片带分开**；尾柄两侧各具 1 对隆起嵴，随生长而逐渐显著。大个体（叉长 30 cm 以上）头体色深，呈铅灰色至蓝黑色；幼鱼（叉长 30 cm 以下）体侧具 6~7 条暗色横带；**舌、口腔背面及腹面白色或乳白色，其余部分蓝黑色**。

栖息地、生物学特征和渔业

　　暖水性中上层鱼类。主要栖息于泥沙底质的大陆坡或外礁周缘海域，通常独居或集成小群在底层水域游动。主要以底栖无脊椎动物为食。最大叉长为 43.5 cm，最大体重为 2 kg。可被拖网、围网或延绳钓等捕获。

分布

　　广泛分布于世界温带海域；东大西洋区分布于西非沿岸自毛里塔尼亚至安哥拉的大陆架和外缘斜坡，以及佛得角群岛海域。

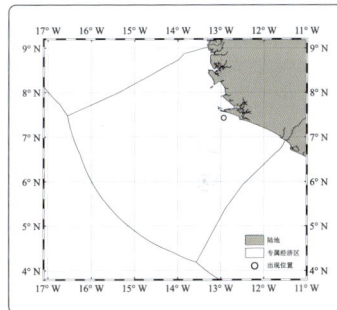

鉴定依据

《The living marine resources of the Eastern Central Atlantic, Volume 4》第 2514 页；《拉汉世界鱼类系统名典》第 231 页；《中国鱼类系统检索》第 308 页。

101. 乌鲂 *Brama brama*（Bonnaterre, 1788）

英 文 名：Atlantic pomfret
俗　　名：雷氏乌鲂
分类地位：鲈形目 Perciformes
　　　　　乌鲂科 Bramidae
　　　　　乌鲂属 *Brama*

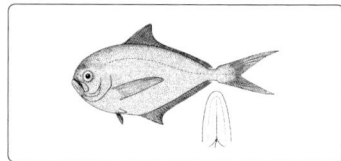

分类特征

　　体呈卵圆形，侧扁而高，头背轮廓陡然弯曲。吻短钝，**左右下颌骨紧靠，颊部不裸露**。口中大，口裂倾斜。第一鳃弓鳃耙 15~18。体被大而坚固的鳞，侧线鳞 70~80。背鳍具 35~38 鳍条，背鳍起点在鳃盖之后，**鳍上覆有小鳞**；臀鳍具 29~32 鳍条；胸鳍具 20~23 鳍条；尾鳍深叉形，**上叶延长。体呈银白色，死后变为黑褐色**；背鳍、臀鳍和尾鳍边缘黑色。

栖息地、生物学特征和渔业

　　大洋性上层鱼类，白天栖息于 150~400 m 水层，夜晚则到水表层活动和觅食。肉食性，主要以鱼类、甲壳类及头足类等为食。最大全长 100 cm，常见个体体长为 40 cm。具较高经济价值，因受季节性影响，渔场不稳定，主要在公海捕捞。渔期全年皆有，可利用拖网和延绳钓捕捞，一般市场不常见。鱼肉尚佳，红烧或煮汤皆可。

分布

　　广泛分布于大西洋、印度洋和南太平洋；东大西洋区分布于自挪威中部向南至南非阿尔戈亚湾海域。

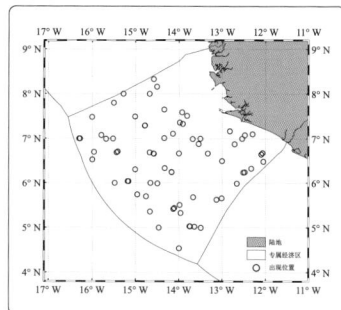

鉴定依据

　　《The living marine resources of the Eastern Central Atlantic, Volume 4》第 2518 页；《拉汉世界鱼类系统名典》第 232 页。

102. 非州红笛鲷 *Lutjanus agennes* Bleeker, 1863

英 文 名： African red snapper
分类地位： 鲈形目 Perciformes
　　　　　笛鲷科 Lutjanidae
　　　　　笛鲷属 *Lutjanus*

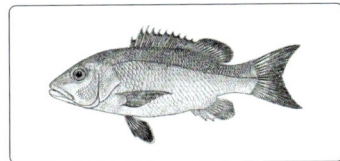

分类特征

　　体呈椭圆形，较侧扁。头部较尖，头背轮廓平直或略凸。**眶前骨宽**。上颌骨后端几伸达眼中部。**犁骨齿群呈新月形。第一鳃弓鳃耙 7~9**。背鳍具 10 鳍棘和 14~15 鳍条；臀鳍具 3 鳍棘和 9 鳍条。体被中大栉鳞，侧线鳞 42~43，**侧线下鳞 12~13 行，颊鳞 5~6 行。背部呈红棕色或淡橙色**，腹部逐渐变成白色；幼鱼体侧有 6~8 条垂直排列的小白点或窄带。

栖息地、生物学特征和渔业

　　一般出现在岩石底部、珊瑚礁区域，幼鱼出现在咸水潟湖和河流中。主要以鱼类和甲壳类为食。最大全长 139 cm，最大体重为 60 kg，常见个体全长 50 cm。垂钓或者用定置网捕捞。可新鲜出售。

分布

　　东大西洋区西非沿岸自塞内加尔至安哥拉及佛得角群岛海域。

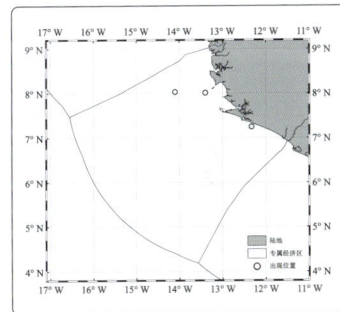

鉴定依据
　　《The living marine resources of the Eastern Central Atlantic, Volume 4》第 2539 页；《拉汉世界鱼类系统名典》第 233 页。

103. 牙笛鲷 *Lutjanus dentatus*（Duméril, 1861）

英 文 名： African brown snapper
俗　　名： 褐笛鲷
分类地位： 鲈形目 Perciformes
　　　　　笛鲷科 Lutjanidae
　　　　　笛鲷属 *Lutjanus*

分类特征

　　体呈椭圆形，侧扁而高。头部略呈圆形，背部轮廓微弯曲。吻较钝，**眶前骨宽大**。上颌骨后端伸达眼中部或略后。犁骨齿群呈"∧"形。**第一鳃弓鳃耙 5~8**。背鳍具 10 鳍棘和 13~14 鳍条；臀鳍具 3 鳍棘和 8 鳍条。体被中大栉鳞，侧线鳞 45~48，**侧线上方的鳞斜向背后方，侧线下鳞 15~17 行，颊鳞 9~10 行。背部呈烟灰色，腹部白色或粉红色**；幼鱼体侧有深浅交替的横带，宽度大致相等。

栖息地、生物学特征和渔业

　　一般出现在岩石底部、珊瑚礁区域，幼鱼出现在咸淡水潟湖、河流中。主要以鱼类和甲壳类为食。最大全长 150 cm，最大体重为 50 kg，常见个体全长 50 cm。垂钓或者用定置网捕捞。可新鲜出售。

分布

　　东大西洋区西非沿岸自塞内加尔至安哥拉海域，特别是几内亚湾。

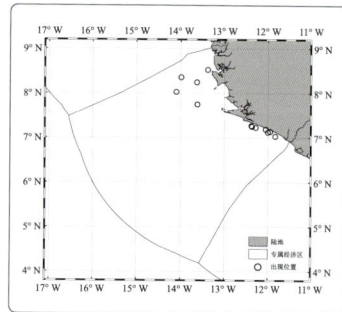

鉴定依据

　　《The living marine resources of the Eastern Central Atlantic, Volume 4》第 2540 页；《拉汉世界鱼类系统名典》第 233 页。

104. 辉带笛鲷 *Lutjanus fulgens*（Valenciennes, 1830）

英 文 名： Golden African snapper
分类地位： 鲈形目 Perciformes
　　　　　笛鲷科 Lutjanidae
　　　　　笛鲷属 *Lutjanus*

分类特征

　　体呈纺锤形，头部较钝圆。**吻短，吻长远小于眼径。眼大，眶前骨很窄，眼下缘近体中线。**上颌骨后端伸达眼中部，**犁骨齿群呈三角形，后部明显向内侧延伸。**背鳍具 10 鳍棘和 13~14 鳍条；臀鳍具 3 鳍棘和 8 鳍条。**第一鳃弓鳃耙 12~16。**体被中大栉鳞，侧线鳞 43~48，**侧线下鳞 13~14 行，颊鳞 4~5 行。**体呈鲜艳的粉红色，**体侧沿各鳞行有金色纵带；**各鳍橙红色至红色。

栖息地、生物学特征和渔业

　　栖息于底质为石头的浅水中，近海拖网在 150 m 水深处也有捕获，以珊瑚礁和近海的鱼类和甲壳类为食。最大全长 60 cm，常见个体全长 50 cm。垂钓或者用定置网捕捞。可新鲜出售。

分布

　　东大西洋区西非沿岸自塞内加尔至尼日利亚及佛得角群岛，特别是几内亚湾。

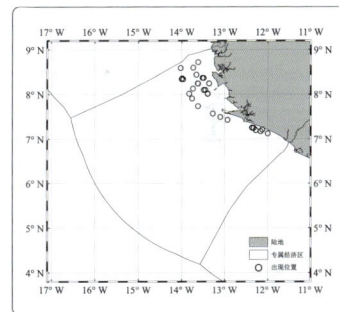

鉴定依据
　　《The living marine resources of the Eastern Central Atlantic, Volume 4》
第 2542 页；《拉汉世界鱼类系统名典》第 233 页。

105. 高里笛鲷 *Lutjanus goreensis*（Valenciennes, 1830）

英 文 名： Gorean snapper
分类地位： 鲈形目 Perciformes
　　　　　 笛鲷科 Lutjanidae
　　　　　 笛鲷属 *Lutjanus*

分类特征

　　体呈椭圆形，侧扁而高。头较尖，背部轮廓陡峭。眼大，**眶前骨宽**。上颌骨后端伸达眼中部。**犁骨齿群呈三角形，后部向内侧延伸**。背鳍具 10 鳍棘和 14~15 鳍条；臀鳍具 3 鳍棘和 8 鳍条。**第一鳃弓鳃耙 7~9**。体被中大栉鳞，侧线鳞 43~46，**侧线下鳞 12~14 行，颊鳞 6~7 行**。体背部呈鲜艳粉红色，腹侧逐渐变为白色，眼下有一窄蓝带或不连续的斑点；**头部自吻端至鳃盖后缘有一蓝色纵带**。近海捕获的幼鱼呈棕褐色。

栖息地、生物学特征和渔业

　　栖息于底质为石头的浅水中，幼鱼经常出现在河口或河流中。性情凶猛。以近海的鱼类和甲壳类为食。近海到水深 70 m 处都有分布。最大全长 80 cm，常见个体全长 60 cm。垂钓或者用定置网捕捞。可新鲜出售。

分布

　　东大西洋区西非沿岸自塞内加尔至刚果，特别是几内亚湾和佛得角群岛。

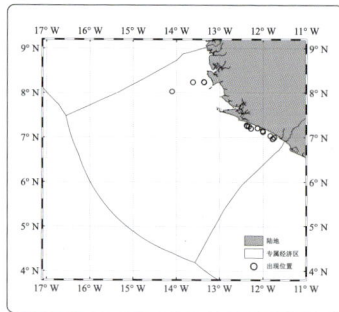

鉴定依据
　　《The living marine resources of the Eastern Central Atlantic, Volume 4》第 2543 页；《拉汉世界鱼类系统名典》第 233 页。

106. 松鲷 *Lobotes surinamensis*（Bloch, 1790）

英文名： Tripletail
俗　　名： 打铁婆、枯叶
分类地位： 鲈形目 Perciformes
　　　　　　松鲷科 Lobotidae
　　　　　　松鲷属 *Lobotes*

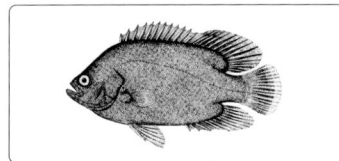

分类特征

　　体呈卵圆形，侧扁。头小，呈碟形，背缘略凹。眼小，眼间隔狭窄。吻短钝。口大，口裂稍斜，上颌可伸缩，口闭时上颌不被眶前骨遮盖。上下颌具绒毛状齿带，犁骨、腭骨无齿。前鳃盖骨边缘具强锯齿，鳃盖骨后缘具 1~2 扁棘。体被栉鳞，排列整齐。**头亦被鳞**，但上下颌及眼前无鳞。背鳍及臀鳍基底具鳞鞘；侧线完全，与背缘平行，侧线鳞 42~44。背鳍连续无深缺刻，**具 12 鳍棘和 15~16 鳍条；臀鳍具 3 硬棘和 11~12 鳍条**；背鳍与臀鳍软鳍条部后缘圆形；胸鳍短于腹鳍；尾鳍圆形。**成鱼体呈黄褐色至黑褐色**，胸鳍浅黄色，余鳍黑褐色，尾鳍边缘黄色；幼鱼多为亮黄色，随生长颜色逐渐加深。

栖息地、生物学特征和渔业

　　分布于温带、热带海域的浅海鱼类。栖息于岩礁海区底层，喜欢混浊水域及阴天气候，也常随浮木、海藻游至岸边甚至进入河口区。主要以小鱼、小虾及其他甲壳类为食。幼鱼有拟态习性，状似红树林枯叶，随海流漂向岸边。最大全长 110 cm，最大体重 19.2 kg，常见个体全长 50 cm。

分布

　　广布于世界热带和亚热带海域；东大西洋区分布于西非沿岸自直布罗陀海峡至几内亚湾海域，包括马德拉群岛、安哥拉、加那利群岛和佛得角群岛等附近海域。

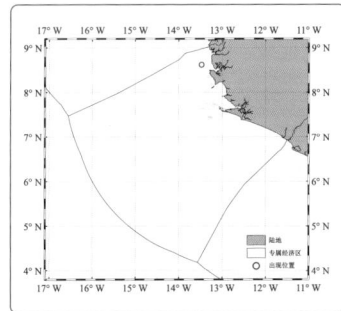

鉴定依据
　　《The living marine resources of the Eastern Central Atlantic, Volume 4》第 2544 页；《拉汉世界鱼类系统名典》第 234 页。

107. 黑鳍缩口银鲈 *Eucinostomus melanopterus*（Bleeker, 1863）

英 文 名：Flagfin mojarra
俗　　名：黑鳍缩口钻嘴鱼
分类地位：鲈形目 Perciformes
　　　　　银鲈科 Gerreidae
　　　　　缩口银鲈属 *Eucinostomus*

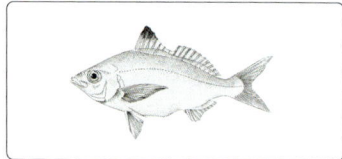

分类特征

　　体呈椭圆形，侧扁，体长为体高的 2.5~4.0 倍，为头长的 2.7~3.9 倍。吻尖，幼鱼吻长略短于眼径，成鱼几乎相等。**口可向前伸出，上颌骨后端稍伸越眼前缘**。上下颌具绒毛状齿带，犁骨、腭骨无齿。**鼻孔紧相邻，成鱼鼻孔距眼距离较距吻端近**。背鳍连续具深凹刻，具 9 鳍棘和 10 鳍条，第一鳍棘很短；臀鳍具 3 鳍棘和 **7 鳍条；胸鳍末端伸达背鳍第一鳍条基部下方或稍后**；尾鳍深叉形。体被圆鳞，侧线有孔鳞 42~45，侧线上鳞 4.5~5.5 行，侧线下鳞 8.5~10.5 行。体背部呈橄榄色，侧面银色；**背鳍第二至第六鳍棘顶端有一黑斑**，下部半透明或发白，基部色深；腹鳍淡黑色。

栖息地、生物学特征和渔业

　　沿岸鱼类，一般生活在沙或泥底质环境，很少超过 25 m 水深。集群性鱼类，经常进入河口和沿海潟湖。以底栖动物为食，尤其喜欢蠕虫、昆虫幼虫等。最大体长为 27 cm，常见个体体长为 15 cm。用地拉网、定置网、拖网或手钓捕捞。一般鲜食、烟熏，偶尔加工成鱼粉。

分布

　　东大西洋区西非沿岸自塞内加尔至安哥拉海域；西大西洋区自百慕大和美国佛罗里达至巴西亦有分布。

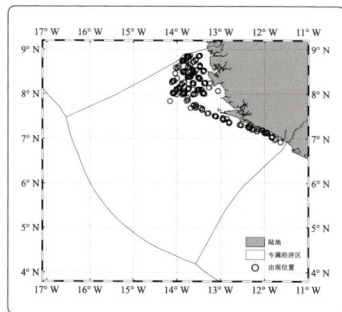

鉴定依据

《The living marine resources of the Eastern Central Atlantic, Volume 3》第 2549 页；《拉汉世界鱼类系统名典》第 234 页。

108. 大眼裸颌鲈 *Brachydeuterus auritus*（Valenciennes, 1832）

英 文 名： Bigeye grunt
分类地位： 鲈形目 Perciformes
仿石鲈科 Haemulidae
裸颌鲈属 *Brachydeuterus*

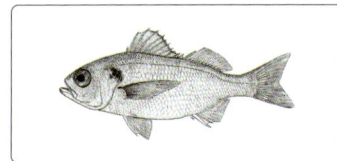

分类特征

体呈长椭圆形，侧扁，体长为体高的 2.6~3.0 倍。口大，可伸出。眼大，头长为眼间隔的 2.8~3.6 倍，**吻长短于眼径。颏部具中央沟，颏孔 2 对，其中 1 对靠近嘴唇，另 1 对在下颌缝合处，相距较近。**背鳍具 12 鳍棘和 **11~13 鳍条**；臀鳍具 8 鳍棘和 9~10 鳍条（极少为 8）；尾鳍深凹。侧线鳞 48~52，侧线上鳞 4~5 行，侧线下鳞 11~12 行。体背部呈蓝色，背鳍近基部常具小黑点；鳃盖骨后上缘具黑斑。

栖息地、生物学特征和渔业

一般栖息于沿海大陆架水域，分布水深范围为 10~100 m，主要分布在水深 30~80 m 处。最大全长为 30 cm，常见个体全长 23 cm。用底拖网、刺网、定置网和围网捕捞。可鲜食、烟熏、晒干腌制或加工成鱼粉。

分布

东大西洋区西非沿岸自毛里塔尼亚至安哥拉海域。

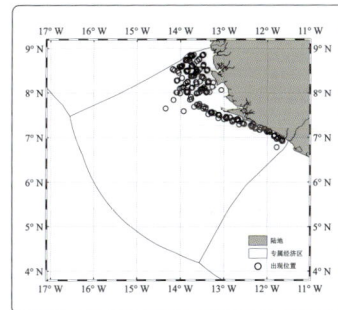

鉴定依据

《The living marine resources of the Eastern Central Atlantic, Volume 4》第 2555 页；《拉汉世界鱼类系统名典》第 235 页。

109. 厚唇胡椒鲷 *Plectorhinchus macrolepis*（Boulenger, 1899）

英 文 名：Biglip grunt
分类地位：鲈形目 Perciformes
　　　　　仿石鲈科 Haemulidae
　　　　　胡椒鲷属 *Plectorhinchus*

分类特征

　　体呈椭圆形，侧扁而高，**体长为体高的 3 倍**。吻长等于或略长于眼径。眼大，头长为眼径的 3.5 倍。口裂稍斜，上颌骨后端未达眼前缘，**唇很厚**。齿稀疏，小而呈圆锥形，排列成几行。**颏部无中央沟，颏孔 3 对**。前鳃盖边缘具强锯齿。第一鳃弓**下鳃耙 15~18（通常为 16）**。**背鳍具 14 粗壮鳍棘和 16 鳍条**，第五鳍棘最长；**臀鳍具 3 鳍棘和 7 鳍条**；尾鳍圆形。体被栉鳞，侧线鳞 44~46。体一致呈黑褐色，幼鱼体侧具淡色斑点，各鳍深褐色至黑色。

栖息地、生物学特征和渔业

　　栖息于 0~25 m 水深的沿海海域，也出现于微咸水域。最大全长为 47 cm，常见个体全长 30 cm。数量较少，偶尔被捕获。捕捞网具主要为底拖网、地拉网、流刺网等。一般鲜食。

分布

　　东大西洋区西非沿岸自塞内加尔至刚果和安哥拉海域。

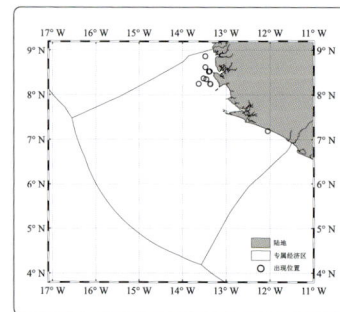

鉴定依据
　　《The living marine resources of the Eastern Central Atlantic, Volume 4》第 2559 页；《拉汉世界鱼类系统名典》第 236 页。

110. 切齿石鲈 *Pomadasys incisus*（Bowdich, 1825）

英 文 名：Bastard grunt
俗　　名：切齿鸡鱼、黄鳍石鲈
分类地位：鲈形目 Perciformes
　　　　　仿石鲈科 Haemulidae
　　　　　石鲈属 *Pomadasys*

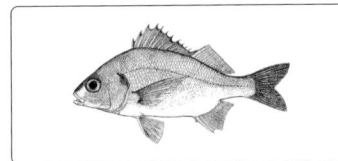

分类特征

　　体呈椭圆形，侧扁，背缘较凸出，体长为体高的 2.4~2.7 倍，为头长的 2.7~3.2 倍。眼中大，**吻长为眼径的 0.9~1.4 倍**，头长为眼径的 3.2~3.8 倍。口裂稍斜，上颌骨几达眼前缘，被眶前骨遮盖。**颏部具中央沟，左右下颌骨在腹中线合拢，颏孔 1 对，后部具一凹与颏孔相连。**上下颌具绒毛状齿带。**第一鳃弓下鳃耙 11~15。**背鳍具 12 鳍棘和 15~16 鳍条；**臀鳍具 3 鳍棘和 11~13 鳍条**，第二鳍棘最长；尾鳍边缘微凹。体被栉鳞，侧线鳞 51~53。体背呈银灰色，**鳃盖后缘有黑色斑点，幼鱼具大斑块，但无小斑点或条纹。**胸鳍、腹鳍和臀鳍淡黄色，背鳍和尾鳍淡黄色至黑色。

栖息地、生物学特征和渔业

　　主要栖息于岩石底质海域，分布水层为 10~100 m，资源丰富，尚无单独的渔业统计数据。最大全长 50 cm，常见个体全长 25 cm。用底拖网、围网和定置网捕捞。一般鲜食或者晾干腌制。

分布

　　东大西洋区西非沿岸自直布罗陀海峡至安哥拉海域，包括马德拉群岛、加那利群岛和佛得角群岛，地中海北部向西的利古里亚海亦有分布。

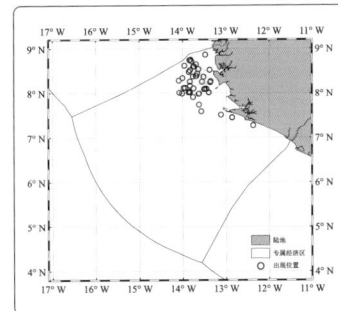

鉴定依据

《The living marine resources of the Eastern Central Atlantic, Volume 4》第 2561 页；《拉汉世界鱼类系统名典》第 236 页。

111. 裘氏石鲈 *Pomadasys jubelini*（Cuvier, 1830）

英 文 名： Sompat grunt
俗　　名： 裘氏鸡鱼
分类地位： 鲈形目 Perciformes
　　　　　 仿石鲈科 Haemulidae
　　　　　 石鲈属 *Pomadasys*

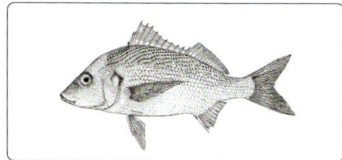

分类特征

　　体呈椭圆形，侧扁，体长为体高的 2.7~3.1 倍，为头长的 2.6~3.0 倍。成鱼吻尖长，吻长是眼径的 0.8~1.1 倍。眼中小，头长是眼径的 3~3.6 倍。口裂稍斜。**颏部具中央沟，左右下颌骨在腹中线合拢，颏孔 1 对，后部具一凹与颏孔相连。**齿呈圆锥形，排列呈带状，外行齿稍扩大。前鳃盖骨后缘具锯齿。**第一鳃弓下鳃耙 12~15。**背鳍具 12 鳍棘和 15~17 鳍条；**臀鳍具 3 鳍棘和 8 鳍条**，第一鳍棘很短，第二鳍棘最长。尾鳍深凹。体被栉鳞，侧线鳞 51~55。体背呈银色，**背部和侧面有小黑点，排列呈弯曲的斜线或水平线**；各鳍灰色，背鳍基部具一条浅色纵带；**吻部具一金黄色斑点，鳃盖后上角具一金黄色至黑色的斑块**。

栖息地、生物学特征和渔业

　　底层鱼类，周期性上升到水深 25 m 水域活动，也可下潜至水深 90 m 处活动。以甲壳类、蠕虫和软体动物为食，在浅水区资源更加丰富。最大全长为 60 cm，常见个体全长 40 cm。可用中上层拖网、底拖网、地拉网和定置网捕捞。一般鲜食或者晾干腌制。

分布

　　东大西洋区西非沿岸自毛里塔尼亚至安哥拉海域。

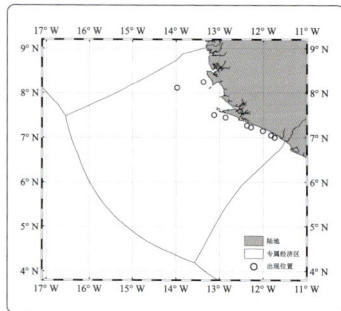

鉴定依据

　　《The living marine resources of the Eastern Central Atlantic, Volume 4》第 2562 页；《拉汉世界鱼类系统名典》第 236 页。

112. 细纹石鲈 *Pomadasys perotaei*（Cuvier, 1830）

英文名： Parrot grunt
俗　名： 细纹鸡鱼
分类地位： 鲈形目 Perciformes
　　　　　 仿石鲈科 Haemulidae
　　　　　 石鲈属 *Pomadasys*

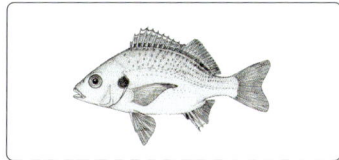

分类特征

　　体呈椭圆形，侧扁，体长为体高的 2.2~2.8 倍，为头长的 2.8~3.0 倍。**眼大**，眼径大于吻长，**头长为眼径的 4.0~4.3 倍**。口小，口裂几达眼前缘。**颏部具中央沟，左右下颌骨在腹中线合拢，颏孔 1 对，后部具一凹与颏孔相连**。齿呈圆锥形，上下颌齿排列呈带状。前鳃盖骨后缘具锯齿。**第一鳃弓下鳃耙 15~17**。背鳍具 10~11 鳍棘和 15~17 鳍条，基部具鳞鞘；**臀鳍具 3 鳍棘和 10 鳍条**，第一个鳍棘很短，第二鳍棘最长；胸鳍较长，几伸达肛门。体背部呈银灰色带蓝色，腹部银色，**背部和侧面散布浅褐色斑点，背部上方自背鳍起点至侧线起点通常有明显的斑点；侧线上、下方和前部鳞具斑**，侧线上方斑点多排列成斜线弯曲状，但随年龄增长而不太明显；**鳃盖后上角具一黑斑**。背鳍膜褐色，背鳍鳍棘部上缘色深，鳍中部具一浅色带；尾鳍下叶尖端淡黄色。

栖息地、生物学特征和渔业

　　近海包括咸水潟湖都是其活动范围。最大全长为 32 cm。与裘氏石鲈（*Pomadasys jubelini*）难以区分。用底拖网、围网或手钓捕捞。一般鲜食或晾干腌制。

分布

　　东大西洋区西非沿岸自毛里塔尼亚至安哥拉海域。

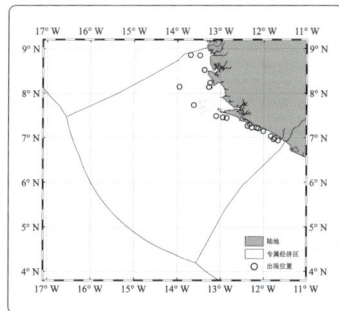

鉴定依据
　　《The living marine resources of the Eastern Central Atlantic, Volume 4》第 2563 页；《拉汉世界鱼类系统名典》第 236 页。

113. 罗氏石鲈 *Pomadasys rogerii*（Cuvier, 1830）

英 文 名：Pigsnout grunt
俗　　名：罗氏鸡鱼
分类地位：鲈形目 Perciformes
　　　　　仿石鲈科 Haemulidae
　　　　　石鲈属 *Pomadasys*

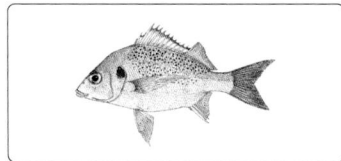

分类特征

　　体呈椭圆形，侧扁，体长为体高的 2.6~2.9 倍。眼中大，眼径为吻长的 0.6~1.0 倍，头长为眼径的 2.9~4.2 倍。口裂稍斜。上颌骨后端不达或几达眼前缘。**颏部具中央沟，左右下颌骨在腹中线合拢，颏孔 1 对，后部具一凹与颏孔相连**。齿呈圆锥形，上下颌齿排列呈带状，外行齿扩大。前鳃盖骨后缘具锯齿，隅角处较强大。**第一鳃弓下鳃耙 11~15**。背鳍具 12 鳍棘和 14~16 鳍条，第一鳍条长于最后一鳍棘；**臀鳍具 3 鳍棘和 9~10 鳍条**，第一鳍棘很短，第二鳍棘最长。**尾鳍边缘浅凹**。体被弱栉鳞，侧线鳞 45~52。体背部呈银色，腹部较浅；**背部和侧面散布黑色或深棕色圆斑**，背部上方自背鳍起点至侧线起点一般无斑或仅有少量淡斑，侧线上、下方和前部鳞一般无斑；**鳃盖后上角具一黑色或黄色大斑**；各鳍灰色。

栖息地、生物学特征和渔业

　　栖息于沿海 100 m 水深以内的水域，常见于水深 25~50 m 的区域，以甲壳类、蠕虫和软体动物为食。最大全长 60 cm，常见个体全长 45 cm。沿岸分布较广，资源丰富。捕捞方式为底拖网、围网和垂钓。一般鲜食或晒干腌制。

分布

　　东大西洋区西非沿岸自毛里塔尼亚至安哥拉海域。

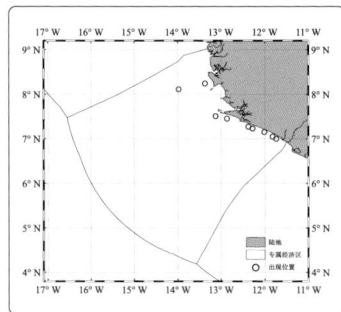

鉴定依据

　　《The living marine resources of the Eastern Central Atlantic, Volume 4》第 2564 页；《拉汉世界鱼类系统名典》第 236 页。

114. 大西洋裸颊鲷 *Lethrinus atlanticus* Valenciennes, 1830

英 文 名： Atlantic emperor
俗 名： 大西洋龙占鱼
分类地位： 鲈形目 Perciformes
裸颊鲷科 Lethrinidae
裸颊鲷属 *Lethrinus*

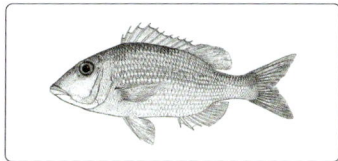

分类特征

体呈椭圆形，侧扁，体长为体高的 2.5~2.8 倍，为头长的 2.7~3.0 倍，体高为头长的 0.9~1.0 倍。头背侧轮廓近平直或微凸。吻稍长而尖，头长为吻长的 1.9~2.4 倍，吻部与上颌间角度为 55°~60°。**眼近头背缘**，头长为眼径的 3.4~4.3 倍，眼间隔近平坦或微凸。颊部较高，头长为颊部长的 2.6~3.0 倍。上下颌侧齿均呈圆锥状，腭骨无齿。上颌骨表面光滑，无明显的突起或纵嵴。**背鳍具 10 鳍棘和 9 鳍条，第四鳍棘最长；臀鳍具 3 鳍棘和 8 鳍条，第一条鳍条最长**；胸鳍具 13 鳍条。**颊部无鳞**，侧线鳞 42~46，侧线上鳞 4.5 行，侧线下鳞 13~14 行，围尾柄鳞 13~14，上颞区具鳞 4~7 行，胸鳍腋内无鳞，鳃盖骨后角均被鳞。**体呈橄榄绿色、棕色或粉红色**；眼下方的颊部有细密的网状纹。

栖息地、生物学特征和渔业

栖息于水深 70 m 以浅的浅水区，主要以底层的无脊椎动物为食。最大全长为 50 cm，常见个体全长 30 cm。一般通过底拖网、定置网、围网和钓具进行捕捞。食用方式为鲜食、熏制和晾干腌制。

分布

东大西洋区西非沿岸自塞内加尔至刚果，以及佛得角群岛、普林西比群岛、圣多美群岛和罗拉斯群岛海域。

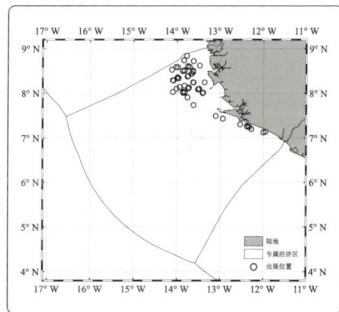

鉴定依据

《The living marine resources of the Eastern Central Atlantic, Volume 4》第 2565 页；《拉汉世界鱼类系统名典》第 237 页。

115. 牛眼鲷 *Boops boops*（Linnaeus, 1758）

英 文 名： Bogue
分类地位： 鲈形目 Perciformes
鲷科 Sparidae
牛眼鲷属 *Boops*

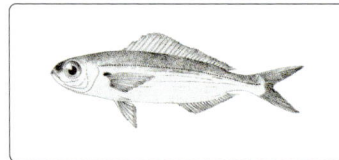

分类特征

体呈纺锤形，稍侧扁，前部横截面近圆柱形。眼大，眼径大于吻长。**头顶鳞片向前延伸并超过眼后缘**。口小，稍倾斜，唇薄。**齿均为门齿状，上下颌各 1 行**，上颌齿切缘具 4 尖突，下颌齿具 5 尖突（中央尖突最大）。**背鳍具 13~15 鳍棘**和 12~16 鳍条；臀鳍具 3 鳍棘和 14~16 鳍条；胸鳍短，末端不达肛门；尾鳍叉形，侧线鳞 69~80。体背部呈蓝色或绿色，体侧有银色或金色反光，并有 3~5 条金黄色纵线；胸鳍腋下有一棕色小斑点；侧线色深；各鳍色浅。

栖息地、生物学特征和渔业

底栖和近底栖鱼类，栖息于陆架和陆坡至水深 250 m 的各种底质（如：沙、泥、岩石、海草）区域，常见于水深 100 m 以浅的区域，有时也出现在沿岸海域。喜集群移动，并在夜间上浮至海表水层。产卵期为 3—5 月。杂食性鱼类，以甲壳类和浮游生物为食。最大全长为 36 cm，常见个体全长为 20 cm。其资源量为中等水平，未出现过度捕捞。

分布

东大西洋区西非沿岸自直布罗陀海峡至安哥拉，以及马德拉群岛、加那利群岛、佛得角群岛和圣多美群岛及普林西比群岛海域；在地中海及挪威附近海域亦有分布。

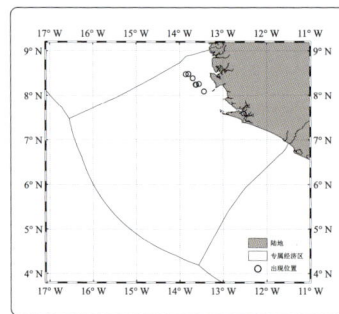

鉴定依据

《The living marine resources of the Eastern Central Atlantic, Volume 4》第 2581 页；《拉汉世界鱼类系统名典》第 238 页。

116. 红尾牙鲷 *Dentex canariensis* Steindachner, 1881

英 文 名：Canary dentex
俗　　名：加那利牙鲷
分类地位：鲈形目 Perciformes
　　　　　鲷科 Sparidae
　　　　　牙鲷属 *Dentex*

分类特征

　　体呈椭圆形，稍侧扁而高。头部轮廓略凸。较大个体的眼径小于眼间隔。颊鳞 7~9 行，前鳃盖骨均被小鳞。口位低，稍倾斜，上下颌几等长。**上下颌各具数行犬齿，外行齿扩大，上下颌前端 4~6 大犬齿状。第一鳃弓下鳃耙 10~13、上鳃耙 6~9。**背鳍具 12 鳍棘和 9~10 鳍条，**前 2 根鳍棘很短，后面鳍棘多少呈丝状**，且长度自第三或第四鳍棘向后递减；臀鳍具 3 鳍棘和 8~9 鳍条；腹鳍第一鳍条延长呈丝状。侧线鳞 61~68。体呈淡红色并带银色反光，腹部色浅，头部色深；**背鳍基部后端有一深红色斑点**，并延伸远超鳞鞘；胸鳍腋下颜色较深；背鳍鳍条部分具数纵行黑点；**尾鳍呈暗红色，后缘具暗黑色窄边**；个别个体两眼间有一黄绿色带。

栖息地、生物学特征和渔业

　　栖息于多种底质的底层鱼类，但通常栖息在深度为 150 m 的岩石海底。2 龄性成熟，并于 7—9 月在几内亚湾内间歇性产卵。幼鱼以浮游生物为食，成鱼以鱼类、甲壳类及头足类为食。最大体长为 100 cm，最大体重为 8.1 kg。属于与上升流强弱有关的季节性渔业。一般通过底拖网、三层刺网及杆钓捕捞。可冰鲜、冷冻进行销售或加工成鱼粉及鱼油产品。

分布

　　东大西洋区西非沿岸自博哈多尔角至安哥拉海域（在岛屿周边海域未见分布，包括加那利群岛）；西班牙南部的加的斯沿岸亦有分布记录。

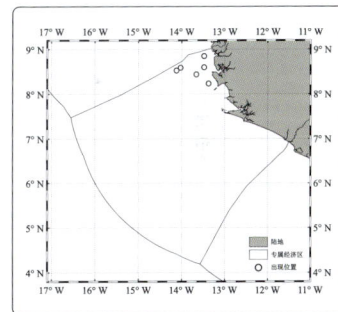

鉴定依据

《The living marine resources of the Eastern Central Atlantic, Volume 4》第 2585 页；《拉汉世界鱼类系统名典》第 238 页。

117. 贝洛氏小鲷 *Pagellus bellottii* Steindachner, 1882

英 文 名： Red pandora
俗　　名： 贝氏小鲷
分类地位： 鲈形目 Perciformes
　　　　　鲷科 Sparidae
　　　　　小鲷属 *Pagellus*

分类特征

　　体呈椭圆形，侧扁。头部轮廓略凸，成鱼从项部往后的轮廓更为陡峭，其项部具不发达的中嵴；**头顶鳞片向前延伸并超越眼前缘；颊部具鳞片，前鳃盖骨无鳞**。口小，位低，稍倾斜。**上下颌前部具尖齿，后部具臼齿 2 行**，内行较小的梳状齿带后为较尖的外行齿带。第一鳃弓下鳃耙 9~10、上鳃耙5~6。背鳍具 12 鳍棘和 11~12 鳍条；**臀鳍有 3 鳍棘和 10 鳍条，臀鳍基部长大于吻至眼后缘长**。侧线鳞 54~60。体呈鲜红色并具银色反光；体侧鳞后部常具蓝点；侧线起点和鳃盖上缘处具一暗红色小斑；胸鳍基部色深，鳍呈黄色、粉红色或灰白色；尾鳍边缘红色或橙色；口腔内部呈白色，应激时体侧出现红色横带。

栖息地、生物学特征和渔业

　　栖息于底质为硬质或沙质的海域底层，栖息深度可达 250 m，常以集群形式出现在 100 m 以浅的区域。繁殖群体约每年 5—11 月游向近岸海域进行间歇性产卵，纬度不同，繁殖期也有差异。有性逆转现象（绝大多数个体初次性成熟为雌性，随后逆转成雄性）。杂食性鱼类，且以肉食性为主（摄食甲壳类、头足类、小鱼和蠕虫）。最大体长为 42 cm，常见个体体长为 25 cm。通常与西非沿岸资源量最丰富的大眼牙鲷（*Dentex macrophthalmus*）共栖。主要渔场位于 26°N 以南，通过底拖网、杆钓和陷阱类渔具捕捞。可冷鲜、熏制或冷冻销售，也可制作鱼粉和鱼油产品。

分布

　　东大西洋区自直布罗陀海峡至安哥拉，以及加那利群岛周边海域；地中海西南部亦有分布。

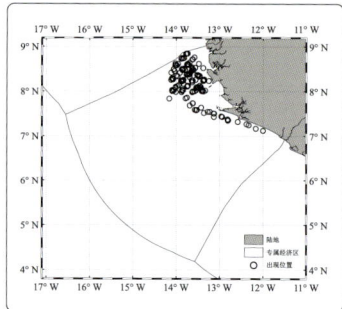

鉴定依据

　　《The living marine resources of the Eastern Central Atlantic, Volume 4》第 2605 页；《拉汉世界鱼类系统名典》第 238 页。

118. 蓝点赤鲷 *Pagrus caeruleostictus*（Valenciennes, 1830）

英 文 名： Bluespotted seabream
俗　　名： 蓝点真鲷
分类地位： 鲈形目 Perciformes
　　　　　 鲷科 Sparidae
　　　　　 赤鲷属 *Pagrus*

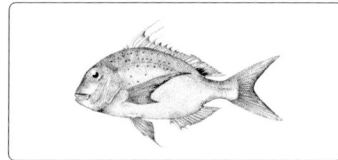

分类特征

　　体呈椭圆形，稍侧扁而高。头较大，头部上方轮廓凸出，至眼下方呈陡峭状；**颊部具鳞**，前鳃盖骨无鳞或散布若干细鳞。口小，位低，稍斜，唇厚。上下颌齿强，**前端齿犬牙状，后部齿较钝，逐渐变为臼齿状，排列成 2~3 行**。第一鳃弓下鳃耙 10~13、上鳃耙 6~7。背鳍具 11~12 鳍棘和 9~11 鳍条，**前 2 鳍棘很短，第三至第五鳍棘延长**，幼鱼的鳍棘延长呈丝状；臀鳍具 3 鳍棘和 8~9 鳍条，**第一鳍条延长呈丝状**。侧线鳞 51~54。**体呈粉红色并伴有银色反光，体背和体侧散布蓝黑色大斑**；头部尤其是眼间隔颜色较深；背鳍鳍条基部末端具一黑斑，但随年龄的增长而逐渐变浅；尾鳍粉红色，尾叉边缘黑色；余鳍蓝色或粉红色。

栖息地、生物学特征和渔业

　　底层鱼类，栖息于 150 m 水深的硬质海底。2 龄性成熟，在夏季沿着海岸线洄游至佛得角群岛北部水域进行间歇性产卵，并将鱼卵产于软底质水域。主要以双壳类为食，也摄食甲壳类及鱼类。最大体长为 90 cm，最大体重为 11.6 kg。主要在其繁殖季时捕捞。可用钓具、拖网、围网和陷阱类渔具进行捕捞。可新鲜、冷冻和烟熏食用，也可制作鱼粉和鱼油。

分布

　　东大西洋区西非沿岸自直布罗陀至安哥拉，包括加那利群岛海域；葡萄牙及地中海亦有分布。

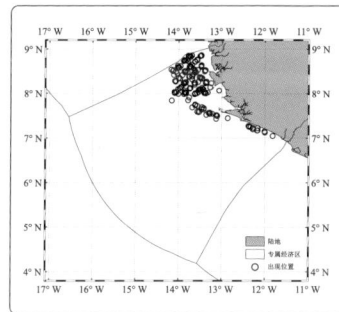

鉴定依据
　　《The living marine resources of the Eastern Central Atlantic, Volume 4》第 2610 页；《拉汉世界鱼类系统名典》第 239 页。

119. 尾斑棒鲈 *Spicara melanurus*（Valenciennes, 1830）

英 文 名： Blackspot picarel
俗 名： 小鳍棘鲈
分类地位： 鲈形目 Perciformes
　　　　　 鲷科 Sparidae
　　　　　 棒鲈属 *Spicara*

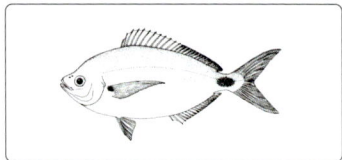

分类特征

　　体呈椭圆形，稍侧扁，体长为体高的 2.3~3.0 倍。**上颌非常突出**。两颌具细尖窄齿带。第一鳃弓下鳃耙 14~17。背鳍连续无缺刻，**具 12 鳍棘和 15~18 鳍条；臀鳍具 3 鳍棘和 15~17 鳍条。侧线鳞64~74**，尾鳍基部亦具数枚鳞片，背鳍及臀鳍基底各具低的鳞鞘。体背呈蓝银灰色，腹面呈银白色；**尾柄侧面具一大椭圆形黑斑，大小随生长而变化，幼鱼多呈鞍状斑**；胸鳍基部呈黑色；**体背纵列鳞片具有金色条纹**。

栖息地、生物学特征和渔业

　　主要分布于大陆架水深较浅的区域。最大全长 30 cm，常见个体全长 25 cm。

分布

　　东大西洋区自塞内加尔至安哥拉和佛得角群岛海域。

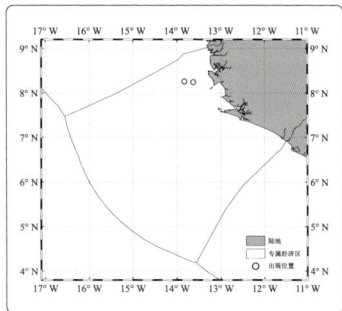

鉴定依据

　　《The living marine resources of the Eastern Central Atlantic, Volume 4》第 2140 页；《拉汉世界鱼类系统名典》第 239 页。

120. 黑斑十指马鲅 *Galeoides decadactylus*（Bloch, 1795）

英 文 名： Lesser African threadfin
分类地位： 鲈形目 Perciformes
马鲅科 Polynemidae
十指马鲅属 *Galeoides*

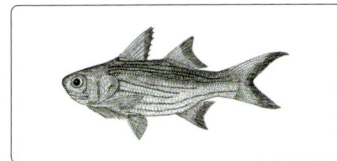

分类特征

体中大，较侧扁。**脂眼睑发达，眼径大于吻长**。上下颌、腭骨和外翼骨齿呈绒毛宽带状，**犁骨无齿**。上颌骨无鳞。**前鳃盖骨后缘具锯齿**。鼻孔每侧 2 个，相距很近。第一背鳍具 8 鳍棘；第二背鳍具 1 鳍棘和 13~14 鳍条。臀鳍具 3 鳍棘和 10~11 鳍条，**臀鳍基底长短于第二背鳍基底长**；胸鳍具 12~15 不分支鳍条；**胸鳍下方具 9~11 丝状游离鳍条**，丝状鳍条短，不达腹鳍起点；尾鳍深叉形，上下叶末端不呈丝状延长。**侧线有孔鳞 45~50**，侧线上鳞 5~6 行，侧线下鳞 7~9 行。第一鳃弓鳃耙 24~36，鳃耙数随生长逐渐减少。头和体背上侧呈褐色，下侧银色；第一、第二背鳍和尾鳍的后缘深黑色，其余部分偏黑色；腹鳍和臀鳍白色；胸鳍大部呈黑色，丝状鳍条基部白色，后端变黑色；**侧线前部下方有一约等于眼径的黑斑；沿侧线上方和下方的纵向鳞片有数条棕色纵纹**（保存样品会消失）。

栖息地、生物学特征和渔业

栖息于水深 10~70 m 的泥质海底，并常见于河口水域。以甲壳类和小鱼为食；全年可繁殖，但峰期在旱季。约 20% 的雌性个体直接从幼鱼发育而来，其余个体则从雌雄同体期发育而来。最大全长为 45 cm，常见个体全长 30 cm。作为商业性拖网渔业的重要捕捞对象之一，其渔获量占上岸量的 10%~20%。

分布

东大西洋区西非沿岸自摩洛哥至安哥拉海域；阿尔及利亚及纳米比亚偶见。

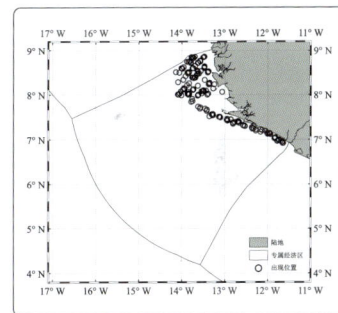

鉴定依据

《The living marine resources of the Eastern Central Atlantic, Volume 4》第 2624 页；《拉汉世界鱼类系统名典》第 239 页。

121. 五丝长指马鲅 *Pentanemus quinquarius*（Linnaeus, 1758）

英 文 名：Royal threadfin
分类地位：鲈形目 Perciformes
　　　　马鲅科 Polynemidae
　　　　长指马鲅属 *Pentanemus*

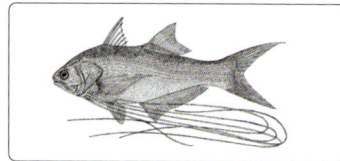

分类特征

　　体略短而侧扁。眼大，脂眼睑发达，眼径大于吻长。上下颌、腭骨和外翼骨齿呈绒毛宽带状，**犁骨无齿**。上颌骨无鳞，后端伸越脂眼睑后缘。**前鳃盖骨后缘无锯齿**。鼻孔每侧 2 个，相距很近。第一背鳍具 8 鳍棘，第二背鳍具 1 鳍棘和 14~15 鳍条；**臀鳍具 3 鳍棘和 24~30 鳍条，臀鳍基底长大于第二背鳍基底长**；胸鳍具 14~16 不分支鳍条，鳍长为体长的 30%~42%，胸鳍末端达到或接近臀鳍基底中部，胸鳍位置低于体中线，**胸鳍下方具 5 丝状游离鳍条，第一根最短，刚达或超过臀鳍起点，第二至第五丝状鳍条长度远超尾鳍后端，其中第三丝状鳍条最长**，为体长的 242%~296%；尾鳍深叉形，上下叶末端不呈丝状延长。侧线有孔鳞 68~76，侧线上鳞 8~9 行，侧线下鳞 15~16 行；侧线明显，自鳃孔上缘延伸至尾鳍中部鳍膜边缘。第一鳃弓鳃耙 47~53。头和体上侧呈金黄色，下侧呈银色；第一、第二背鳍和尾鳍边缘呈黑色；胸鳍为黄色并伴有黑色素细胞，丝状鳍条基部白色，末端黑色。

栖息地、生物学特征和渔业

　　栖息于水深 10~70 m 的泥质海底，并常见于河口处。以甲壳类和小鱼为食。旱季时出现产卵高峰。出生后 6 个月可达性成熟（体长约为 15 cm）。最大全长为 35 cm。为西非沿岸渔业最重要的捕捞对象之一，主要通过拖网进行捕捞，但有时也会通过刺网或者地拉网进行捕捞。2000—2006 年年平均捕捞量达到 2200 t。

分布

　　东大西洋区西非沿岸自塞内加尔至安哥拉海域。

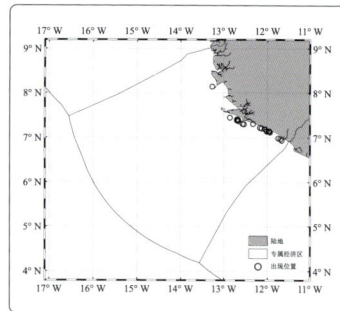

鉴定依据
　　《The living marine resources of the Eastern Central Atlantic, Volume 4》第 2626 页；《拉汉世界鱼类系统名典》第 239 页。

122. 四线多指马鲅 *Polydactylus quadrifilis*（Cuvier, 1829）

英 文 名： Giant African threadfin
俗　　名： 四线马鲅
分类地位： 鲈形目 Perciformes
　　　　　 马鲅科 Polynemidae
　　　　　 多指马鲅属 *Polydactylus*

分类特征

　　体延长，稍侧扁，吻圆突，头背枕骨轮廓近平直。眼大，**脂眼睑特别发达，遮盖眼睛**。口大，下位，口裂近水平，下颌唇发达，上颌骨后端未达或刚达脂眼睑后缘。**犁骨、腭骨和外翼骨齿排列呈绒毛宽带状**。前鳃盖骨后缘锯齿状。第一背鳍具 8 鳍棘，第二背鳍具 1 鳍棘和 13 鳍条；**臀鳍具 3 鳍棘和 11 鳍条**；胸鳍具 12~13 不分支鳍条，胸鳍末端未达腹鳍末端，**胸鳍下方具 4 丝状游离鳍条**，第一（长度最短）至第三游离鳍条末端超过腹鳍起点，但均未达腹鳍末端，第四游离鳍条最长，为体长的 27%~39%，刚达或略超过腹鳍末端；尾鳍深叉形，上下叶末端不呈丝状延长。**侧线有孔鳞 70~71**，侧线上鳞 8~9 行，侧线下鳞 11~13 行；**侧线明显，自鳃孔上缘延伸至尾鳍下叶上端**。第一鳃弓鳃耙 21~23。头部和躯干上侧略带银黑色，下侧呈浅银色，腹部白色；吻部半透明；第一和第二背鳍和尾鳍灰色，外缘呈黑色；胸鳍亮黄色，胸鳍游离鳍条白色。

栖息地、生物学特征和渔业

　　栖息于水深较浅（小于 55 m）的沙质、泥质底质水域，有时也会出现在咸淡水区域。以蟹类及其他鱼类为食。最大全长为 2 m，常见个体全长 1.5 m。为西非沿岸渔业最重要的捕捞对象之一，主要通过拖网、刺网和地拉网进行捕捞。2000—2006 年年平均捕捞量达 18 000 t。

分布

　　东大西洋区西非沿岸自塞内加尔至刚果海域。

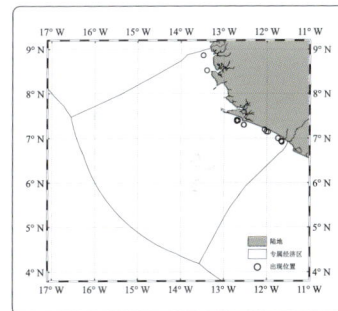

鉴定依据
　　《The living marine resources of the Eastern Central Atlantic, Volume 4》第 2628 页；《拉汉世界鱼类系统名典》第 239 页。

123. 斑鳍似牙䱛 *Pseudotolithus elongatus*（Bowdich, 1825）

英　文　名：Bobo croaker
分类地位：鲈形目 Perciformes
　　　　　石首鱼科 Sciaenidae
　　　　　似牙䱛属 *Pseudotolithus*

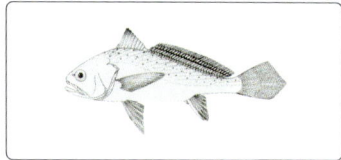

分类特征

　　体延长而侧扁。**头短而高。眼大，眼径远大于眼间隔**。口大，口裂倾斜，下颌稍突出，上颌骨后端超越眼后缘。上下颌齿小，呈窄带状，上颌外行齿和下颌内行齿稍扩大。颏部无须，具 6 个颏孔，吻部边缘具 5 个小孔。鳃耙长而细，鳃耙 19~22。前鳃盖骨边缘锯齿状，隅角处常具少许锐棘。第一背鳍具 10 鳍棘，第二背鳍具 1 鳍棘和 29~34 鳍条；**胸鳍很长，为体长的 25%~27%，按压时胸鳍末端远超腹鳍末端**；臀鳍具 2 鳍棘和 6 鳍条，**第二鳍棘粗长，约等于第一根鳍条长**；尾鳍幼鱼较尖，成鱼呈菱形。**鳔具 1 对树枝状分支，分为短的向前分支和 6 条长的管状向后分支，向后延伸至鳔中部**。矢耳石厚，沿长轴扭曲，表面颗粒感强。除头部和胸部被圆鳞外均被栉鳞。体呈银灰色带淡红色，背部常有斜纹和散布的斑点；背鳍鳍条部常有 1~3 行点状纵纹；背鳍鳍棘部末梢和尾鳍颜色较深；腹部、腹鳍，臀鳍及尾鳍下部色浅，但在产卵季节变为淡黄色；口腔内部灰白色，鳃盖骨内侧呈黑色，外部显示为一黑斑。

栖息地、生物学特征和渔业

　　栖息于泥质海底的沿海水域，主要分布范围为海岸线至水深 50 m 的区域、河口以及沿岸的潟湖。主要以甲壳类为食。最大全长为 45 cm。主要通过拖网及手工渔业对其进行捕捞。

分布

　　东大西洋区西非沿岸自塞内加尔至安哥拉海域。

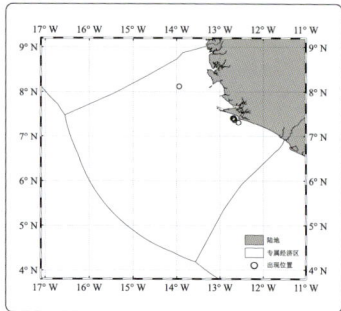

鉴定依据

　　《The living marine resources of the Eastern Central Atlantic, Volume 4》第 2643 页；《拉汉世界鱼类系统名典》第 242 页。

124. 条纹似牙𩷏 *Pseudotolithus epipercus*（Bleeker, 1863）

英 文 名： Guinea croake
分类地位： 鲈形目 Perciformes
　　　　　石首鱼科 Sciaenidae
　　　　　似牙𩷏属 *Pseudotolithus*

分类特征

　　体延长，稍侧扁而高。**眼大，眼径大于眼间隔。口小，下位，口裂近水平**，上颌骨后端延越至眼中部。上下颌齿呈绒毛带状，上颌外行齿扩大且排列紧密，下颌内行齿稍扩大。颏部无须，具 6 个颏孔，中间一对很小，**吻钝圆**，边缘有 5 个小孔。鳃耙 14~18，短于鳃丝。前鳃盖骨边缘稍凹。**第一背鳍具 9 鳍棘**，第二背鳍具 1 鳍棘和 35~39（通常为 37~38）鳍条；臀鳍具 2 鳍棘和 7 鳍条，第二鳍棘短粗，其长度约为第一鳍条长度的 1/2；尾鳍呈"S"形。**鳔具 1 对树枝状分支，分支向后远超过鳔末端**。矢耳石厚，沿长轴扭曲，表面有大的颗粒。头体除胸部和眼下方被小圆鳞外均被栉鳞。体呈深灰黑色，体侧沿鳞片行有许多波浪状斜线，延伸至头部和体下侧；**胸鳍、腹鳍和臀鳍呈深黑色**，背鳍和尾鳍的末端呈黑色；口腔顶部色深，鳃盖骨内侧呈黑色，外部显示为一黑斑。

栖息地、生物学特征和渔业

　　栖息于底质为泥质或泥沙质的沿海海域，主要栖息水深范围为 0~70 m，但也会游到水深 160 m 的水域。以底栖无脊椎动物为食。最大全长为 60 cm。通常被手工渔业或拖网渔业捕获。

分布

　　东大西洋区西非沿岸自几内亚比绍至安哥拉海域。

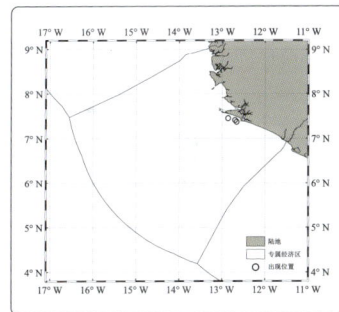

鉴定依据

　　《The living marine resources of the Eastern Central Atlantic, Volume 4》第 2645 页；《拉汉世界鱼类系统名典》第 242 页。

125. 西非似牙䱛 *Pseudotolithus moorii*（Günther, 1865）

英 文 名：Cameroon croaker
俗 名：喀麦隆似牙䱛
分类地位：鲈形目 Perciformes
　　　　　石首鱼科 Sciaenidae
　　　　　似牙䱛属 *Pseudotolithus*

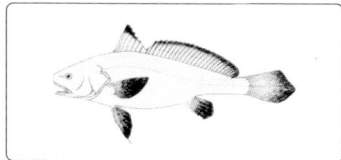

分类特征

体延长，横截面呈圆形。眼小，头长为眼径的 7~8 倍。口中大，位于头部下方，上颌骨后端伸越眼后缘。上下颌齿呈绒毛状带状，上颌外行齿扩大且排列紧密，下颌齿几相等。颏部无须，具 6 个颏孔，中间一对很小。吻很钝圆，边缘有 5 个排列紧密的小孔，上部无孔。鳃耙短粗，第一鳃弓鳃耙 14~17。前鳃盖骨边缘光滑，稍凹。**第一背鳍具 8 鳍棘（偶尔为 7）**，第二背鳍具 1 鳍棘和 25~27 鳍条；**胸鳍短宽**；臀鳍具 2 鳍棘和 7（偶尔为 6）鳍条，第二鳍棘短粗，约为第一鳍条长的 1/2；尾鳍呈菱形状，不对称。**鳔具 1 对树枝状分支，分为短的向前分支和许多的管状向后分支，沿鳔两侧向后延伸远超越鳔末端**。矢耳石厚，沿长轴扭曲，表面颗粒感强。头体均被圆鳞。头体一致呈深灰色；背鳍末端和尾鳍呈黑色。口腔顶部和鳃盖骨内侧呈黑色。

栖息地、生物学特征和渔业

栖息于底质为泥质或泥沙质的沿海海域，主要栖息水深范围为 15~70 m，以小型虾类、蠕虫及其他底栖无脊椎动物为食。最大全长为 50 cm，常见个体全长 25 cm。在其栖息海域内均有捕捞记录，但产量较低。

分布

东大西洋区西非沿岸自冈比亚至安哥拉海域。

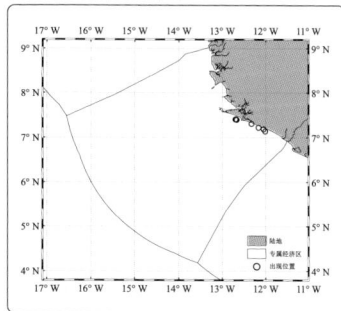

鉴定依据

《The living marine resources of the Eastern Central Atlantic, Volume 4》第 2644 页；《拉汉世界鱼类系统名典》第 242 页。

126. 塞内加尔似牙䱛 *Pseudotolithus senegalensis*（Valenciennes, 1833）

英 文 名：Cassava croaker
分类地位：鲈形目 Perciformes
　　　　　石首鱼科 Sciaenidae
　　　　　似牙䱛属 *Pseudotolithus*

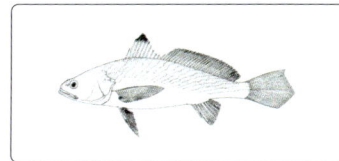

分类特征

　　体延长，稍侧扁。**眼中大，眼径小于眼间隔。口大，稍倾斜，下颌稍突出**，上颌骨后端伸越眼后缘。上颌外行齿大而锐利，前端具 1 对犬齿，下颌具数枚较大齿。颏部无须，具 6 个颏孔，吻部边缘具 5 个小孔。鳃耙 12~13，稍长于鳃丝。前鳃盖骨边缘锯齿状，隅角常具少量锐齿。第一背鳍具 10 鳍棘，第二背鳍具 1 鳍棘和 28~33 鳍条；**胸鳍长，为体长的 25%~28%，按压时胸鳍末端超越腹鳍末端**；臀鳍具 2 鳍棘和 7 鳍条，第二鳍棘长超过第一鳍条长的 1/2；尾鳍呈 "S" 形。**鳔具 1 对树枝状分支，分为短的向前分支和许多长的向后分支，沿鳔两侧向后延伸，背分支较腹分支多且长**。矢耳石厚，沿长轴扭曲，表面颗粒感强。头部除吻部和眶下部为圆鳞外均被栉鳞。体呈银灰色至淡黄色，**背部沿鳞片行有明显的深色斜波浪线，延伸至头部**，在后部变成水平纵纹；鳃盖骨内侧黑色，外部显示为一黑斑；胸鳍基部及尾鳍、臀鳍及腹鳍的末端色深。

栖息地、生物学特征和渔业

　　栖息于水深 150 m 以浅且底质为泥质或沙质的沿海海域，并经常游入河口水域。最大体长为 100 cm。

分布

　　东大西洋区西非沿岸自毛里塔尼亚至安哥拉和佛得角群岛海域，摩洛哥附近海域偶见。

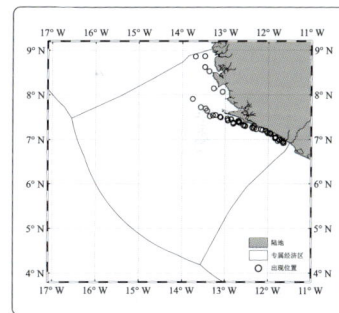

鉴定依据

　　《The living marine resources of the Eastern Central Atlantic, Volume 4》第 2645 页；《拉汉世界鱼类系统名典》第 242 页。

127. 毛里塔尼亚似牙䱛 *Pseudotolithus senegallu*（Cuvier, 1830）

英 文 名： Law croaker
俗　　名： 短须似牙䱛、西非拟牙䱛
分类地位： 鲈形目 Perciformes
　　　　　 石首鱼科 Sciaenidae
　　　　　 似牙䱛属 *Pseudotolithus*

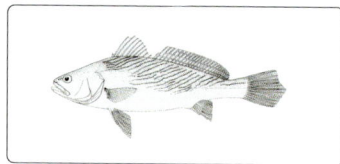

分类特征

体延长，稍侧扁。**眼中大，头长为眼径的 4.1 倍，眼径大于眼间隔；口大，口裂倾斜，下颌稍突出**，上颌骨后端超越眼中部。上颌外行齿大而锐利，**前端具 1 对犬齿**，下颌牙也具数枚较大的齿。颏部无须，具 6 个颏孔，吻部边缘具 5 个小孔。第一鳃弓鳃耙 16～18，长于鳃丝。前鳃盖骨边缘锯齿状，隅角处常具锐棘。第一背鳍具 10 鳍棘，第二背鳍具 1 鳍棘和 28～33 鳍条；**胸鳍短，为体长的 18%～20%，按压时胸鳍末端达腹鳍末端**；臀鳍具 2 鳍棘和 7 鳍条，第二鳍棘短而粗壮，不及第一鳍条长的 1/2；尾鳍呈"S"形。**鳔具 1 对树枝状分支，分为短的向前分支和十几个长的管状向后分支，沿鳔两侧向后延伸超越鳔末端**。矢耳石厚，沿长轴扭曲，表面有颗粒感。头多被圆鳞，体多被栉鳞。体呈银灰色至淡黄色，背部带红色；**体背侧具沿鳞片排列的点状斜纹**，腹侧渐模糊；胸鳍基部深色至黑色；鳃盖骨内侧色深；背鳍鳍条部位通常有 2～3 条点状纵纹。

栖息地、生物学特征和渔业

栖息于沿海水深 150 m 以浅且底质为泥质或泥沙质的海域，同时也见于沿岸的高盐度潟湖。最大全长为 230 cm，常见个体全长 30～50 cm。该种占安哥拉石首鱼科上岸量的 7%。

分布

东大西洋区西非沿岸自塞内加尔至安哥拉海域。

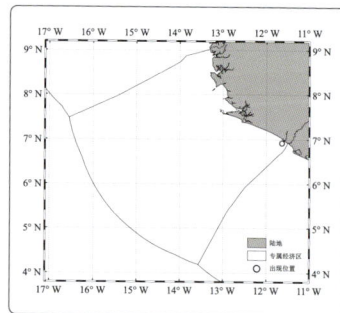

鉴定依据

《The living marine resources of the Eastern Central Atlantic, Volume 4》第 2647 页；《拉汉世界鱼类系统名典》第 242 页。

128. 长体似牙䱛 *Pseudotolithus typus* Bleeker, 1863

英 文 名： Longneck croaker
分类地位： 鲈形目 Perciformes
　　　　　 石首鱼科 Sciaenidae
　　　　　 似牙䱛属 *Pseudotolithus*

分类特征

　　身体细长，横截面呈圆形。**头部细长，呈圆锥形，项背部微凹；眼小，眼间隔很窄，眼径大于眼间隔**。口大，口裂稍倾斜，下颌稍突出，上颌骨后端超越眼后缘。两颌具细齿，上颌外行齿大而尖，前端具 1 对犬齿，下颌具 1 行较大齿；颏部无须，具 6 个小颏孔；吻部边缘具 5 个小孔。前鳃盖骨边缘光滑，隅角处具少许软棘。**第一背鳍具 9 鳍棘**，第二背鳍具 1 鳍棘和 28~32 鳍条；臀鳍具 2 鳍棘和 7 鳍条，第二鳍棘长度超过第一鳍条长度的 1/2；尾鳍呈 "S" 形。**鳔具 1 对树枝状分支，前部分支较短，后部分支较长并沿鳔两侧向后延伸，背分支较腹分支多且长**。矢耳石厚，沿长轴扭曲，表面颗粒感强。头体除吻部和眶下部被圆鳞外均被栉鳞。体呈银灰色至淡黄色，**背部沿鳞片行有点状斜线，后部水平状和波状**；鳃盖骨内侧色深，外部显示为一黑斑；背鳍鳍棘末端色深。

栖息地、生物学特征和渔业

　　栖息于水深 150 m 以浅且底质为泥质、沙质及岩质的沿海海域。每年 11 月至翌年 3 月洄游至水温为 22~25 ℃的海域产卵。最大体长为 120 cm，常见个体体长 30~50 cm。

分布

　　东大西洋区西非沿岸自摩洛哥至安哥拉海域。

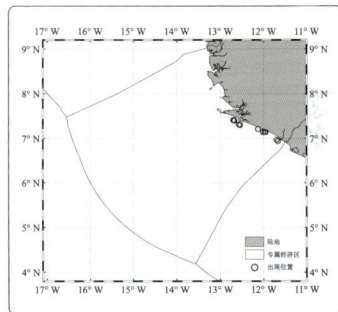

鉴定依据
　　《The living marine resources of the Eastern Central Atlantic, Volume 4》第 2648 页；《拉汉世界鱼类系统名典》第 173 页。

129. 短体翼石首鱼 *Pteroscion peli*（Bleeker, 1863）

英 文 名：Boe drum
分类地位：鲈形目 Perciformes
　　　　　石首鱼科 Sciaenidae
　　　　　翼石首鱼属 *Pteroscion*

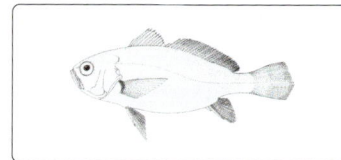

分类特征

　　体短而粗壮。**头顶具空腔，触感柔软。眼大，眼径大于眼间隔**，头长为眼径的 3.7~4.0 倍。**口大，口裂极倾斜，下颌突出**。齿呈圆锥形，1~3 行，上颌外行齿和下颌内行齿稍扩大。颏部无须，具 4 个小颏孔；吻部边缘具 5 个小孔。第一鳃弓鳃耙 23~26，长于鳃丝。前鳃盖骨边缘光滑。第一背鳍具 10 鳍棘，第二背鳍具 1 鳍棘和 26~27 鳍条；胸鳍长，为体长的 26%~28%，按压时胸鳍末端超过腹鳍末端；**臀鳍具 2 鳍棘和 9（极少为 8）鳍条**，第二鳍棘强，其长度为第一根鳍条长的 2/3；尾鳍呈菱形。**鳔具 1 对树枝状分支，每分支都分为短的向前分支和长的管状向后分支，向后延伸至鳔的 1/4 处**。矢耳石卵圆形，非常厚，表面稍有颗粒感。鳞大而薄，除吻部和眼部下方被圆鳞外，大部被栉鳞。体背呈银灰色，下侧色浅，鳃盖内背侧呈浅灰色；各鳍灰白至淡黄色，胸鳍基部具一黑斑。

栖息地、生物学特征和渔业

　　栖息于中层水域，同时在沿岸至水深 200 m 以内且底质为泥质、泥沙质的海域也有发现，但在水深 50 m 以浅水域资源更为丰富。最大全长为 35 cm，常见个体全长 20 cm。在其栖息海域内常被捕获，其渔获量占安哥拉石首鱼科总渔获量的 6%。

分布

　　东大西洋区西非沿岸自塞内加尔至安哥拉南部海域。

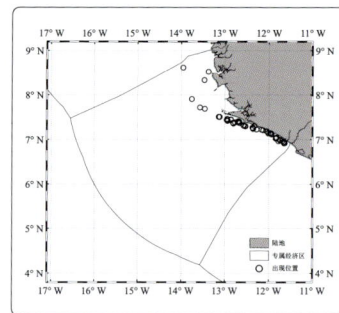

鉴定依据
　　《The living marine resources of the Eastern Central Atlantic, Volume 4》第 2649 页；《拉汉世界鱼类系统名典》第 242 页。

130. 西非拟绯鲤 *Pseudupeneus prayensis*（Cuvier, 1829）

英 文 名：West African goatfish
分类地位：鲈形目 Perciformes
　　　　　羊鱼科 Mullidae
　　　　　拟绯鲤属 *Pseudupeneus*

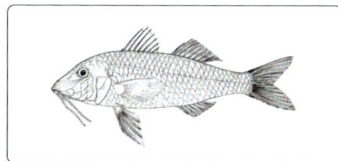

分类特征

　　体延长，稍侧扁，体长为体高的 3.5~4.0 倍。吻略尖，头背缘略微凸。**口下位，上颌骨后端不达眼前缘。两颌均有强壮的圆锥形齿**，犁骨和腭骨无齿。**颏部具 1 对长须**。**鳃盖骨后缘有一短棘**。鳃耙 22~26。第一背鳍具 8 鳍棘，稍高于第二背鳍；臀鳍具 1 鳍棘和 7~8 鳍条；胸鳍具 15~16 鳍条。侧线鳞 28~32。体呈粉红色，有 3~4 条深红至棕黄色纵带。各鳍红色，臀鳍稍白。

栖息地、生物学特征和渔业

　　栖息在水深 0~300 m 且底质为泥质或沙质的海域，但主要分布的水深范围为 0~50 m。主要以底栖无脊椎动物为食。最大体长为 55 cm，常见个体体长 35 cm。主要通过拖网进行捕捞，偶尔被刺网和缠绕网捕获。

分布

　　东大西洋区西非沿岸自摩洛哥至安哥拉海域，地中海西部偶见。

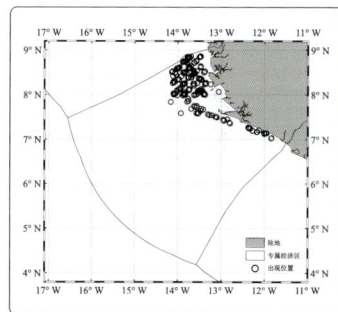

鉴定依据
　　《The living marine resources of the Eastern Central Atlantic, Volume 4》第 2660 页；《拉汉世界鱼类系统名典》第 243 页。

131. 非洲鸡笼鲳 *Drepane africana* Osório, 1892

英 文 名： African sicklefish
分类地位： 鲈形目 Perciformes
　　　　　鸡笼鲳科 Drepaneidae
　　　　　鸡笼鲳属 *Drepane*

分类特征

　　体呈菱形，侧扁而高，体高为头长的 2 倍（体长 50 cm 以上个体）。**前额轮廓非常陡峭**。眼间隔微凸。前鳃盖骨下缘具细锯齿。口小，上颌突出，唇肉质。两颌具毛刷状齿带；犁骨和腭骨无齿。**背鳍鳍棘部和鳍条部间有深凹刻，具 8~9 鳍棘和 20~21 鳍条；臀鳍具 3 鳍棘和 17~19 鳍条；胸鳍甚长，呈镰型，末端可达尾柄基部，具 15~17 鳍条**；尾鳍略呈圆形、钝楔形或双凹形，中部鳍条最长。体被中大栉鳞，侧线鳞 45~48。体呈银白色，背部颜色较深；**体侧通常具 8 条垂直暗纹**，但颜色较为模糊。

栖息地、生物学特征和渔业

　　底层鱼类，通常在水深为 20~50 m 且底质为沙质或泥沙质的海底区域形成资源丰富的渔场，有时甚至出现大规模的鱼群。以小型底栖无脊椎动物为食。最大体长为 40 cm，常见个体体长为 30 cm，该鱼在一些国家（如尼日利亚）具有重要的商业捕捞价值。主要通过拖网或围网进行捕捞。渔获物主要通过冷鲜或鱼干等产品销售，肉质鲜美。

分布

　　东大西洋区西非沿岸自毛里塔尼亚至安哥拉，以及圣多美群岛和佛得角群岛海域。

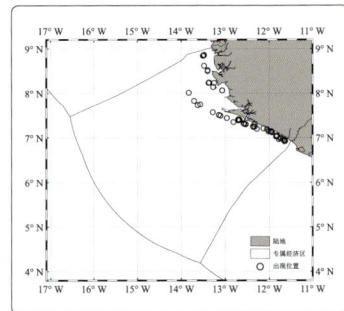

鉴定依据
《The living marine resources of the Eastern Central Atlantic, Volume 4》第 2663 页；《拉汉世界鱼类系统名典》第 245 页。

132. 强壮蝴蝶鱼 *Chaetodon robustus* Günther, 1860

英 文 名： Three-banded butterflyfish
分类地位： 鲈形目 Perciformes
　　　　　蝴蝶鱼科 Chaetodontidae
　　　　　蝴蝶鱼属 *Chaetodon*

分类特征

　　体近圆形，侧扁而高。**吻稍延长。背鳍具 11 鳍棘**和 21~24 鳍条；臀鳍具 3 鳍棘和 16~17 鳍条；胸鳍中大，具 15 鳍条。侧线鳞 38~42。体呈白色，鳞片边缘黄色；**体侧具 3 条深色横带**，第一条黑带自颈背经眼向下延伸至鳃盖下缘，第二及第三条横带宽度均宽于第一条，其中第二条横带在侧线以下边缘黄色，第三条最宽，其靠近背鳍鳍条部及尾柄处呈棕色；第一背鳍鳍棘部、臀鳍和腹鳍呈黄色；**背鳍后缘经尾柄至臀鳍后缘具一条窄白带**；尾鳍呈半透明白色；胸鳍较透明，基部呈淡黄色。

栖息地、生物学特征和渔业

　　近岸鱼类，栖息于水深 30~70 m 且底质为岩质的水域，常见于水深 40~50 m 的海域。最大全长为 14.5 cm。

分布

　　东大西洋区西非沿岸自塞内加尔至几内亚湾，以及佛得角群岛和圣多美群岛海域，毛里塔尼亚附近海域可能也有分布。

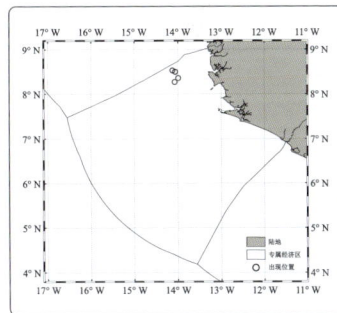

鉴定依据

　　《The living marine resources of the Eastern Central Atlantic, Volume 4》第 2670 页；《拉汉世界鱼类系统名典》第 245 页。

133. 海栖前颌蝴蝶鱼 *Prognathodes marcellae*（Poll, 1950）

英 文 名： Marcella butterflyfish
俗　　名： 马氏蝴蝶鱼
分类地位： 鲈形目 Perciformes
　　　　　蝴蝶鱼科 Chaetodontidae
　　　　　前颌蝴蝶鱼属 *Prognathodes*

分类特征

　　体侧扁而高。吻较长。**背鳍具 13 鳍棘和**19~20 鳍条；臀鳍具 3 鳍棘和 15~16 鳍条；胸鳍中大，具 13~14 鳍条。侧线鳞 39~44。体呈淡黄色，**体侧具 2 条黑带；第一条自项背向下延伸至口角，第二条自背鳍鳍条部基部向下延伸至臀鳍基部**，幼体可能不明显。背鳍、臀鳍及尾柄呈黄色；尾鳍呈半透明黄色；胸鳍透明；腹鳍呈黄色。

栖息地、生物学特征和渔业

　　沿岸鱼类，栖息于水深 12~140 m 的海域，在水深 35~40 m 的区域较为常见。偏好生活在水温较低、上升流经过的陆坡处，但在水深更深的软底质海底也有分布记录。该物种以配偶制进行繁殖。最大全长为 14 cm。

分布

　　东大西洋区西非沿岸自塞内加尔至几内亚湾及佛得角群岛海域，安哥拉也有分布记录。

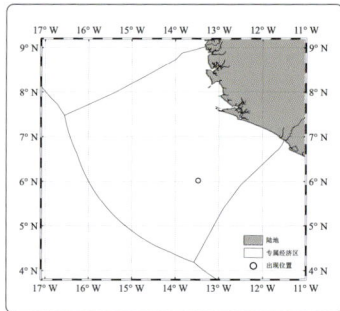

鉴定依据
　　《The living marine resources of the Eastern Central Atlantic, Volume 4》第 2673 页；《拉汉世界鱼类系统名典》第 246 页。

134. 非洲刺蝶鱼 *Holacanthus africanus* Cadenat, 1951

英文名： Guinean angelfish

俗　名： 西非神仙

分类地位： 鲈形目 Perciformes

　　　　 刺盖鱼科 Pomacanthidae

　　　　 刺蝶鱼属 *Holacanthus*

分类特征

　　体近圆形，侧扁。吻部略长。**前鳃盖骨后下角具一强棘**。背鳍具 14 鳍棘和 19~20 鳍条；臀鳍具 3 鳍棘和 20~21 鳍条；胸鳍中大，具 18 鳍条。侧线鳞 42~49。**体呈黄褐色，并伴有 3 条交替分布的横带**，分别呈棕色、黄白色和褐色；**胸鳍基底上方具一黑斑**；吻部和鳍均呈黄色。幼鱼体色呈蓝色，体侧有 1 条垂直分布的白色横带，吻部和尾鳍均呈橙色；随生长体渐变成褐色，鳍由橙色渐变成褐色。

栖息地、生物学特征和渔业

　　近岸鱼类，主要栖息于水深 1~40 m 且底质为岩石的区域，偶见于观赏鱼市场。最大全长 45 cm。

分布

　　东大西洋区西非沿岸自塞内加尔至刚果，以及佛得角群岛、圣多美群岛海域，在加纳附近海域较为常见，安哥拉及纳米比亚亦有分布记录。

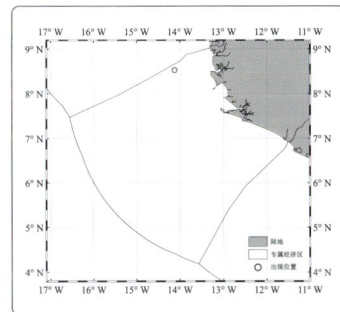

鉴定依据

　　《The living marine resources of the Eastern Central Atlantic, Volume 4》第 2678 页；《拉汉世界鱼类系统名典》第 247 页。

135. 少辐赤刀鱼 *Cepola pauciradiata* Cadenat, 1950

英 文 名： Guinean bandfish
俗　　名： 几内亚赤刀鱼
分类地位： 鲈形目　Perciformes
　　　　　 赤刀鱼科　Cepolidae
　　　　　 赤刀鱼属 *Cepola*

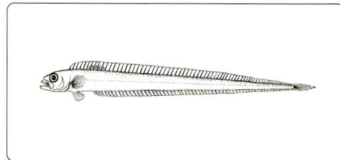

分类特征

体延长，侧扁，呈带状，至尾部逐渐变细，体长为体高的 12.5~20.0 倍。头短。吻稍倾斜。眼较大。两颌各有一行间距较宽的细齿。**背鳍连续，基部长，具 2~3 细长柔软的鳍棘和 55~61 鳍条**，背鳍起点位于头部稍后方并延伸至尾鳍；胸鳍短圆；腹鳍起点位于胸鳍基部，具 1 鳍棘和 5 鳍条；臀鳍基部长，具 1 细长的棘和 46~62 鳍条；尾鳍呈披针形，并通过鳍膜与背鳍和臀鳍相连，具 12 鳍条。侧线位高，近背鳍基部并延续至背鳍的末端。侧线鳞 53~63。体一般呈红色、橙色或淡黄色。

栖息地、生物学特征和渔业

栖息于深度为 25~1100 m 且底质为泥质或细沙质的海域，躲藏于由其自己挖掘的洞穴中，偶尔会游至空旷区域。主要以浮游动物、小型甲壳类和毛颚类为食。最大全长为 23 cm。在西非沿岸，通常为拖网兼捕物种。可食用，也可加工成鱼粉或鱼油制品。

分布

东大西洋区西非沿岸自塞内加尔至安哥拉海域。

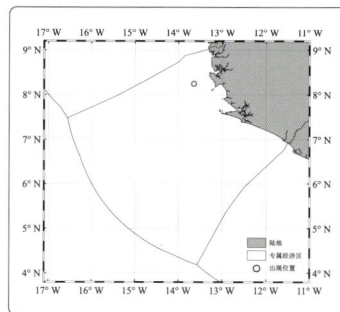

鉴定依据

《The living marine resources of the Eastern Central Atlantic, Volume 4》第 2692 页；《拉汉世界鱼类系统名典》第 249 页。

136. 卡氏光鳃鱼 *Chromis cadenati* Whitley, 1951

英 文 名： Cadenat's chromis
分类地位： 鲈形目 Perciformes
　　　　　 雀鲷科 Pomacentridae
　　　　　 光鳃鱼属 *Chromis*

分类特征

　　体呈卵圆形，侧扁而高，体高为体长的 40.3%~44.7%。第一鳃弓下鳃耙 23~25。**背鳍具 14 鳍棘和 11 鳍条**；臀鳍具 2 鳍棘和 11（很少为 10 或 12）鳍条，臀鳍第二鳍棘短于臀鳍最长鳍条；胸鳍通常具 20（偶尔为 19 或 21）鳍条；尾鳍叉形。侧线鳞 18~20（通常为 20）。体背呈黄色或金棕色，腹侧银色且腹部具银色条纹；腹侧鳞片均具深色边缘，中心灰白色，**排列呈纵带状**（侧线下有 5~7 条）；**背鳍和臀鳍黄色且具蓝色边缘；尾鳍上下部黄色**，中部鳍条色暗；**胸鳍基有一黑斑**，仅延伸至胸鳍基上部。

栖息地、生物学特征和渔业

　　栖息于沿岸浅水区（水深至 70 m）。群居性鱼类，以浮游生物和小型底栖甲壳类为食。筑巢，由雄鱼守护。主要在塞内加尔和加纳的浅水区（20~70 m）被捕获。捕捞的网具包括钓具、围网和拖网。主要以新鲜、熏制和腌制的产品在市场销售。

分布

　　东大西洋区西非沿岸塞内加尔、几内亚、几内亚比绍、利比里亚、加纳和加蓬海域。

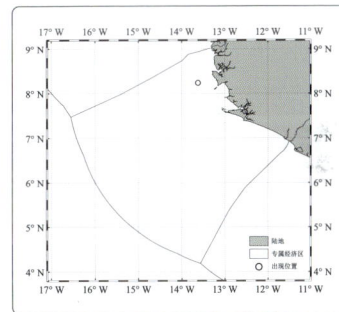

鉴定依据

　　《The living marine resources of the Eastern Central Atlantic, Volume 4》第 2720 页；《拉汉世界鱼类系统名典》第 267 页。

137. 黑纹普提鱼 *Bodianus speciosus*（Bowdich, 1825）

英 文 名： Blackbar hogfish
俗　　名： 黑纹狐鲷
分类地位： 鲈形目 Perciformes
　　　　　 隆头鱼科 Labridae
　　　　　 普提鱼属 *Bodianus*

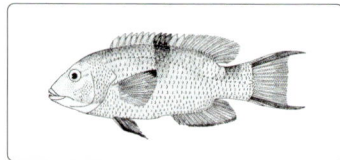

分类特征

　　体长椭圆形，侧扁。头背部轮廓较直，但较大个体轮廓更为弯曲。吻锐尖，**上下颌凸出，前端各具 2 对大犬齿**，上颌后部两侧各有一枚大而弯曲的犬齿。背鳍连续，具 12 鳍棘和 10 鳍条，鳍棘和鳍条几等长，鳍后端圆形至尖形，成体不延长呈丝状；胸鳍具 2 不分支鳍条和 15（少数 14 或 16）分支鳍条；**成鱼腹鳍、尾鳍上下叶末端延长呈丝状**。侧线鳞 33~34；侧线连续，与背缘平行。**成鱼体呈红色，在背鳍最后几根鳍棘下方有一条紫黑带**；除了较大个体的成鱼外，背鳍鳍条部的下方有一白斑；头部和体下侧呈黄白色和白色；颊部有许多橙色小斑点，**背鳍和臀鳍红色，鳍条边缘黑色**；胸鳍末端黑色。**幼鱼体呈紫色，头部亮黄色**，背鳍最后一鳍棘后有一大黑斑。

栖息地、生物学特征和渔业

　　偏好于沿海至 70 m 水深且底质为岩石的海域，但在海草覆盖的海底区域也有发现。最大体长为 48 cm。通过拖网兼捕、杆钓、陷阱及鱼叉（人工潜水）等方式捕捞。其渔获产品通过新鲜保存进入市场销售。

分布

　　佛得角群岛周边及沿西非海岸至安哥拉之间的海域。

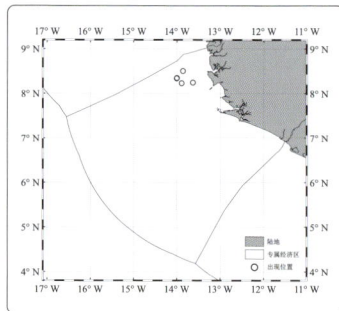

鉴定依据

　　《The living marine resources of the Eastern Central Atlantic, Volume 4》第 2747 页；《拉汉世界鱼类系统名典》第 173 页。

138. 大西洋盔鱼 *Coris atlantica* Günther, 1862

英 文 名： Atlantic wrasse
分类地位： 鲈形目 Perciformes
隆头鱼科 Labridae
盔鱼属 *Coris*

分类特征

体呈长椭圆形，侧扁。头背面轮廓略弯曲。吻锐尖。上下颌前端各有 1 对大犬齿，后部无犬齿。**背鳍连续，具 9 鳍棘和 12 鳍条**，背鳍的前部鳍棘不延长，向后逐渐增长，第六或第七鳍棘最长；**腹鳍第一鳍条延长呈丝状**，后端伸达肛门；尾鳍后缘圆形。体呈橄榄色；**体侧有 2 条宽深色纵带**，一条沿背部，在背鳍处色深，另一条自胸鳍至尾柄基部；头部自眼至鳃盖缘有 1 条棕色窄纵带，后部分叉；**鳃盖末端有一黑斑**；背鳍和臀鳍鳍膜淡黄色，边缘偏黑色，沿中部有一紫色宽纵带；腹鳍延长鳍条黑色；尾鳍后部颜色较深。

栖息地、生物学特征和渔业

常见于岩石底质的浅水区和海草边缘区域（水深 1~120 m）。主要以小型甲壳类和软体动物为食。通常在沿岸水域被捕获，但数量较少。主要通过杆钓和鱼叉（人工潜水）进行捕捞。其渔获产品通过新鲜保存进入市场销售。

分布

东大西洋区西非沿岸佛得角群岛至加蓬洛佩斯角海域。

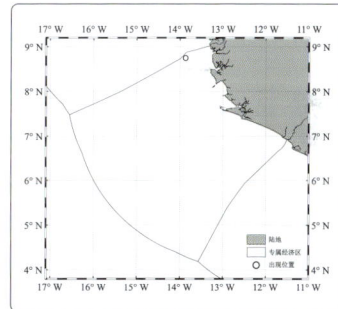

鉴定依据

《The living marine resources of the Eastern Central Atlantic, Volume 4》第 2748 页；《拉汉世界鱼类系统名典》第 272 页。

139. 条尾连鳍唇鱼 *Xyrichtys novacula*（Linnaeus, 1758）

英 文 名： Pearly razorfish
俗　　名： 珠斑离鳍鱼
分类地位： 鲈形目 Perciformes
　　　　　 隆头鱼科 Labridae
　　　　　 连鳍唇鱼属 *Xyrichtys*

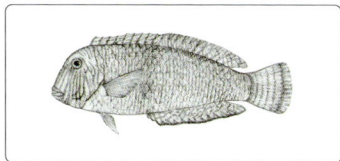

分类特征

　　体高，较侧扁。头背部轮廓呈圆形。**吻部背缘呈锐崤状，成鱼吻部轮廓近垂直**。上下颌前端各具1对较大犬齿，后部无齿。**背鳍连续，始于眼后上方**，具 9 鳍棘（第一、二鳍棘较其他鳍棘柔软）和 12 鳍条；无特别延长的鳍棘或鳍条。侧线有孔鳞 29，头侧眼下方和眼后部大部裸露，鳞片未延伸到背鳍和臀鳍基部；**侧线在体后部尾柄处中断**。大个体的背部呈暗绿色，侧面橙黄色，各鳞均蓝斑；胸鳍后方有 1 条垂直的红色条纹；头下方和眼后部有许多交替分布的蓝色和橙色垂直条纹；背鳍和臀鳍后方及尾鳍也有类似条纹，在非常大的个体中鳍上条纹不明显。

栖息地、生物学特征和渔业

　　栖息于水深 1~90 m 且底质为泥沙的清澈水域中，分布区常伴有海草或珊瑚礁。可通过潜入海底泥沙并钻入底部来躲避敌害。主要以软体动物为食，有时也会摄食蟹类和虾类。最大全长为 38 cm。主要通过杆钓和鱼叉（人工潜水）进行捕捞，偶尔被拖网捕获。

分布

　　东大西洋区自葡萄牙至加蓬的洛佩斯角南部，以及亚速尔群岛、马德拉群岛、加那利群岛海域；地中海亦有分布。

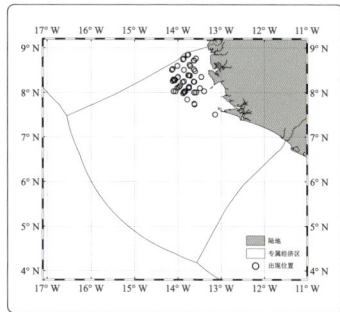

鉴定依据

　　《The living marine resources of the Eastern Central Atlantic, Volume 4》第 2758 页；《拉汉世界鱼类系统名典》第 275 页。

140. 塞内加尔尼氏鹦嘴鱼 *Nicholsina collettei*（Schultz, 1968）

英 文 名： Emerald parrotfish
俗　　名： 科利尼氏鹦嘴鱼
分类地位： 鲈形目 Perciformes
　　　　　 鹦嘴鱼科 Scaridae
　　　　　 尼氏鹦嘴鱼属 *Nicholsina*

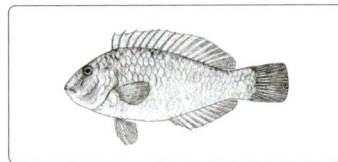

分类特征

体呈长椭圆形，体长为体高的 3.0~3.2 倍。**前鼻孔边缘略隆起**。吻部稍尖。**两颌齿仅在基部融合，不完全愈合成齿板**。胸鳍鳍条 13；尾鳍外缘略圆。**鳃耙 12~13**。背鳍起点前方正中鳞片 4~5；颊部具鳞 1 行。体背部具橄榄绿色斑块，体侧鳞片边缘呈淡红色，中心呈蓝白色；头部口以下为黄色；颊部具 2 条橙红色窄斜带；奇鳍呈淡红色，背鳍前部具一黑斑。

栖息地、生物学特征和渔业

栖息于海底海草床内，通常出现在水深较浅的水域，但在水深 80 m 的海域也有捕获记录。草食性鱼类，主要以海草为食，但也可能通过摄食小型无脊椎动物获取所需的营养。最大全长为 30 cm。

分布

东大西洋区西非沿岸自塞内加尔至安诺邦岛（未至加蓬附近海域）海域。

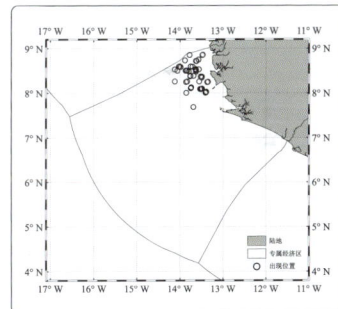

鉴定依据
《The living marine resources of the Eastern Central Atlantic, Volume 4》第 2736 页；《拉汉世界鱼类系统名典》第 276 页。

141. 铠龙䲢 *Trachinus armatus* Bleeker, 1861

英 文 名： Guinean weever
俗　 名： 斜纹龙䲢、几内亚䲢
分类地位： 鲈形目 Perciformes
　　　　　 龙䲢科 Trachinidae
　　　　　 龙䲢属 *Trachinus*

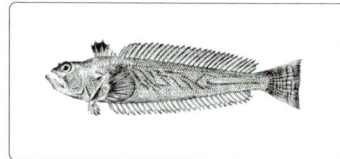

分类特征

　　体延长，侧扁，体长为体高的 4.4~4.7 倍。眼中大，近头背部，头长为眼径的 3.7~4.2 倍。吻非常短，眼后头长为吻长的 3.0~3.4 倍。口大，口裂倾斜，不突出，口闭时上颌骨末端刚伸超眼后缘。两颌具绒毛状齿带；犁骨及腭骨均具齿。**鳃盖骨具一强毒棘**。眶前骨、吻部和前鳃盖骨亦具棘。**第一鳃弓下鳃耙 14**。背鳍 2 个，第一背鳍短，具 6 鳍棘，第二背鳍较长，具 29~30 鳍条；臀鳍具 2 鳍棘和 29~30 鳍条，鳍条长与背鳍鳍条长几相等。鳞小，侧线鳞 75~77，颊部具鳞。体呈浅棕色，背部颜色较深；**胸鳍上方和后方具约等于眼径的蓝色或黑色斑块，体侧具深色的斜纹，体前部呈波浪形，后部呈水平状**；背鳍多为深灰色或黑色。

栖息地、生物学特征和渔业

　　栖息于浅水区的海草床或泥沙底质的洞穴内，主要分布水深范围为 15~150 m，但常见于 50 m 以浅的区域和水深小于 50 m 的水层内。背鳍第一鳍棘和鳃盖骨棘有毒。主要以小型无脊椎动物（甲壳类）和小型鱼类为食。最大全长为 35 cm，常见个体全长为 25 cm。主要通过底拖网钓、陷阱等方式进行捕捞，但其渔业资源并不丰富。渔获物主要以鲜鱼进入市场。

分布

　　东大西洋区西非沿岸自毛里塔尼亚至纳米比亚及佛得角群岛海域。

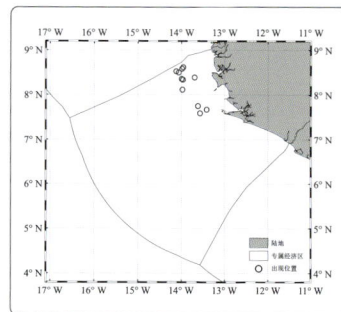

鉴定依据

　　《The living marine resources of the Eastern Central Atlantic, Volume 4》第 2774 页；《拉汉世界鱼类系统名典》第 286 页。

142. 科氏龙螣 *Trachinus collignoni* Roux, 1957

英文名： Sailfin weever
俗　　名： 高鳍龙螣、科氏螣
分类地位： 鲈形目 Perciformes
　　　　　 龙螣科 Trachinidae
　　　　　 龙螣属 *Trachinus*

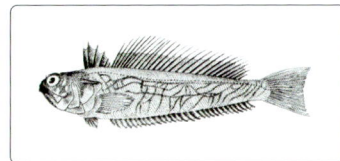

分类特征

　　体延长，较侧扁。眼中大，近头背部，头长约为眼径的 4 倍。口大，口裂倾斜，不突出。吻短。两颌具绒毛状齿带；犁骨和腭骨均具齿。鳃盖骨具强毒棘；眶前骨具棘。第一鳃弓下鳃耙 13。背鳍 2 个，第一背鳍短，具 6 鳍棘，第二背鳍较长，具 27 较长的鳍条，**鳍条末端超出背鳍鳍膜，鳍条长为臀鳍鳍条长的 2 倍；臀鳍具 27~29 鳍条**。鳞小，侧线鳞 73。**体呈浅棕色，体侧具不规则深色网状纹；第一背鳍无黑点。**

栖息地、生物学特征和渔业

　　栖息于沿岸软底质的浅水水域，第一背鳍鳍棘及鳃盖棘有毒。最大全长为 20 cm，常见个体全长为 15 cm。主要通过底拖网进行捕捞，但其渔业资源并不十分丰富。

分布

　　东大西洋区西非沿岸自塞内加尔至安哥拉中部及佛得角群岛海域。

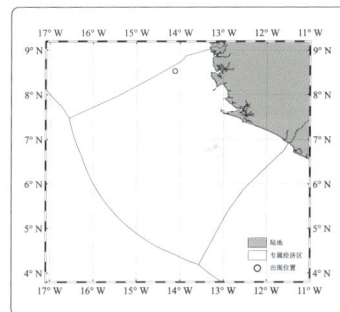

鉴定依据

　　《The living marine resources of the Eastern Central Atlantic, Volume 4》第 2775 页；《拉汉世界鱼类系统名典》第 286 页。

143. 褐斑龙䲢 *Trachinus radiatus* Cuvier, 1829

英 文 名： Starry weever
俗　 名： 星斑䲢
分类地位： 鲈形目 Perciformes
　　　　　龙䲢科 Trachinidae
　　　　　龙䲢属 *Trachinus*

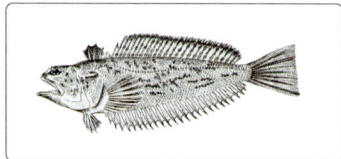

分类特征

　　体延长，较侧扁，体长约为体高的 4 倍。眼小，头长约为眼径的 5 倍；眼间隔约为眼径的 1/2。口大，口裂倾斜，不突出，口闭时上颌骨后端伸越眼后缘。吻短，吻长约为眼后头长的 1/3。两颌具绒毛状齿带；犁骨和腭骨均具齿。鳃盖骨具强毒棘，眶前骨具棘，**前鳃盖骨无棘，眼后方头顶具 5 组放射状棱嵴。第一鳃弓下鳃耙 6~7**。背鳍 2 个，第一背鳍短，具 6~7 鳍棘，第二背鳍较长，具 24~29（通常为 25）鳍条；臀鳍具 2 鳍棘和 25~29 鳍条，鳍条长与背鳍鳍条长约相等。鳞小，侧线鳞 69（不含尾柄鳞），颊部具鳞。**头体呈白色，散布许多棕色斑点和纹路；第一背鳍大部呈黑色，背鳍和臀鳍鳍条部具灰色斑点。**

栖息地、生物学特征和渔业

　　栖息于沿岸至水深 150 m 的大陆架且底质为泥沙质的区域，并将自己埋于泥沙中。其第一背鳍鳍棘和鳃盖骨棘有毒。以小型无脊椎动物（甲壳类）和小型鱼类为食。最大全长为 45 cm，常见个体全长为 25 cm。主要通过底拖网或手工渔业方式进行捕捞。无单独的渔业统计数据。以鲜鱼进入市场销售。

分布

　　东大西洋区西非沿岸自直布罗陀至安哥拉海域，向北延伸至地中海及葡萄牙沿岸水域。

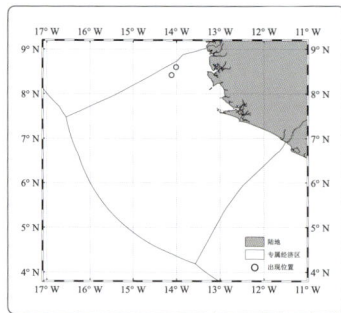

鉴定依据

The living marine resources of the Eastern Central Atlantic, Volume 4》第 2779 页；《拉汉世界鱼类系统名典》第 286 页。

144. 白点䲢 *Uranoscopus polli* Cadenat, 1951

英 文 名： Whitespotted stargazer
分类地位： 鲈形目 Perciformes
　　　　　 䲢科 Uranoscopidae
　　　　　 䲢属 *Uranoscopus*

分类特征

　　体粗状，后部略侧扁，体长为体高的 3.9~4.3 倍。头大，后部平坦，头长为头高的 1.1~1.3 倍，体长为头长的 2.8~2.9 倍。眼小，位于头背，头长为眼径的 5.7~6.1 倍；**眼间隔宽，头长为眼间隔的 5.2~5.4 倍；眼后头长为吻长的 4.6~5.0 倍**。口裂垂直，唇缘呈流苏状；**口内在下颌后缘有一线状触须，其长度等于眼径**。上下颌前部各具齿 2 行；犁骨具 2 齿群。前鳃盖骨下缘具 4 棘，下鳃盖骨具 1 棘；**头长为肱棘的 4.8~5.1 倍，体两侧各具 3 个肩棘**。鳃孔大，头长为鳃孔上角间距的 1.9~2.2 倍。**第一背鳍具 4 鳍棘，第二背鳍具 14 鳍条；臀鳍具 14 鳍条。侧线鳞 58~60**。体背部和体侧呈红棕色，**散布白色斑点**，腹部呈白色；**第一背鳍黑色，其第一鳍棘基部呈白色；口部触须边缘黑色**。

栖息地、生物学特征和渔业

　　栖息于泥、沙底质水域，偶尔也栖息在岩质海底。主要以鱼类为食。最大全长为 35 cm，常见个体全长为 30 cm。一般为拖网渔业的兼捕渔获物。以鲜鱼或鱼干进入市场销售，或者加工成鱼粉产品。

分布

　　东大西洋区西非沿岸自几内亚至刚果和佛得角群岛海域。

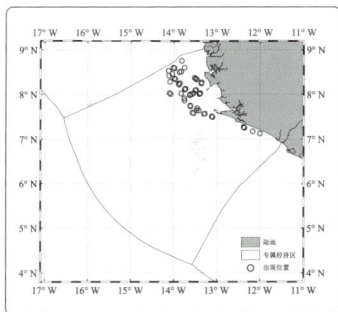

鉴定依据

　　《The living marine resources of the Eastern Central Atlantic, Volume 4》第 2791 页；《拉汉世界鱼类系统名典》第 286 页。

145. 律氏棘白鲳 *Chaetodipterus lippei* Steindachner, 1895

英 文 名： West African spadefish
俗　　名： 利氏白鲳
分类地位： 鲈形目 Perciformes
　　　　　 白鲳科 Ephippidae
　　　　　 棘白鲳属 *Chaetodipterus*

分类特征

　　体高，呈圆形，甚侧扁。头部较短，头长小于体长的 1/2。眼位于口裂水平线上方。口小，**上颌后端不达眼前缘下方**，上颌不突出。上下颌具细长的齿带，齿带长有单排针尖状齿；犁骨和腭骨无齿。**前鳃盖骨边缘具弱锯齿。背鳍具 9 鳍棘和 21 鳍条**，第三鳍棘较长，且第三及第四鳍棘较粗；臀鳍具 3 较粗的鳍棘和 15~17 鳍条，第二鳍棘长于第三鳍棘；胸鳍长短于头长；**腹鳍具 1 鳍棘和 5 鳍条，第一鳍条延长，长于胸鳍长及头长**；尾鳍截形，后缘略呈双凹形。侧线鳞 50。头体呈银色，**体侧具 5~7 条黑色横带，第一条位于头部，自眼间隔经眼至颊部，第二条自项部至腹鳍基，最后一条为尾柄上的鞍状斑；腹鳍略带黑色，背鳍、臀鳍和尾鳍色暗。**

栖息地、生物学特征和渔业

　　底层鱼类，栖息于河口和沿岸各类底质的浅水区域，其栖息水深为 10~45 m。主要以底栖无脊椎动物为食。最大全长为 30 cm。一般通过底拖网及大网目刺网等网具捕捞。不属于当地重要经济鱼种。

分布

　　东大西洋区西非沿岸自几内亚湾至安哥拉海域，尼日尔河河口亦有分布记录。

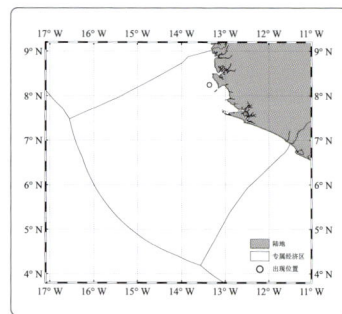

鉴定依据
　　《The living marine resources of the Eastern Central Atlantic, Volume 4》第 2849 页；《拉汉世界鱼类系统名典》第 319 页。

146. 高伦白鲳 *Ephippus goreensis* Cuvier, 1831

英 文 名： East Atlantic African spadefish
分类地位： 鲈形目 Perciformes
　　　　　 白鲳科 Ephippidae
　　　　　 白鲳属 *Ephippus*

分类特征

体高，呈圆形，甚侧扁。头部较短，头长小于体长的 1/2。眼位于口裂水平线上方。口小，**上颌后端不达眼前缘下方**，上颌不突出。上下颌具细长的齿带，齿带长有单排针尖状齿；犁骨和腭骨无齿。**前鳃盖骨边缘具弱锯齿。背鳍具 9 鳍棘和 18~20 鳍条**，第二至第五鳍棘延长呈丝状，鳍膜深凹；**臀鳍具 3 鳍棘和 15~18 鳍条**；尾鳍后缘呈双凹形。侧线鳞 55~65。**头体呈银色，体侧具 6~7 条深色横带，第一条位于头部，自眼间隔经眼至颊部，第二条自项部至腹鳍基，最后一条为尾柄上的鞍状斑；腹鳍略带黑色，背鳍、臀鳍和尾鳍色暗。**

栖息地、生物学特征和渔业

底层鱼类，栖息于河口和沿岸各类底质的浅水区域，栖息水深 10~45 m。以底栖无脊椎动物为食。最大全长为 30 cm。一般通过底拖网及大网目刺网等网具捕捞。不属于重要经济鱼种。

分布

东大西洋区西非沿岸自塞内加尔至加蓬，以及佛得角群岛、圣多美群岛和普林西比群岛海域；地中海亦有分布记录。

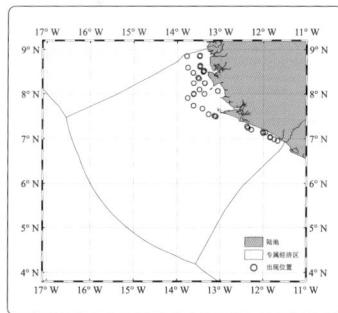

鉴定依据

《The living marine resources of the Eastern Central Atlantic, Volume 4》第 2850 页；《拉汉世界鱼类系统名典》第 319 页。

147. 尾斑刺尾鱼 *Acanthurus monroviae* Steindachner, 1876

英 文 名： Monrovia doctorfishr
俗　　名： 尾斑刺尾鲷
分类地位： 鲈形目 Perciformes
　　　　　 刺尾鱼科 Acanthuridae
　　　　　 刺尾鱼属 *Acanthurus*

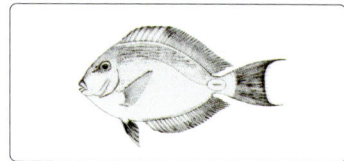

分类特征

　　体稍侧扁，体长约为体高的 2 倍。口小，不突出。**尾柄两侧各具一平卧于沟中的柳叶刀状尖棘**。齿呈匙形，排列紧密，边缘锯齿状，成鱼上颌齿 18 枚，下颌齿 19 枚。**背鳍连续无缺刻，具 9 鳍棘和 25~27 鳍条**；臀鳍具 3 鳍棘和 24~26 鳍条；胸鳍具 17 鳍条；**尾鳍深凹**，随生长尾鳍凹陷加深。体呈深褐色，具不规则波浪状蓝色和浅黄色纵纹，体前 1/3 上部纵纹更明显。**尾柄处围尖棘周边具椭圆形的亮黄色斑块**。

栖息地、生物学特征和渔业

　　植食性鱼类，但也捕食小型底栖无脊椎动物和浮游生物作为补充食物。最大体长为 45 cm，常见个体体长为 25 cm。主要使用陷阱类渔具和刺网捕捞。仅在生计渔业中占重要地位。

分布

　　分布于东大西洋区西非沿岸自摩洛哥南部至安哥拉，以及加那利群岛、佛得角群岛和圣多美群岛海域；地中海和巴西东南部海域亦有分布记录。

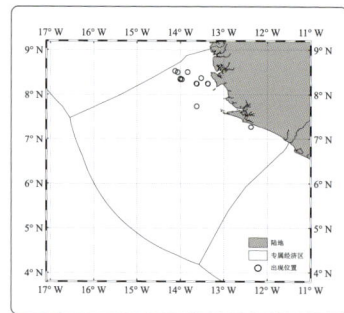

鉴定依据

　　《The living marine resources of the Eastern Central Atlantic, Volume 4》第 2859 页；《拉汉世界鱼类系统名典》第 320 页。

148. 鲭鲈 *Scombrolabrax heterolepis* Roule, 1921

英 文 名： Longfish escolars
俗　　名： 长鳍带鲭
分类地位： 鲈形目 Perciformes
　　　　　鲭鲈科 Scombrolabracidae
　　　　　鲭鲈属 *Scombrolabrax*

分类特征

　　体稍延长，稍侧扁。头大。**眼特大，眼径几等于吻长**，眼间隔平坦。口大，稍倾斜。下颌略突出于上颌。上下颌具强侧齿，上颌较下颌多且小，上颌前端有 2~3 大犬齿；犁骨有几枚小齿，腭骨有 1 行小齿。鼻孔每侧 2 个。第一鳃弓下肢具 4~5 个发达的齿状鳃耙，上肢约有 10 簇细刺，第一鳃弓角有 1 个大齿状鳃耙。背鳍 2 个，第一背鳍起点稍后于胸鳍基部，第一背鳍具 12 鳍棘，第二背鳍具 1 鳍棘和 14~15 鳍条，第一背鳍基部长约为第二背鳍的 2 倍；臀鳍具 2 鳍棘和 16~18 鳍条，与第二背鳍同形相对；**胸鳍非常长，末端几伸达臀鳍起点**；腹鳍发育良好，始于胸鳍起点下方；尾鳍叉形，中等大小。鳞片大小和形状不规则，侧线鳞 44~49；**侧线 1 条，紧贴背缘，止于第二背鳍末端略前方**。体呈均匀深褐色，无明显的斑纹；鳍深色；口腔黑色。

栖息地、生物学特征和渔业

　　栖息于 100~900 m 的大陆架边缘和大陆坡。发现于金枪鱼、剑旗鱼、蛇鲭等种类的胃含物中，详细的生物学特征未知。无商业性捕捞，偶尔被拖网捕获。

分布

　　广泛分布于大西洋、印度洋和太平洋的热带和亚热带海域，东太平洋和东南大西洋除外。

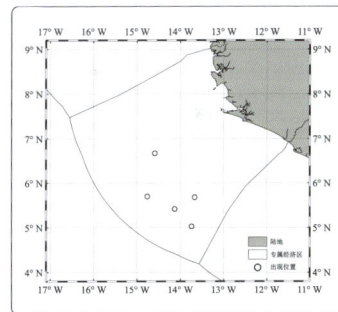

鉴定依据
　　《The living marine resources of the Eastern Central Atlantic, Volume 4》第 2863 页;《拉汉世界鱼类系统名典》第 321 页。

149. 横纹魣 *Sphyraena afra* Peters, 1844

英 文 名：Guinean barracuda
俗　　名：横纹金梭鱼、几内亚魣
分类地位：鲈形目 Perciformes
　　　　　魣科 Sphyraenidae
　　　　　魣属 *Sphyraena*

分类特征

　　体延长，稍侧扁。体长约为体高的 5 倍。头大。吻尖长。眼间隔平坦或凹陷。**鳃盖骨边缘末端具 2 棘**。口大。下颌前端无肉质突起，上颌骨后端伸达或接近眼前缘。**上下颌齿强壮、尖锐、侧扁，幼鱼和成鱼下颌齿直立（不向后倾斜）**；腭骨具齿，鳃耙齿状，耙齿较短。**背鳍起点明显位于腹鳍起点后方；背鳍和臀鳍的第一条鳍条放倒后末端可达最后一鳍条末端；胸鳍末端伸达腹鳍起点后方。鳞小，侧线鳞 122~140**。体背部呈蓝色、绿色或棕灰色，腹部呈银白色；**体侧有约 20 个深色"V"形条纹**，其顶点指向前方；中小个体"V"形条纹更明显，而大个体"V"形条纹渐显著，然而在某些光照条件下，仍清晰可见；第二背鳍暗橄榄色至棕色；臀鳍暗褐色至棕色，腹缘略带灰白色；尾鳍暗褐色至深褐色，无白色尖端。

栖息地、生物学特征和渔业

　　栖息于沿海和近岸水域。大多数样本均是大个体成鱼，只有少数幼鱼被发现，因此其季节分布和习性未知。属凶猛食肉性鱼类。活动水深为海表至 75 m 水深。最大全长为 205 cm，最大体重为 50 kg，常见个体全长为 100 cm。主要使用手钓、曳绳钓、底拖网和其他类型渔具捕捞。可销售新鲜、盐渍和烟熏产品。肉无毒。

分布

　　东大西洋区西非沿岸自塞内加尔至纳米比亚海域，科纳克里（几内亚）、弗里敦（塞拉利昂）、阿比让（科特迪瓦）、拉各斯（尼日利亚）和尼日尔三角洲也有分布。

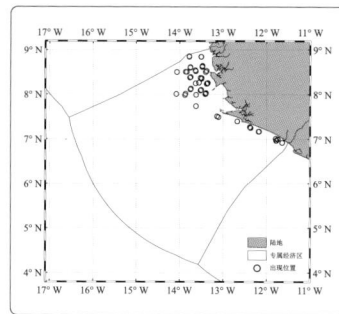

鉴定依据
　　《The living marine resources of the Eastern Central Atlantic, Volume 4》第 2868 页；《拉汉世界鱼类系统名典》第 321 页。

150. 黄条鲟 *Sphyraena guachancho* Cuvier, 1829

英 文 名： Guachanche barracuda
俗　　名： 黄条金梭鱼、多斑鲟
分类地位： 鲈形目 Perciformes
　　　　　鲟科 Sphyraenidae
　　　　　鲟属 *Sphyraena*

分类特征

　　体延长，稍侧扁。头大。吻尖长，下颌较上颌突出，无肉质尖端。**眼间隔凸出**。口大，成鱼上颌骨后端伸达眼前缘。上下颌齿强壮、尖锐、**后向倾斜**且大小不等；腭骨具齿，鳃耙齿状，耙齿略长。**第一背鳍起点稍后于腹鳍起点；第二背鳍（鳍条）和臀鳍末端鳍条放倒时超过前部的鳍条；胸鳍末端伸达或超过腹鳍起点。鳞片中大**，侧线鳞108~122。体背部呈灰色至橄榄色，上侧淡黄色，下侧和腹部银色；**新鲜样本具淡黄色至金色的纵带**；腹鳍和臀鳍边缘黑色；尾鳍中部鳍条尖端黑色。**活体成鱼体侧具数个"V"形条纹**，其顶点指向前方。

栖息地、生物学特征和渔业

　　栖息于大陆架和岛屿的沿海、河口水域，栖息水深3~100 m。雨季和旱季具有独特的季节性迁徙行为。在泥质底质的浅水区以及混浊的沿海水域会集群分布，经常上溯至河口进入咸淡水水域。主要以小鱼和虾为食。最大全长为71 cm，常见个体全长为50 cm。可用定置类网具、拖网和手钓捕捞。市场销售新鲜、烟熏和烹饪产品。肉质极佳，尤其是清澈海水中的渔获物。

分布

　　东大西洋区自塞内加尔至安哥拉，以及佛得角群岛和加那利群岛海域；西大西洋区自美国马萨诸塞州至巴西海域亦有分布。

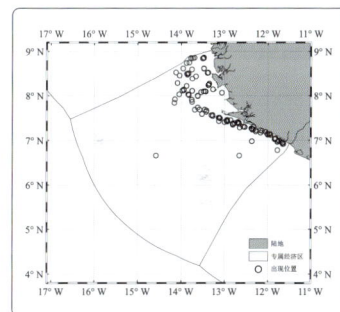

鉴定依据
　　《The living marine resources of the Eastern Central Atlantic, Volume 4》第2870页；《拉汉世界鱼类系统名典》第321页。

151. 蛇鲭 *Gempylus serpens* Cuvier, 1829

英 文 名： Snake mackerel
俗　　名： 带鳍
分类地位： 鲈形目 Perciformes
　　　　　蛇鲭科 Gempylidae
　　　　　蛇鲭属 *Gempylus*

分类特征

体延长，侧扁。体长为体高的 15~18 倍，为头长的 5.5~6.0 倍。下颌较上颌突出，两颌前端有皮质突起。**第一背鳍长，具 26~32 鳍棘，第二背鳍具 1 鳍棘和 11~14 鳍条，后面有 5~6 个小鳍**；臀鳍具 1 鳍棘和 10~12 鳍条，前有 2 游离鳍棘，后面有 6~7 个小鳍；胸鳍具 12~15 鳍条。腹鳍退化，具 1 鳍棘和 3~4 鳍条。**侧线 2 条，均始于背鳍第一鳍棘下方**，上支侧线沿背缘至第一背鳍基末端，下支侧线逐渐下降至胸鳍末端附近，并延伸至体中线至尾柄。椎骨 48~55。体呈深褐色；各鳍深褐色，边缘色深。

栖息地、生物学特征和渔业

大洋性鱼类，栖息于海表至 200 m 或更深的水层，通常独居。以鱼类（灯笼鱼科、飞鱼科、秋刀鱼和鲭科）、鱿鱼和甲壳类为食。性成熟体长雄鱼为 43 cm、雌鱼为 50 cm。全年在热带水域产卵，产卵量 30 万 ~100 万粒。最大体长为 100 cm，常见个体体长为 60 cm。无专门捕捞，但有时在金枪鱼延绳钓渔业中作为兼捕对象出现。

分布

广泛分布于全球热带和亚热带海域，东中大西洋除东北部和东南部外均有分布。

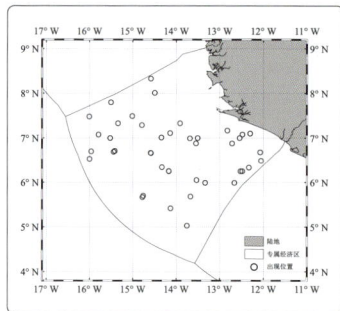

鉴定依据

《The living marine resources of the Eastern Central Atlantic, Volume 4》第 2878 页；《南海诸岛海域鱼类志》第 468 页；《拉汉世界鱼类系统名典》第 321 页。

152. 异鳞蛇鲭 *Lepidocybium flavobrunneum*（Smith, 1843）

英 文 名：Escolar
俗　　名：鳍网带鲭
分类地位：鲈形目 Perciformes
　　　　　蛇鲭科 Gempylidae
　　　　　异鳞蛇鲭属 *Lepidocybium*

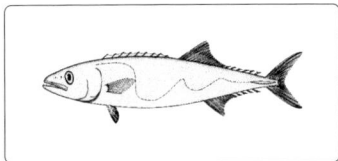

分类特征

　　体呈纺锤形，稍侧扁。**尾柄两侧中央各具一强隆起嵴，上下各具一小隆起嵴**。体长为体高的 4.1~4.3 倍，为头长的 3.6~3.7 倍。两颌前端无皮质突起。第一背鳍非常低，具 8~9 鳍棘，与第二背鳍相距较远，第二背鳍具 16~18 鳍条，其后有小鳍 4~6 个；臀鳍具 1~2 鳍棘和 12~14 鳍条；胸鳍具 15~17 鳍条；腹鳍发达，具 1 鳍棘和 5 鳍条。**鳞片小，栉鳞与圆鳞相混杂，在普通鳞周围被有孔管状鳞所围绕；侧线 1 条，非常弯曲**。椎骨数 31。体几乎呈均匀的暗褐色，随年龄增长越趋黑色。

栖息地、生物学特征和渔业

　　多栖息于大陆坡上，栖息水深可达 200 m 或更深，近海不常见。常在夜间上浮。以鱿鱼、鱼类和甲壳类为食。最大体长为 200 cm，最大体重为 45 kg，常见个体体长为 150 cm。无专门捕捞，但在金枪鱼延绳钓渔业中作为兼捕对象出现。

分布

　　广泛分布于世界热带和亚热带海域，包括东中大西洋。

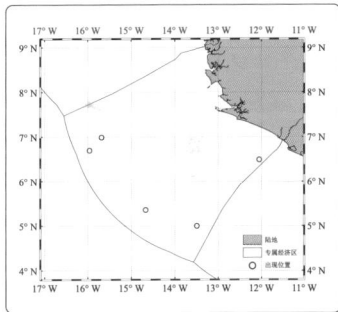

鉴定依据

《The living marine resources of the Eastern Central Atlantic, Volume 4》第 2879 页；《南海诸岛海域鱼类志》第 465 页；《拉汉世界鱼类系统名典》第 321 页；《中国海洋及河口鱼类系统检索》第 1160 页。

153. 三棘若蛇鲭 *Nealotus tripes* Johnson, 1865

英 文 名： Black snake mackerel
俗　　 名： 三棘若带鳍、游棘蛇鲭
分类地位： 鲈形目 Perciformes
　　　　　 蛇鲭科 Gempylidae
　　　　　 若蛇鲭属 *Nealotus*

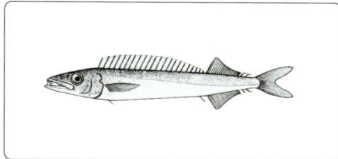

分类特征

　　体延长，侧扁。体长为体高的 7~9 倍，约为头长的 4 倍。两颌前端无皮质突起。**第一背鳍具 20~21 鳍棘**，第二背鳍具 16~19 鳍条，其后有小鳍 2 个；**臀鳍前有 2 游离鳍棘，第一鳍棘匕首状**，第二鳍棘较小且与腹缘平行，臀鳍具 15~19 鳍条，其后面有小鳍 2 个；胸鳍具 13~14 鳍条；腹鳍退化为一小鳍棘。鳞片大，易脱落；**侧线 1 条，几近直线状**。椎骨 36~38。体呈黑褐色；背鳍和臀鳍褐色。

栖息地、生物学特征和渔业

　　大洋性鱼类，栖息于海表至约 600 m 水层。较罕见。夜间向上迁移至水面。以灯笼鱼科和其他小鱼、鱿鱼及甲壳类为食。性成熟体长为 15 cm。最大体长为 25 cm。

分布

　　广泛分布于世界热带和亚热带海域，包括中东大西洋。

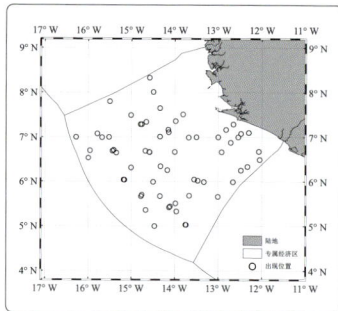

鉴定依据

　　《The living marine resources of the Eastern Central Atlantic, Volume 4》第 2880 页；《东海深海鱼类》第 261 页；《拉汉世界鱼类系统名典》第 321 页。

154. 无耙蛇鲭 *Nesiarchus nasutus* Johnson, 1862

英 文 名：Black gemfish
俗　　名：无耙带鳍、突吻蛇鲭、直线蛇鲭
分类地位：鲈形目 Perciformes
　　　　　蛇鲭科 Gempylidae
　　　　　无耙蛇鲭属 *Nesiarchus*

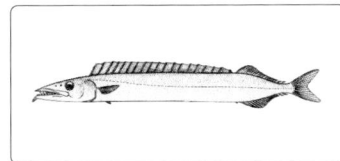

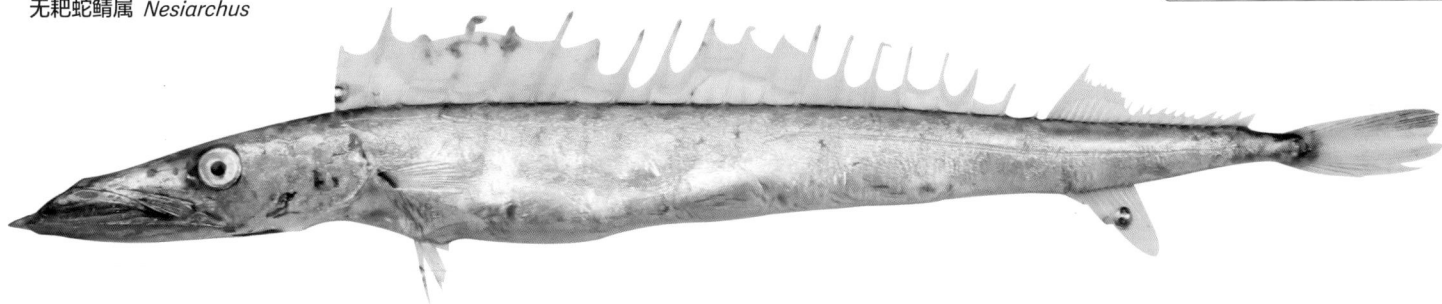

分类特征

　　体细长而侧扁。**体长为体高的 10~13 倍**，为头长的 4.2~4.6 倍。**下颌较上颌突出**，两颌前端具圆锥形皮质突起。第一背鳍长，具 19~21 鳍棘；第二背鳍短，具 2 鳍棘和 19~24 鳍条，后部具小鳍 2 个（幼鱼未发育）；臀鳍略短于第二背鳍，具 2 鳍棘和 18~21 鳍条；胸鳍长，具 12~14 鳍条；**腹鳍较胸鳍短，具 1 鳍棘和 5 鳍条。侧线 1 条**，向后逐渐下降并在身体后部眼体中线位置延伸至尾鳍基。椎骨 34~35。**体呈深褐色，带紫色**；鳍膜黑色。

栖息地、生物学特征和渔业

　　成鱼为大洋底栖鱼类，栖息于 200 m 水深及更深处的陆坡或海底礁石区域，夜间迁徙至中层水域。以鱿鱼、鱼类和甲壳类为食。温暖水域中全年繁殖。最大体长为 130 cm，常见个体体长为 80 cm。无专门捕捞。

分布

　　可能分布于除东太平洋及北印度洋外的热带和亚热带海域，在东中大西洋区沿非洲西北部的大陆坡、赤道和沃尔维斯海脊水域均有分布。

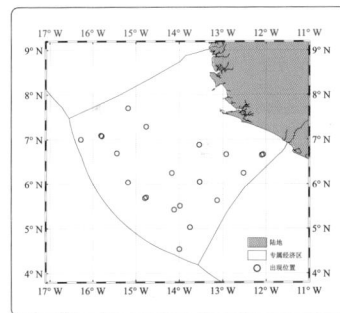

鉴定依据
　　《The living marine resources of the Eastern Central Atlantic, Volume 4》第 2881 页；《东海深海鱼类》第 262 页；《拉汉世界鱼类系统名典》第 321 页；《中国海洋及河口鱼类系统检索》第 1159 页。

155. 纺锤蛇鲭 *Promethichthys prometheus*（Cuvier, 1832）

英文名：Roudi escolar
俗　名：紫金鱼
分类地位：鲈形目 Perciformes
　　　　蛇鲭科 Gempylidae
　　　　纺锤蛇鲭属 *Promethichthys*

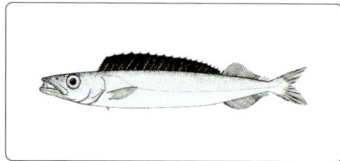

分类特征

体中等延长，侧扁。体长为体高的 6.5~7 倍，为头长的 3.5~3.7 倍。第一背鳍具 17~19 鳍棘，第一背鳍长为第二背鳍的 2.5 倍，第二背鳍具 1 鳍棘和 17~20 鳍条，其后具小鳍 2 个；**肛门后无游离臀鳍棘**；臀鳍具 2（极少为 3）鳍棘和 15~17 鳍条，其后具小鳍 2 个；胸鳍长约为头长的 1/2，具 13~14 鳍条；体长超过 40 cm 的个体腹鳍完全缺失（较小个体有随着生长而减小的 1 对鳍棘）。体长大于 20~25 cm 的个体完全被鳞；**侧线 1 条**，从鳃孔上方延伸至第一背鳍第四鳍棘下方，**然后突然向下弯曲并沿体中线向后延伸**。椎骨 33~35。体呈灰色至铜棕色；鳍黑色。

栖息地、生物学特征和渔业

大洋底栖鱼类，栖息于 100 m 水深及更深的陆坡和海底礁石区域，夜间迁徙至中层水域。以鱼类、头足类和甲壳类为食。最大体长为 100 cm，常见个体体长为 40 cm。无专门捕捞。

分布

广泛分布于除东太平洋外的热带和亚热带水域，东中大西洋区沿非洲大陆坡，马德拉群岛、加那利群岛、佛得角群岛和水下隆起水域均有分布。

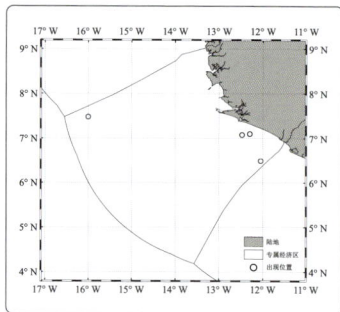

鉴定依据

《The living marine resources of the Eastern Central Atlantic, Volume 4》第 2883 页；《南海诸岛海域鱼类志》第 469 页；《拉汉世界鱼类系统名典》第 321 页。

156. 高鳍带鱼 *Trichiurus lepturus* Linnaeus, 1758

英 文 名： Largehead hairtail
俗　　名： 白带鱼、大西洋带鱼、刀鱼
商 品 名： SABLE, CEINTURE
分类地位： 鲈形目 Perciformes
　　　　　带鱼科 Trichiuridae
　　　　　带鱼属 *Trichiurus*

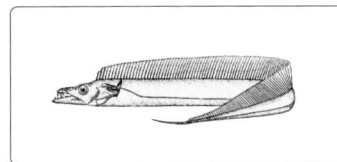

分类特征

　　体延长，极侧扁，带形，逐渐变细成细长鞭状（尾端常折断）。体长为体高的 15~18 倍，为头长的 6~8 倍。头背部轮廓略凹，吻部至背鳍起点平缓上升。**眼间隔平坦，颈背凸起，矢状嵴突出。口裂大。眼中大，背侧位**，头长为眼径的 5~7 倍。**背鳍相当高**，非常长，**具 3 鳍棘和 130~135 鳍条**；臀鳍退化为 100~105 微细小刺，通常嵌入皮肤或略微突出；胸鳍向上，具 1 鳍棘和 11~13 鳍条；**无腹鳍；无尾鳍**。新鲜样本呈金属蓝色，具银色反光，胸鳍半透明，其他鳍有时略带淡黄色；死后颜色变为均匀的银灰色。

栖息地、生物学特征和渔业

　　栖息于 100 m 以浅大陆架海域，营底栖生活，通常在沿岸且底质为泥质的水域活动，夜间偶尔上浮至水面。幼鱼和未成熟个体以甲壳类和小鱼为食；成鱼更趋于捕食鱼类。2 龄左右性成熟。卵漂浮于中上层。最大全长为 120 cm，常见个体全长为 50~100 cm。重要经济物种，主要使用底拖网和地拉网进行捕捞，也使用三重刺网、有囊围网或手钓捕捞。产品以新鲜、冷冻和盐渍产品在市场出售。

分布

　　广泛分布于各大洋热带和温带水域；东大西洋区沿西非沿岸均有分布。

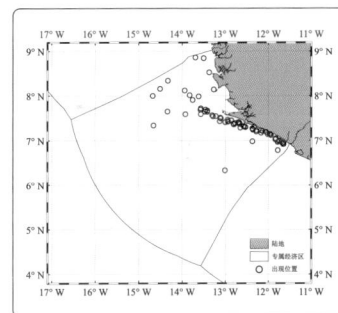

鉴定依据

　　《The living marine resources of the Eastern Central Atlantic, Volume 4》第 2895 页；《拉汉世界鱼类系统名典》第 322 页。

157. 沙氏刺鲅 *Acanthocybium solandri*（Cuvier, 1832）

英文名： Wahoo
俗 名： 刺鲅、棘鳍
分类地位： 鲈形目 Perciformes
鲭科 Scombridae
刺鲅属 *Acanthocybium*

分类特征

体延长，呈纺锤形，稍侧扁。**吻尖长，吻长约等于头长的1/2。上颌骨后部为眶前骨覆盖。颌齿强壮，排列紧密，几呈三角形。无鳃耙**。背鳍2个，第一背鳍具 23~27 鳍棘；背鳍和臀鳍后具小鳍 7~10 个；腹鳍间突分两叶。**侧线1条，在第一背鳍下方突然向下弯曲**。有鳔。椎骨 62~64。体背部呈斑驳的蓝绿色；**两侧有 24~30 条钴蓝色竖纹**，延伸至侧线以下。

栖息地、生物学特征和渔业

近海中上层鱼类，一生大部分时间生活于温跃层以上。以鱼类为食，捕食鱿鱼和中上层鱼类（如鲭鱼、飞鱼、鲱鱼、竹荚鱼和灯笼鱼）。全年产卵，持续时间长。繁殖力很高，据推测，一条131 cm 的雌鱼可产 600 万颗卵。肉质极佳，广受欢迎。最大叉长为 210 cm，最大体重为 83.5 kg。休闲运动渔业和曳绳钓主要捕捞对象。市场销售的大部分是鲜鱼。

分布

世界性暖水性物种，通常在近海被发现。尚不确定东大西洋的确切分布范围，但在亚速尔群岛、加那利群岛和佛得角群岛、毛里塔尼亚、塞内加尔、几内亚、多哥、尼日利亚、圣多美群岛和圣赫勒拿岛海域均有分布记录。

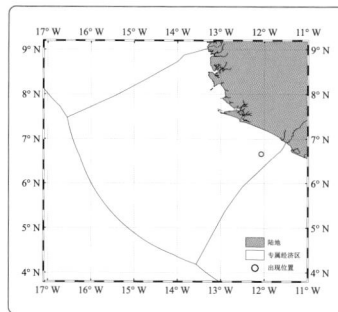

鉴定依据

《The living marine resources of the Eastern Central Atlantic, Volume 4》第 2901 页；《拉汉世界鱼类系统名典》第 322 页；《中国海洋及河口鱼类系统检索》第 1167 页。

158. 双鳍舵鲣 *Auxis rochei*（Risso, 1810）

英 文 名：Bullet tuna
俗　　名：圆舵鲣、圆花鲣、炮弹鱼
分类地位：鲈形目 Perciformes
　　　　　鲭科 Scombridae
　　　　　舵鲣属 *Auxis*

分类特征

　　体呈纺锤形，横截面近圆形。尾鳍基部两侧的 2 个较小隆起嵴之间有一个较大的中央隆起嵴。鳃耙 40~47（通常为 42 或更多）。**背鳍 2 个，背鳍间距较大**（至少为第一背鳍基长），第一背鳍具 9~12 鳍棘；**第二个鳍后具小鳍 8 个；臀鳍后具小鳍 7 个；胸鳍短，末端未达无鳞区前缘；腹鳍间有一较大的腹鳍间突。头体除胸甲部外无鳞；胸甲部鳞宽阔，沿侧线向后延伸渐变细狭，第二背鳍起点下方有 10~15 行鳞宽度，止于背鳍第二小鳍下方。**无鳔。椎骨 39。体背部呈蓝色，头部为深紫色或近黑色，腹部白色；**侧线上方具 15 条以上近垂直的暗色宽条纹；**胸鳍和腹鳍紫色，其内侧黑色。

栖息地、生物学特征和渔业

　　成鱼主要分布在近海水域和岛屿附近。以小鱼为食，也捕食甲壳类及鱿鱼。捕食者包括金枪鱼和旗鱼。最大叉长为 50 cm，常见个体叉长为 35 cm。通常使用围网、敷网、陷阱、杆钓和曳绳钓等渔具进行捕捞。市场销售新鲜和冷冻产品。无专门渔业，与其他物种一起被捕获。

分布

　　世界性暖水性物种，为东大西洋区和地中海海域常见的鱼类，在亚速尔群岛、加那利群岛和佛得角群岛、几内亚到安哥拉和圣赫勒拿岛广泛分布。

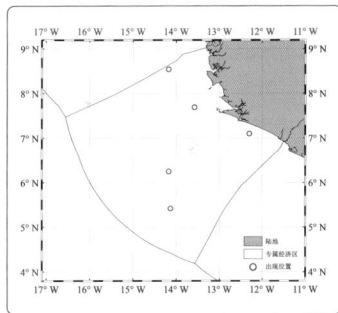

鉴定依据

《The living marine resources of the Eastern Central Atlantic, Volume 4》第 2140 页；《拉汉世界鱼类系统名典》第 322 页；《中国海洋及河口鱼类系统检索》第 1167 页。

159. 扁舵鲣 *Auxis thazard*（Lacépède, 1800）

英 文 名： Frigate tuna
俗　　名： 扁花鲣、炮弹鱼
分类地位： 鲈形目 Perciformes
　　　　　 鲭科 Scombridae
　　　　　 舵鲣属 *Auxis*

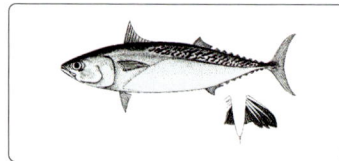

分类特征

　　体呈纺锤形，横截面近侧扁。尾鳍基部两侧的 2 个较小隆起嵴之间有一个较大的中央隆起嵴。第一鳃弓鳃耙 36~44（通常为 42 或更少）。**背鳍 2 个，背鳍间隔较大**（至少为第一背鳍基的长度），**第一背鳍具 10~12 鳍棘，第二背鳍后具小鳍 8 个；臀鳍后具小鳍 7 个；胸鳍短，末端至前胸无鳞区前缘；腹鳍间有一较大的腹鳍间突。头体除胸甲部被鳞外无鳞；胸甲部鳞后部很窄，第二背鳍起点下方不超过 5 鳞片宽度，沿侧线向后止于胸鳍末端附近**。无鳔。椎骨 39。体背部呈蓝色，头部为深紫色或近黑色，腹部白色；**侧线上方的无鳞区具 15 条以上近平行的深色波浪状窄斜纹**；胸鳍和腹鳍紫色，其内侧黑色。

栖息地、生物学特征和渔业

　　主要分布在沿海水域。以小型中上层生物为食，如鳀科、银汉鱼和其他小鱼，也捕食甲壳类和鱿鱼。捕食者包括金枪鱼和旗鱼。一次产卵 20 万 ~106 万粒，产卵量与雌鱼体长相关。幼鱼和未成年体在大洋和沿海水域均有分布。最大叉长为 58 cm，常见个体叉长为 40 cm。成鱼主要通过地拉网、流刺网、围网和曳绳钓等渔具进行捕捞。可新鲜直接销售，也可冷冻销售。

分布

　　为世界性暖水性物种，零星分布于东中大西洋区佛得角群岛、塞内加尔到安哥拉和圣赫勒拿岛等海域。

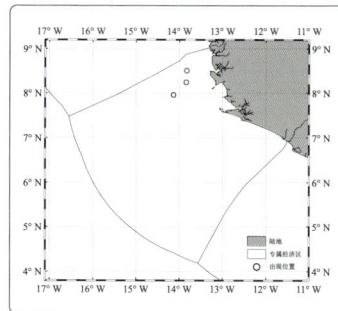

鉴定依据

　　《The living marine resources of the Eastern Central Atlantic, Volume 4》第 2903 页；《拉汉世界鱼类系统名典》第 322 页；《中国海洋及河口鱼类系统检索》第 1167 页。

160. 小鲔 *Euthynnus alletteratus*（Rafinesque, 1810）

英 文 名：Little tunny
俗　 名：小巴鲣
商 品 名：THONINE
分类地位：鲈形目 Perciformes
　　　　　鲭科 Scombridae
　　　　　鲔属 *Euthynnus*

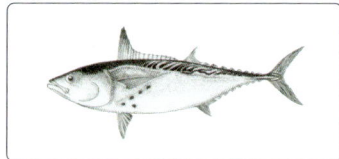

分类特征

　　体呈纺锤形。尾柄纤细，尾鳍基部两侧的 2 个较小隆起嵴之间有一个较大的中央隆起嵴。第一鳃弓鳃耙 37~45。两背鳍间隔较小（小于眼径）；**第一背鳍前部鳍棘远高于中部鳍棘，外缘轮廓深凹**；第一背鳍具 13~15 鳍棘，第二背鳍具 11~12 鳍条，远低于第一背鳍，后具小鳍 8 个；胸鳍短；腹鳍间突皮瓣分两叶；**臀鳍具 11~13 鳍条，其后具小鳍 7~8 个**。头体除鳞甲和侧线外无鳞。无鳔。椎骨 39。体背部呈深蓝色，**有复杂的条纹图案，向前不超过第一背鳍中部**，下侧和腹部银白色；**腹鳍和胸鳍之间有数个蓝黑色圆点**（不一定很明显）。

栖息地、生物学特征和渔业

　　栖息于海洋表层，常见于水流湍急的沿海、沿岸浅滩和海岛附近海域。主要以小鱼为食，也捕食幼鱼、鱿鱼和甲壳类。为集群性鱼类。有时，可以通过同样以小型鱼类为食的鸟类位置来定位鱼群。产卵期为 10 月至翌年 6 月。最大叉长为 100 cm，最大体重为 16.5 kg。在大洋水域，使用围网和曳绳钓捕捞。由于其资源在近岸水域丰度较高，也是拟饵曳绳钓比赛的主要捕捞对象。市场主要销售新鲜产品，也有罐装产品。

分布

　　分布于大西洋热带和亚热带海域；东大西洋区分布于加那利群岛、佛得角群岛、毛里塔尼亚向南至安哥拉、几内亚湾海域；地中海和西大西洋区亦有分布。

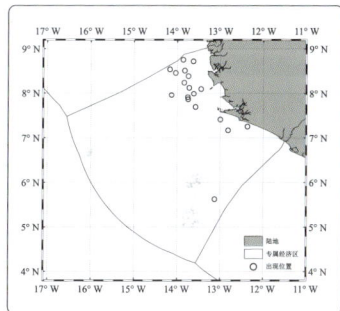

鉴定依据

　　《The living marine resources of the Eastern Central Atlantic, Volume 4》第 2904 页；《拉汉世界鱼类系统名典》第 322 页。

161. 鲣 *Katsuwonus pelamis*（Linnaeus, 1758）

英 文 名：Skipjack tuna
俗　　名：正鲣、西瓜皮
商 品 名：BONTTE, WALIDORE
分类地位：鲈形目 Perciformes
　　　　　鲭科 Scombridae
　　　　　鲣属 *Katsuwonus*

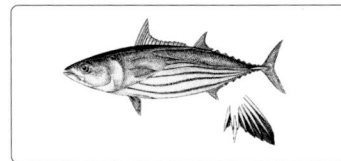

分类特征

体呈纺锤形，横截面近圆形。尾鳍基部两侧的 2 个较小隆起嵴之间有一个较大的中央隆起嵴。**鳃耙数量多，第一鳃弓鳃耙 53~63。两背鳍间隔小（小于眼径），第一背鳍具 14~16 鳍棘，第二背鳍后具小鳍 7~9 个**；胸鳍短，具 26~27 鳍棘；腹鳍间突皮瓣分两叶；臀鳍后具小鳍 7~8 个。头体除鳞甲和侧线外无鳞。无鳔。椎骨 41。体背部呈深紫蓝色，下侧和腹部银色，**有 4~6 条明显的暗纵带**，在鲜活样本中可能表现为不连续的黑色斑点线。

栖息地、生物学特征和渔业

海洋中上层鱼类，成鱼适宜水温为 14.7~30 ℃。通常在温跃层以上且水深较深的沿海或大洋水域形成大型集群。以鱼类、头足类和甲壳类为食。最大叉长为 100 cm，最大体重为 34.5 kg。主要以竿钓和围网进行捕捞，是休闲渔业中重要的捕捞对象之一，通常采用曳绳钓进行捕捞。市场销售罐装或冷冻产品。

分布

生活在世界 15 ℃以上水温的热带和亚热带海域，东大西洋区沿整个西非和圣赫勒拿岛海域均有分布。

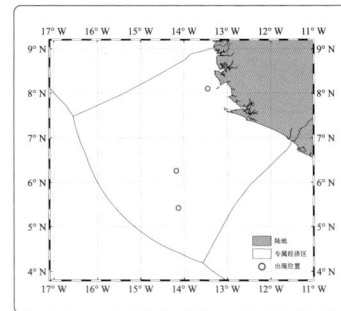

鉴定依据

《The living marine resources of the Eastern Central Atlantic, Volume 4》第 2905 页；《拉汉世界鱼类系统名典》第 322 页。

162. 狐鲣 *Sarda sarda*（Bloch,1793）

英 文 名： Atlantic bonito
俗　　名： 齿鲣
分类地位： 鲈形目 Perciformes
　　　　　 鲭科 Scombridae
　　　　　 狐鲣属 *Sarda*

分类特征

　　体呈纺锤形。尾柄纤细，尾鳍基部两侧的 2 个较小隆起嵴之间有一个较大的中央隆起嵴。**口大，上颌后端伸达或超过眼后缘**。上颌齿 13~28，下颌齿 10~24，腭骨齿细长，呈圆锥形，舌上无齿群；**第一鳃弓鳃耙 16~23**。背鳍 2 个，相距较近，**第一鳍棘很长，具 20~23 鳍棘，外缘平直或稍凹陷**；背鳍后具小鳍 7~9 个，臀鳍后具小鳍 6~8 个；胸鳍短，具 23~26 鳍条；腹鳍间突皮瓣分两叶。体被细小鳞片，胸部鳞片较大形成胸甲；无鳔。椎骨 50~55。体背部和上侧呈金属蓝色，**具 5~11 条暗色斜带**；体下侧和腹部银白色。

栖息地、生物学特征和渔业

　　大洋洄游性鱼类，经常集群于陆架区的近海表层水域。主要以鱼类，尤其小型鲱科、鳕科和鲭科鱼类为食。在东大西洋产卵期为 12 月至翌年 6 月，繁殖高峰期为 1 月和 4 月，摩洛哥海域繁殖高峰期为 6—7 月。最大叉长为 85 cm，最大体重为 5 kg，常见个体叉长为 50 cm，常见个体体重为 2 kg。在沿海水域，主要通过刺网和围网捕捞，而近海海域更常用曳绳钓捕捞。市场主要销售新鲜和罐装产品。

分布

　　东大西洋区自挪威奥斯陆向南延伸至南非伊丽莎白港，包括地中海和黑海海域，摩洛哥至纳米比亚以及亚速尔群岛、加那利群岛和佛得角群岛海域分布较集中；西大西洋区自美国马萨诸塞州至阿根廷北部亦有分布。

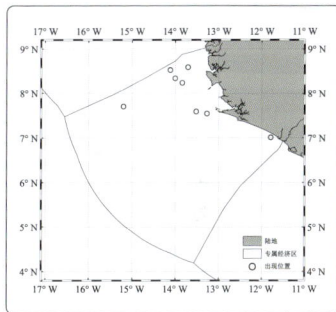

鉴定依据

　　《The living marine resources of the Eastern Central Atlantic, Volume 4》第 2907 页；《拉汉世界鱼类系统名典》第 322 页。

163. 圆鲹 *Scomber colias* Gmelin, 1789

英 文 名：Atlantic chub mackerel
俗　　名：大西洋鲐
商 品 名：T-MAQUERAUX
分类地位：鲈形目 Perciformes
　　　　　鲭科 Scombridae
　　　　　鲭属 *Scomber*

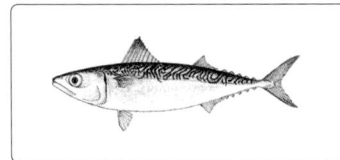

分类特征

　　体呈纺锤形，横截面近圆形。吻尖。尾柄纤细，尾鳍基部两侧各有 2 条小隆起嵴，**其间无中央嵴**。眼大，眼前缘和后缘被脂眼睑覆盖。背鳍 2 个，**两个背鳍相距很远（间距等于或小于第一背鳍基的长度），第一背鳍具 8~10 鳍棘；背鳍和臀鳍后各具 5 个小鳍**；腹鳍间突具一小皮瓣。体被细小圆鳞，头后和胸鳍周围的鳞片较大，但无发达的鳞甲。有鳔。椎骨 31。体背部呈金属蓝色，夹杂着不规则的波浪状斑纹；**体下侧和腹部银黄色，有许多暗色圆斑**。

栖息地、生物学特征和渔业

　　栖息于沿海水域的中上层集群性鱼类。以小型中上层鱼类尤其是鲱鱼、中上层无脊椎动物为食。季节性洄游周期较长。产卵期适宜水温为 15~20 ℃。最大叉长为 50 cm，常见个体叉长为 30 cm。使用围网捕捞，经常与沙丁鱼一起被捕，有时使用集鱼灯，也可用曳绳钓、刺网、陷阱、地拉网和中水层拖网捕捞。市场销售新鲜、冷冻、熏制、盐渍产品，偶尔也有罐装产品。

分布

　　广泛分布于大西洋温带和亚热带及邻近海域；东大西洋区马德拉群岛、加那利群岛和几内亚湾，南至安哥拉莫桑梅德斯和老虎湾以及圣赫勒拿岛海域均有分布，好望角附近海域及地中海、黑海亦有分布。

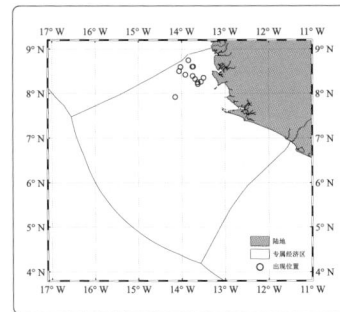

鉴定依据
　　《The living marine resources of the Eastern Central Atlantic, Volume 4》第 2908 页；《拉汉世界鱼类系统名典》第 322 页。

164. 西非马鲛 *Scomberomorus tritor*（Cuvier, 1832）

英 文 名： West African Spanish mackerel
俗　　 名： 马鲛、鲅鱼、马加鲭
商 品 名： MAGUEREAU
分类地位： 鲈形目 Perciformes
　　　　　 鲭科 Scombridae
　　　　　 马鲛属 *Scomberomorus*

分类特征

体延长，侧扁。吻短，远小于头长的 1/2，吻端钝尖。尾柄细，两侧各具 3 条隆起嵴。口大，上颌骨后部外露，后端伸达眼后缘。上下颌齿强大，三角形，侧扁，**上颌具齿 12~15，下颌具齿 17~19，排列紧密，近三角形；鳃耙 12~15，背鳍 2 个，几相连**，第一背鳍具 15~18 鳍棘，第二背鳍具 17~20 鳍条；背鳍和臀鳍后各具 7~9 个小鳍（通常 8）；胸鳍具 20~22 鳍条；腹鳍间突皮瓣分两叶。体被小鳞，无鳞甲，胸鳍除基部外无鳞；**侧线笔直或向尾柄逐渐向下弯曲**。无鳔。椎骨 46~47。体背部呈蓝绿色，体侧银白色，**具约 3 排细长斑点**，一些大个体具细竖条纹；**第一背鳍前半部和第一背鳍后半部边缘黑色，后半部鳍基白色**。

栖息地、生物学特征和渔业

栖息于沿海、潟湖的浅海上层鱼类。趋集群生活。以小鱼为食。在塞内加尔水域，产卵期从 4 月持续到 10 月。主要使用围网和延绳钓捕捞。市场主要销售新鲜或冷冻产品，肉质受到高度评价。

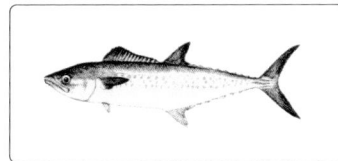

分布

东大西洋区几内亚湾、加那利群岛、达喀尔和圣多美群岛以南至安哥拉水域；地中海北部、法国和意大利沿岸较罕见。曾被错误地鉴定为与之相似的西大西洋物种椭斑马鲛 *S. maculatus*。

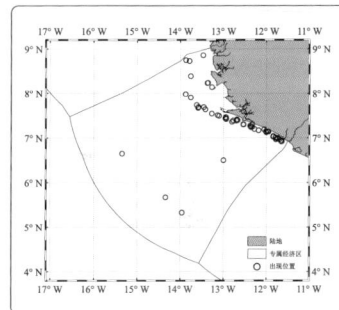

鉴定依据

《The living marine resources of the Eastern Central Atlantic, Volume 4》第 2910 页；《拉汉世界鱼类系统名典》第 322 页；《中东大西洋底层鱼类》第 148 页。

165. 平鳍旗鱼 *Istiophorus platypterus*（Shaw, 1792）

英 文 名： Sailfish
俗　 名： 雨伞旗鱼、东方旗鱼
分类地位： 鲈形目 Perciformes
　　　　　旗鱼科 Istiophoridae
　　　　　旗鱼属 *Istiophorus*

分类特征

　　体延长，甚侧扁。**上颌延长呈矛状，横截面圆形**。椎骨 24。肛门近臀鳍起点。背鳍 2 个，**第一背鳍大，帆状，大部分长度明显高于体高**，具 42~47 鳍条；第二背鳍小，具 5~6 鳍条；臀鳍 2 个，第一臀鳍具 11~15 鳍棘，第二臀鳍具 6~7 鳍条；胸鳍镰刀形，具 17~20 鳍条；**腹鳍很长，几伸达肛门**，具 1 鳍棘和 3 鳍条；幼鱼胸鳍和尾鳍较印度洋－太平洋海域的长。体被稀疏的针状小鳞；侧线在胸鳍上方弯曲，后几呈直线延伸至尾基。**体背呈深蓝色，体侧棕蓝色，腹面银白色**，体侧约有 20 条由淡蓝色小点组成的横纹；**第一背鳍鳍膜蓝黑色，布满许多小黑点**；其他鳍棕黑色。

栖息地、生物学特征和渔业

　　栖息于沿海和大洋海域，洄游习性明显，通常在 10 m 以上或温跃层以上水层被发现。以多种鱼类、甲壳类和头足类为食，喜集群。西非沿海附近是良好的垂钓渔场；整个大西洋沿岸均是延绳钓渔场。最大叉长达 300 cm，常见个体叉长为 250 cm。主要使用延绳钓（商业渔船）和曳绳钓（垂钓者）捕捞。市场主要销售新鲜、冰藏或冷冻的产品。在日本制作成生鱼片、照烧和鱼糕。

分布

　　广泛分布于大西洋和印度洋－太平洋的热带和亚热带（有时是温带）水域，在 50°N—32°S 的近海至沿海水域也有分布，有时洄游到地中海。

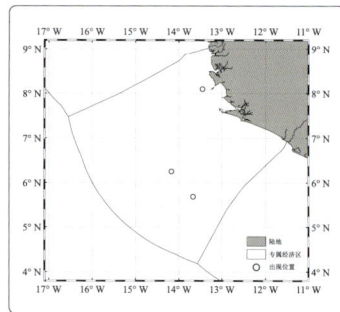

鉴定依据

《The living marine resources of the Eastern Central Atlantic, Volume 4》第 2941 页；《拉汉世界鱼类系统名典》第 322 页；《中国海洋及河口鱼类系统检索》第 1175 页。

166. 水母玉鲳 *Psenes arafurensis* Günther, 1889

英 文 名： Banded driftfish
俗　　名： 玉鲳
分类地位： 鲈形目 Perciformes
　　　　　 双鳍鲳科 Nomeidae
　　　　　 玉鲳属 *Psenes*

分类特征

　　体呈卵圆形，侧扁而高。头中大。吻短钝。口小。上下颌齿各1行，上颌齿细尖长，下颌齿呈栉状；犁骨、颚骨和舌上均无齿。体被中大圆鳞，**背鳍前鳞可超越眼间隔**，但鳞区两侧的鳃盖上端无鳞；侧线鳞55~62。背鳍2个，紧邻，中间具缺刻，**第一背鳍起点位于胸鳍基前上方**，第一背鳍具10~12鳍棘，**第二背鳍具1鳍棘和18~23鳍条；臀鳍和第二背鳍同形相对**；胸鳍宽长；腹鳍位于胸鳍基前下方；尾鳍深叉形，上叶较长。成鱼体呈黑色，具金属光泽，背鳍、臀鳍灰黑色，尾鳍浅灰色。**幼鱼体背呈暗褐色，侧腹色淡，散布黄褐色斑**。

栖息地、生物学特征和渔业

　　暖水性底层小型鱼类。栖息于陆架泥沙底质水域。幼鱼和水母共栖。最大全长为25 cm。

分布

　　广泛分布于西太平洋、印度洋和大西洋热带海域。

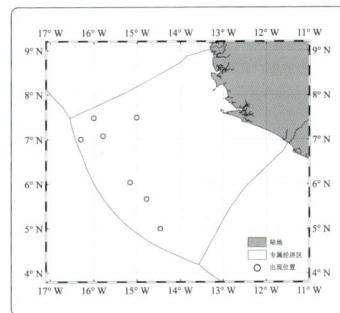

鉴定依据
　　《The living marine resources of the Eastern Central Atlantic, Volume 4》第2921页；《拉汉世界鱼类系统名典》第323页；《中国海洋及河口鱼类系统检索》第1181页；《东海深海鱼类》第271页；《中国海洋鱼类（下卷）》第1916页。

167. 玻璃玉鲳 *Psenes cyanophrys* Valenciennes, 1833

英 文 名：Freckled driftfish
俗　　名：玉鲳、琉璃玉鲳
分类地位：鲈形目 Perciformes
　　　　　双鳍鲳科 Nomeidae
　　　　　玉鲳属 *Psenes*

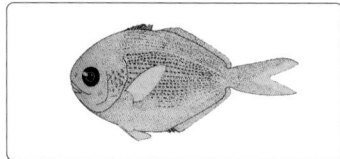

分类特征

体呈卵圆形，侧扁且高。头中大。吻短而钝圆。眼中大，前缘被皮质眼睑。口小。上下颌齿各 1 行，上颌齿细尖长，下颌齿呈栉状。犁骨、颚骨和舌上均无齿。体被中大圆鳞，**背鳍前鳞达眼间隔**；侧线鳞 60~70。背鳍 2 个，紧邻，中间具缺刻，**第一背鳍起点位于胸鳍基前上方**，第一背鳍具 9~11 鳍棘，**第二背鳍具 1 鳍棘和 23~28 鳍条；臀鳍和第二背鳍同形相对**；胸鳍宽长；腹鳍位于胸鳍基底近中部下方；尾鳍深叉形。**体呈银灰色或褐色，体背具不明显的云状黑斑，体侧具水平细纵纹；背鳍、臀鳍黑色**。

栖息地、生物学特征和渔业

暖水性底层小型鱼类。栖息于陆架和陆坡底层水域。以浮游动物和小鱼为食。幼鱼随流漂移或和水母、漂流藻类共栖，成鱼则行底栖生活。最大体长为 23 cm。

分布

广泛分布于印度洋、太平洋和大西洋热带和亚热带海域。

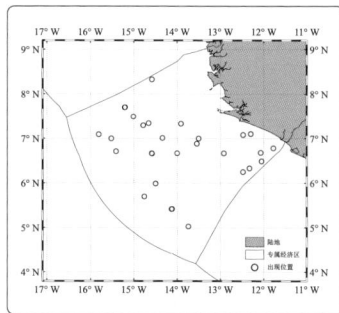

鉴定依据

《The living marine resources of the Eastern Central Atlantic, Volume 4》第 2921 页；《拉汉世界鱼类系统名典》第 323 页；《东海深海鱼类》第 272 页；《中国海洋鱼类（下卷）》第 1916 页。

168. 黑褐方头鲳 *Cubiceps capensis*（Smith, 1845）

英 文 名： Cape fathead
俗　　名： 方头鲳
分类地位： 鲈形目 Perciformes
　　　　　双鳍鲳科 Nomeidae
　　　　　方头鲳属 *Cubiceps*

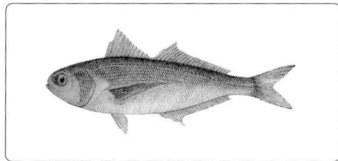

分类特征

　　体延长，稍侧扁。吻钝圆。口小，端位。上下颌齿细尖，1 行；**犁骨、腭骨和舌上分别具 1 行细齿。眶前吻部裸露或具一些显著小于眶间鳞的背鳍前鳞**。背鳍 2 个，两背鳍具浅缺刻，第一背鳍具 12 鳍棘，第二背鳍具 20~23 鳍条；**臀鳍具 3 鳍棘和 20~21 鳍条**。椎骨 31。体呈深褐色至深紫色，各鳍色深。

栖息地、生物学特征和渔业

　　栖息于深海的底层中大型鱼类，晚上上浮至水表层。以深海鱼类和无脊椎动物为食。具砂囊，可磨碎食物。最大全长近 100 cm。

分布

　　广泛分布于世界热带和温带海域；塞拉利昂沿海海域均有分布。

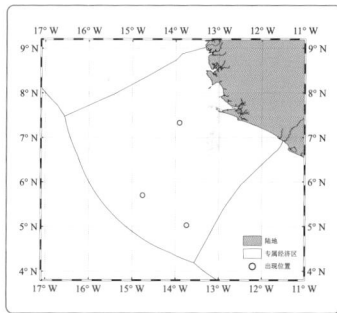

鉴定依据

《The living marine resources of the Eastern Central Atlantic, Volume 4》第 2922 页；《拉汉世界鱼类系统名典》第 323 页；《中国海洋鱼类（下卷）》第 1917 页；《中国海洋及河口鱼类系统检索》第 1180 页。

169. 长鳍方头鲳 *Cubiceps gracilis*（Lowe, 1843）

英 文 名：Longfin cigarfish, Driftfish
俗　　名：方头鲳
分类地位：鲈形目 Perciformes
　　　　　双鳍鲳科 Nomeidae
　　　　　方头鲳属 *Cubiceps*

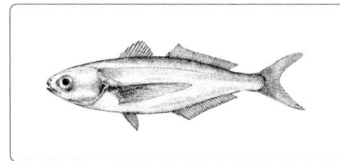

分类特征

　　体延长，稍侧扁。吻钝圆。眼大，脂眼睑较发达。口小，端位。上下颌齿细尖，1 行；**犁骨、腭骨和舌上具宽大颗粒状齿群**。背鳍 2 个，**第二背鳍具 21~24 鳍条；臀鳍具 3 鳍棘和 19~23 鳍条；胸鳍尖长，末端伸达臀鳍中部**；尾鳍叉形。**椎骨 32~34（通常为 33）。头部鳞片延伸至吻端**。体呈褐色，各鳍黑色。

栖息地、生物学特征和渔业

　　栖息于深海的底栖中大型鱼类，晚上上浮至水表层。以深海鱼类和无脊椎动物为食。具砂囊，可磨碎食物。无重要经济价值。可被拖网兼捕。

分布

　　东大西洋区自东北大西洋向南至 20°N 的非洲沿岸，地中海西部和西北大西洋的加拿大海域亦有分布。

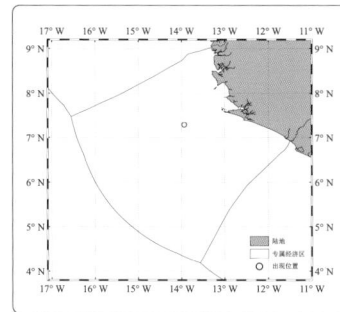

鉴定依据
《The living marine resources of the Eastern Central Atlantic, Volume 4》第 2922 页;《拉汉世界鱼类系统名典》第 323 页。

170. 少鳍方头鲳 *Cubiceps pauciradiatus* Günther, 1872

英 文 名： Bigeye cigarfish
俗　　名： 方头鲳
分类地位： 鲈形目 Perciformes
　　　　　双鳍鲳科 Nomeidae
　　　　　方头鲳属 *Cubiceps*

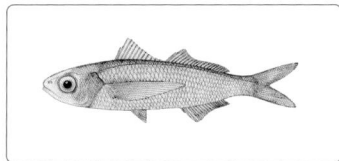

分类特征

　　体延长，稍侧扁，体高为体长的 22.8%~28.3%。吻钝圆。眼大。口小。胸鳍稍短，末端不达臀鳍起点。**头背鳞片达眼前缘**。上下颌齿细尖，1 行；**犁骨、腭骨和舌上具宽大颗粒状齿群**。背鳍 2 个，**第二背鳍具 15~18 鳍条；臀鳍具 2 鳍棘和 14~17 鳍条**；尾鳍叉形。**椎骨 31**。体呈浅棕褐色至褐色，尾鳍暗褐色，余鳍透明。

栖息地、生物学特征和渔业

　　暖水性次深海鱼类。栖息于陆坡、岛屿周边海域。以鱼类和无脊椎动物为食。非重要渔业物种。最大全长为 20 cm。可用拖网兼捕。

分布

　　广泛分布于太平洋、印度洋和大西洋热带水域；塞拉利昂沿海海域均有分布。

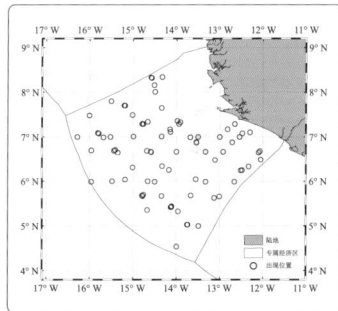

鉴定依据
　　《The living marine resources of the Eastern Central Atlantic, Volume 4》第 2922 页；《拉汉世界鱼类系统名典》第 323 页；《中国海洋鱼类（下卷）》第 1917 页；《中国海洋及河口鱼类系统检索》第 1179 页。

171. 庞氏无齿鲳 *Ariomma bondi* Fowler, 1930

英文名： Silver-rag driftfish
俗　名： 银灰方头鲳
分类地位： 鲈形目 Perciformes
　　　　　无齿鲳科 Ariommatidae
　　　　　无齿鲳属 *Ariomma*

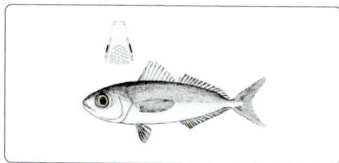

分类特征

　　体延长，稍侧扁；**尾柄横截面呈正方形，近尾鳍基部两侧各具 2 条低弱的肉质隆起嵴，尾柄高小于体长的 5%。眼大**，眼径略大于吻长；吻钝尖；口小，上颌骨后端伸达眼前缘，下颌略长于上颌；**上下颌齿细小，1 行，下颌牙齿通常小而尖；犁骨、颚骨无齿**。背鳍 2 个，第一背鳍较第二背鳍高，具 11 鳍棘且可收于背鳍沟中；胸鳍不超过背鳍最后一鳍棘；腹鳍始于胸鳍基后端且可折于腹部沟中；**尾鳍深叉形**。体被大圆鳞，尤其是体中部，光滑易脱落，**侧线鳞 30~45；头部有鳞区不超过眼前缘**。侧线高，与背缘平行，不延伸至尾柄，具管状侧线鳞，头部侧线孔和侧线管较明显。**体背部呈深蓝色，腹部银白色，成鱼无斑点**；幼鱼体侧具 3~6 条深色条纹；**腹膜银白色或灰白色，具分散的黑色素细胞**。

栖息地、生物学特征和渔业

　　栖息于大陆架的底层鱼类，通常生活在泥底质水域；在 40~450 m 水深被捕获，但通常位于 275 m 以浅水域。幼鱼喜在海表面活动。集群性鱼类。主要以小型甲壳类为食。最大体长为 25 cm，常见个体体长为 20 cm。使用底拖网捕捞，可能具有开发潜力。非洲市场出售新鲜和罐装产品，也用于鱼粉和鱼油的加工。

分布

　　东太平洋区分布于西非沿岸自塞内加尔至加蓬海域；西大西洋区自加拿大新斯科舍省至乌拉圭亦有分布。

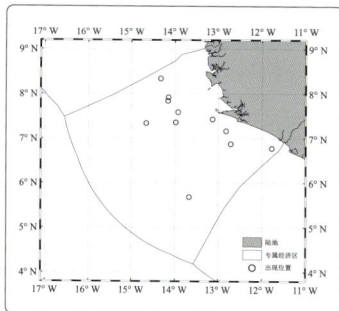

鉴定依据

　　《*The living marine resources of the Eastern Central Atlantic, Volume 4*》第 2927 页；《拉汉世界鱼类系统名典》第 323 页。

172. 褐无齿鲳 *Ariomma melana*（Ginsburg, 1954）

英 文 名: Brown driftfish
分类地位: 鲈形目 Perciformes
  无齿鲳科 Ariommatidae
  无齿鲳属 *Ariomma*

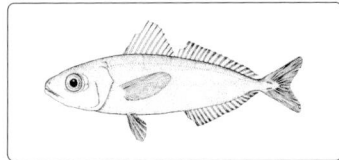

分类特征

体延长，稍侧扁；**尾柄横截面呈正方形，近尾鳍基部两侧各具 2 条低弱的肉质隆起嵴，尾柄高小于体长的 5%**。眼中大，眼径等于或略小于吻长；吻钝尖；口小，上颌骨后端未达眼前缘，下颌略长于上颌；**上下颌部齿细小，1 行，下颌齿通常小而尖；犁骨、颚骨无齿。背鳍 2 个**，第一背鳍较第二背鳍高，具 11 鳍棘且可收于背鳍沟中；胸鳍不超过背鳍最后一鳍棘；腹鳍始于胸鳍基后端；**尾鳍叉形。体被小圆鳞**，光滑易脱落，**侧线鳞 50~65**，头部有鳞区延伸至眼前缘。侧线高，与背缘平行，不延伸至尾柄，具管状鳞；头部侧线孔和侧线管发达且明显。**体一致呈棕色或蓝棕色**，活体具银色光泽；幼鱼体侧具 3~6 条暗色条纹；**腹膜深褐色至黑色**。

栖息地、生物学特征和渔业

栖息于水深 140~750 m 大陆架的底层鱼类，通常栖息于软质海底；幼鱼喜在海表活动。主要以小型甲壳类为食。最大体长为 25 cm，常见个体体长为 20 cm。使用深水底拖网捕捞。市场销售新鲜和罐装产品，也用于鱼粉和鱼油的加工。

分布

东大西洋区西非沿岸自毛里塔尼亚至安哥拉的西非大陆坡；西大西洋区自美国纽约至巴拿马海域亦有分布。

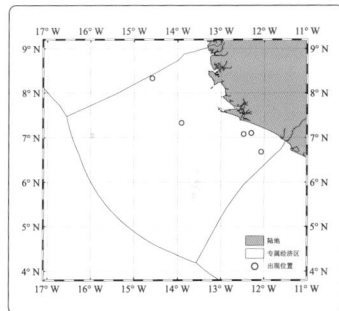

鉴定依据

《The living marine resources of the Eastern Central Atlantic, Volume 4》第 2928 页;《拉汉世界鱼类系统名典》第 324 页。

173. 纵带真鲳 *Stromateus fiatola* Linnaeus, 1758

英 文 名： Blue butterfish
俗 　 名： 花鲳
商 品 名： MADEMOISELLE
分类地位： 鲈形目 Perciformes
　　　　　 鲳科 Stromateidae
　　　　　 真鲳属 *Stromateus*

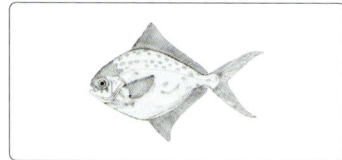

分类特征

头体侧扁而高。眼小，被脂肪组织包围，向前延伸至鼻孔周围。吻短钝。口小，上颌骨后端伸达眼前缘之前。两颌齿小，1 行；犁骨、腭骨和舌上无齿，但食道侧囊具齿。**背鳍和臀鳍基部长**，背鳍较臀鳍长，并始于胸鳍基部，两鳍的前部鳍条均长于后部鳍条，但不呈镰刀状，最长鳍条长度约等于头长，背鳍前无棘；胸鳍宽大，约等于头长；**成鱼无腹鳍**，幼鱼（<10 cm）具腹鳍，位于胸鳍基下方；**尾鳍深叉形**，上下鳍叶均长于头长。鳞小，易脱落，延伸至颊部和胸鳍基部，头顶裸露；侧线微隆起，与背缘平行。体呈蓝色至棕色，背部带银色光泽，具许多黑斑；**体侧色浅，具几条不规则的深色纵带**；各鳍色深；幼鱼具 4~8 条纵带。

栖息地、生物学特征和渔业

中上层鱼类，在沿海海湾和大陆架水域集群，栖息水深通常为 10~70 m，但有时深达 160 m；除加那利群岛有记录外，在海洋岛屿周围很少见。在漂浮水草下及水母分布的沿海水域中发现其幼鱼。以浮游动物、水母和小鱼为食。最大体长为 50 cm，常见个体全长为 40 cm。主要使用网板拖网、围网和固定陷阱类渔具捕捞，延绳钓很少见。肉质极好，市场通常销售新鲜产品，偶尔有盐渍或冷冻产品，也可用于鱼粉或鱼油的加工。

分布

东大西洋区自葡萄牙沿西非沿岸向南至好望角海域，西班牙大陆架水域较罕见，遍布地中海。

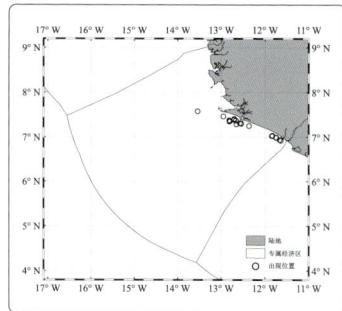

鉴定依据

《The living marine resources of the Eastern Central Atlantic, Volume 4》第 2931 页；《拉汉世界鱼类系统名典》第 324 页；《中东大西洋底层鱼类》第 152 页。

174. 高菱鲷 *Antigonia capros* Lowe, 1843

英文名： Deepbody boarfish
分类地位： 鲈形目 Perciformes
　　　　　 羊鲂科 Antigoniidae
　　　　　 菱鲷属 *Antigonia*

分类特征

　　体呈菱形，侧扁而高，体高为头长的 3 倍，为体长的 0.8~1 倍。头背缘在眼上方凹陷。吻短，呈圆锥形，吻长约等于眼径长，头长为眼径的 2~2.6 倍。口小，可伸出。上下颌有 1~2 行圆锥状小齿，犁骨和腭骨无齿。**头骨具褶皱和棘。**鳃孔大，鳃盖膜分离，不与颊部相连。第一鳃弓鳃耙 18~22。鳃盖条骨 6。背鳍鳍棘部和鳍条部间具缺刻，具 8（少数为 7 或 9）鳍棘和 32~36 鳍条；臀鳍具 3 鳍棘和 29~33 分支鳍条；胸鳍钝尖，略短于头长，具 13~15 鳍条，第一鳍条短且呈棘状；**腹鳍具 1 强鳍棘和 5 鳍条，鳍棘部和鳍条部间具明显缺刻；尾鳍具 10 分支鳍条。**侧线 1 条；**体被栉鳞，背鳍、臀鳍和腹鳍鳍膜被小栉鳞，**鳞片后缘具一排细刺。

栖息地、生物学特征和渔业

　　栖息于水深为 50~900 m 的底层鱼类，常栖息水深为 100~300 m；集群生活，主要以软体动物和甲壳类为食，其幼鱼主要以浮游生物为食。夏季在热带地区海域产卵。最大全长为 30 cm。

分布

　　全球热带及温带水域均有分布；东大西洋区分布于法国至南非海域。

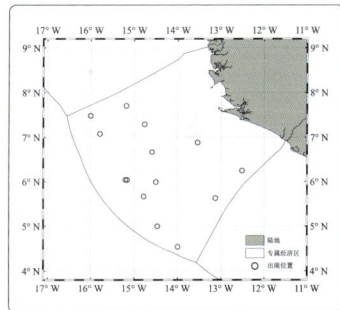

鉴定依据

《The living marine resources of the Eastern Central Atlantic, Volume 4》第 2851 页；《东海深海鱼类》第 214 页；《拉汉世界鱼类系统名典》第 326 页。

175. 斑尾鲽 *Psettodes belcheri* Bennett, 1831

英 文 名： Spottail spiny turbot
俗　　名： 大菱鲆、大乌
商 品 名： TURBO, SOLE-TURBO
分类地位： 鲽形目 Pleuronectiformes
　　　　　 鲽科 Psettodidae
　　　　　 鲽属 *Psettodes*

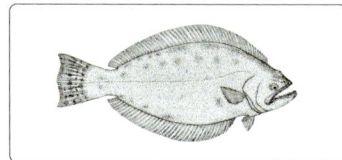

分类特征

　　体呈椭圆形，扁平，但体较其他大多数鲽形目鱼更厚；全长为体高的 2.7~3.2 倍。两眼均位于头部的右侧或左侧（约相等）。眼大，**上眼位于头部背侧**，且位于下眼之前；眼间距宽阔。口大，**上颌骨发达**，后端伸达下眼后缘远后方；下颌突出。**两颌齿发达，具强壮的犬齿，尖端具倒刺；犁骨和腭骨具齿**。前鳃盖骨边缘游离，未被皮肤和鳞片遮盖。生殖突和肛门位于臀鳍前的腹中线上。**背鳍起点位于上眼远后方；背鳍和臀鳍前部具鳍棘**，背鳍具 50~56 鳍条，**臀鳍具 38~42 鳍条**；有眼侧和无眼侧的胸鳍几等长，均具 14~17 鳍条；**腹鳍具 1 鳍棘和 5 鳍条，几对称地分布于腹中线两侧；尾鳍与背鳍和臀鳍不相连**，后缘截形或双截形。鳞小，体两侧被弱栉鳞，侧线鳞 65~74，**围尾柄鳞 28~32**；体两侧具侧线，仅在胸鳍上方稍弯曲，无颞上支，下眼下方具分支。有眼侧呈棕褐色，具浅绿色斑点和斑块；无眼侧通常呈灰白色；背鳍、臀鳍和尾鳍色较深，**尾鳍上有许多大黑斑**。

栖息地、生物学特征和渔业

　　栖息于泥质、沙质和岩石底质的河口以及从海岸线到 150 m 水深的沿海水域。最大全长为 61 cm，常见个体全长为 45 cm。使用底拖网、地拉网、罩网等渔具捕捞。市场销售新鲜、烟熏和干腌产品，偶尔也用于鱼粉和鱼油加工。

分布

　　东大西洋区自西撒哈拉（约 24°N）至毛里塔尼亚海域，自几内亚（约 10°N）至安哥拉（约 17°S）的沿岸海域较为常见。

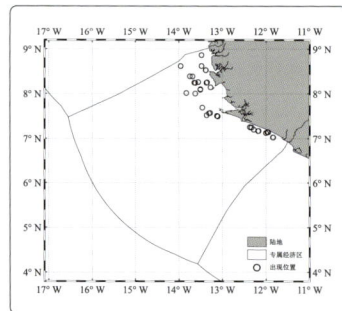

鉴定依据

　　《The living marine resources of the Eastern Central Atlantic, Volume 4》第 2140 页；《拉汉世界鱼类系统名典》第 326 页；《中东大西洋底层鱼类》第 153 页。

176. 贝氏鲽 *Psettodes bennetti* Steindachner, 1870

英 文 名： Spiny turbot
俗　　名： 皮氏鲽、小鳞鲽
商 品 名： TURBO, SOLE-TURBO
分类地位： 鲽形目 Pleuronectiformes
　　　　　 鲽科 Psettodidae
　　　　　 鲽属 *Psettodes*

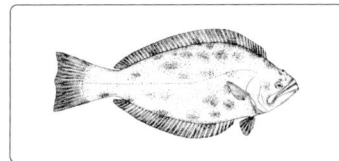

分类特征

　　体呈椭圆形，扁平，但体较其他大多数鲽形目鱼更厚；全长为体高的 2.9~3.4 倍。两眼均位于头部的左侧或右侧；眼大，**上眼位于头部背侧**，且位于下眼之前；眼间距宽阔。口大，**上颌骨发达**，后端伸达下眼后缘远后方；下颌突出。**两颌齿发达，具强壮的犬齿，尖端有倒刺；犁骨和腭骨具齿。前鳃盖骨边缘游离，未被皮肤和鳞片遮盖。**生殖突和肛门位于臀鳍前的腹中线上。**背鳍起点始于上眼远后方；背鳍和臀鳍前部具鳍棘**，背鳍具 46~53 鳍条，臀鳍具 34~39 鳍条；有眼侧和无眼侧胸鳍几等长，均具 13~16 鳍条；**腹鳍具 1 鳍棘和 5 鳍条，几对称地分布于腹中线两侧**；尾鳍与背鳍和臀鳍不相连，后缘截形或双截形。鳞小，体两侧被弱栉鳞，侧线鳞 65~74，**围尾柄鳞 34~43**；体两侧均具侧线，仅在胸鳍上方稍弯曲，无颞上支，下眼下方具分支。有眼侧呈棕褐色，具不规则斑点和斑块；无眼侧通常呈灰白色；**尾鳍无黑斑。**

栖息地、生物学特征和渔业

　　栖息于 2 m 以浅的河口及 15~100 m 水深大陆架的泥质、沙质和岩石底质水域。使用底拖网、地拉网、刺网等渔具捕捞。市场销售新鲜、烟熏和干腌的产品，偶尔也用于鱼粉和鱼油加工。

分布

　　东大西洋区西非沿岸自西撒哈拉（约 25°N）至几内亚（约 10°N）海域。

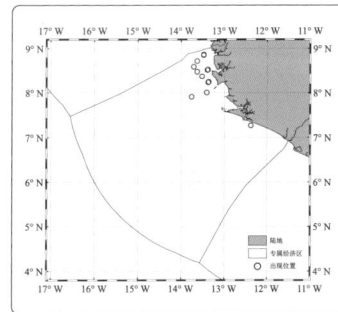

鉴定依据

《The living marine resources of the Eastern Central Atlantic, Volume 4》第 2950 页；《拉汉世界鱼类系统名典》第 326 页；《中东大西洋底层鱼类》第 154 页。

177. 斑尾棘鲆 *Citharus linguatula*（Linnaeus, 1758）

英 文 名：Spotted flounder
俗　　名：比目鱼、片口
分类地位：鲽形目 Pleuronectiformes
　　　　　棘鲆科 Citharidae
　　　　　棘鲆属 *Citharus*

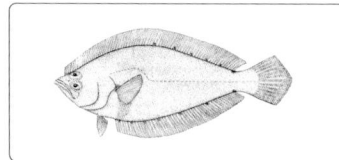

分类特征

　　体呈长椭圆形，侧扁。头大，背缘在上眼前方微凹。吻尖，稍延长。眼大，**两眼位于头部左侧**，上眼邻头背缘，较下眼略前。眶间距窄。口大，端位，倾斜。下颌突出，上颌骨后端伸达下眼瞳孔后缘和下眼后缘之间。左右鳃盖膜分离。鳃耙发达，细长，有小刺，第一鳃弓下鳃耙 11~12。**前鳃盖骨后缘游离。肛门和生殖突位于体左侧。背鳍和臀鳍无鳍棘；背鳍具 64~72 鳍条，始于无眼侧上眼前缘上方；臀鳍具 44~48 鳍条；**胸鳍 2 个；**腹鳍短，两侧腹鳍基部近等长，具 1 鳍棘和 5 鳍条；尾鳍与背鳍和臀鳍不相连**，尾鳍双截形。鳞大，有眼侧被栉鳞，无眼侧被圆鳞或弱栉鳞，侧线鳞 35~39；**体两侧侧线发达**，在胸鳍上方弯曲呈弯弧状，无颞上支。有眼侧呈棕褐色至浅棕色或淡黄色，具不规则的深色斑点，**背鳍和臀鳍的后端和邻近的背腹侧体缘有 1 对明显的黑斑。**无眼侧通常呈白色。背鳍后部和整个臀鳍的基部各有 1 纵列黑斑。

栖息地、生物学特征和渔业

　　栖息于从海岸线到大陆架深度约 450 m 的软质海底（沙、黏土、泥）水域，但很少在超过 200 m 深的水域捕捞到。较小个体主要以糠虾为食；较大个体以十足目甲壳类和鱼类为食。使用底拖网和地拉网进行捕捞，是底层拖网的兼捕物种，手工渔业也可捕捞。部分海域已过度捕捞。最大全长为 30 cm。主要销售新鲜或冷冻产品，肉质一般。

分布

　　东大西洋区西非沿岸自葡萄牙和直布罗陀向南至安哥拉（约 16°S），以及加那利群岛、佛得角群岛海域；整个地中海均有分布。

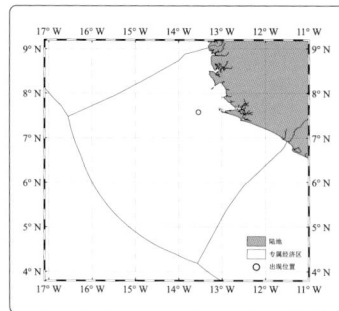

鉴定依据

　　《The living marine resources of the Eastern Central Atlantic, Volume 4》第 2952 页；《拉汉世界鱼类系统名典》第 326 页；《中东大西洋底层鱼类》第 155 页。

178. 足鲆 *Bothus podas*（Delaroche, 1809）

英 文 名：Wide-eyed flounder
俗　　名：宽眼鲆、比目鱼、片口
分类地位：鲽形目 Pleuronectiformes
　　　　　鲆科 Bothidae
　　　　　鲆属 *Bothus*

分类特征

　　体呈卵圆形。头部前轮廓线几乎垂直（成熟雄鱼），下眼上方和前方略凹。雄鱼吻部具短棘。两眼位于头部左侧。**眶间距宽，为眼径的 60%（雌鱼和幼鱼）或远大于眼径（成熟雄鱼）；上眼前缘位于下眼后缘**。上颌骨长于眼径，后端伸达下眼前缘。齿小，上下颌均发达，无犬齿。鳃耙短。背鳍具 85~95 鳍条，均不延长；臀鳍具 63~73 鳍条；两侧腹鳍基不等长，有眼侧显著长于无眼侧；**雄鱼胸鳍上部鳍条不延长。有眼侧被栉鳞，无眼侧被圆鳞，侧线鳞 75~92**；胸鳍上方侧线弯曲呈弯弧状。种群有眼侧呈浅褐色，通常覆盖有斑点和 / 或眼状斑块；腹鳍颜色与身体相似，胸鳍有褐色小斑点；有眼侧腹鳍黑色，无眼侧腹鳍白色至暗色。

栖息地、生物学特征和渔业

　　栖息于 15~400 m 水深且底质为沙、贝壳、泥或者珊瑚的水域。以小型无脊椎动物和鱼类为食。产卵期为 5—8 月。最大全长为 45 cm，常见个体全长为 13 cm。加纳和塞内加尔的近海分布较多。工业和手工渔业中使用耙网、底拖网、定置网、地拉网和抄网捕捞。市场销售新鲜、熏制和干腌的产品。

分布

　　东大西洋区西非沿岸自直布罗陀至安哥拉，以及圣多美群岛、马德拉群岛、加那利群岛和佛得角群岛海域；亚速尔群岛和整个地中海均有分布。

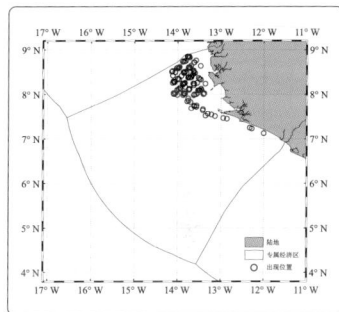

鉴定依据

《The living marine resources of the Eastern Central Atlantic, Volume 4》第 2988 页；《拉汉世界鱼类系统名典》第 329 页；《中东大西洋底层鱼类》第 156 页。

179. 几内亚潜鲆 *Syacium guineensis*（Bleeker, 1862）

英 文 名：Papillose flounder
俗　　名：比目鱼
商 品 名：PELUDA
分类地位：鲽形目 Pleuronectiformes
　　　　　牙鲆科 Paralichthyidae
　　　　　潜鲆属 *Syacium*

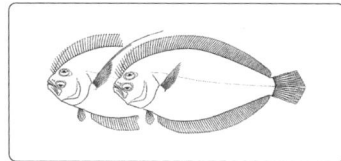

分类特征

体延长，侧扁。头小，**钝圆，上眼前方有一小凹刻**。吻钝长，几等于眼径。**两眼位于头部左侧，眼中大**；**眼间隔凹而窄，等于或小于下眼瞳孔径，眼间距雄鱼大于雌鱼**，幼鱼眶间具骨嵴。口大，下颌突出。上颌骨后端伸达下眼中后方。上下颌均具齿，前端犬齿状；有眼侧和无眼侧齿均发达。**鳃耙短而粗，后侧有强锯齿，第一鳃弓下鳃耙 7~9**。背鳍起点位于无眼侧后鼻孔中方，背鳍具 83~93 鳍条；臀鳍具 62~74 鳍条；背鳍和臀鳍中部鳍条被鳞。有眼侧胸鳍较无眼侧大，**雄鱼胸鳍上部 1~2 鳍条延长，不超过体中点**；两侧腹鳍基几等长，均较短，有眼侧稍后于无眼侧。尾鳍双截形，尾柄较高。**鳞大，有眼侧被栉鳞，无眼侧被圆鳞。侧线在胸鳍上方不显著弯曲；侧线鳞 52~60**。有眼侧呈棕褐色至褐色（雄鱼更明显），或具许多斑点或斑块，间间隔具几条深色宽带；胸鳍末端上方侧线上有一或多个弥散性斑；胸鳍具弥散状横带；有眼侧背鳍和臀鳍具多个暗斑，鳍条顶端近黑色；尾鳍具 2~3 行不规则横斑。无眼侧体呈白色至淡黄色，大型雄性个体色暗。

栖息地、生物学特征和渔业

栖息于水深 15~200 m 且底质为泥、沙、砾石或贝壳的水域。最大体长为 40 cm，常见个体体长为 30 cm。整个西非海岸，包括沿海和近岸海域均有捕捞，为该地区最具商业价值的鲆科物种之一。使用底拖网、定置网和钓类渔具捕捞。市场销售新鲜、熏制和干腌产品。

分布

东大西洋区西非沿岸自西撒哈拉至纳米比亚及佛得角群岛海域。

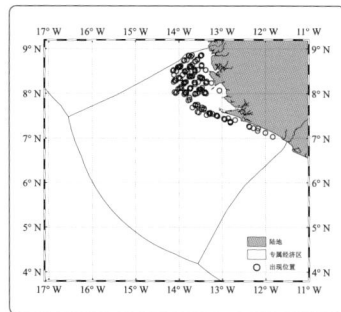

鉴定依据
《The living marine resources of the Eastern Central Atlantic, Volume 4》第 2999 页；《拉汉世界鱼类系统名典》第 327 页。

180. 白点巧鳎 *Dagetichthys cadenati*（Chabanaud, 1947）

英 文 名： Guinean sole
俗　　名： 白点箬鳎、西非箬鳎、虎斑鳎
商 品 名： SOLE-TIGRE
分类地位： 鲽形目 Pleuronectiformes
　　　　　 鳎科 Soleidae
　　　　　 巧鳎属 *Dagetichthys*

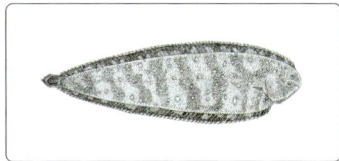

分类特征

　　体延长，侧扁；最大体高位于体前 1/3 处。吻短，钝圆。头长为体长的 15%~19%；眼径为头长的 15%。**吻端具骨质突起**。眼间隔狭窄，被鳞。**两眼位于头部右侧**。有眼侧前后鼻孔间具 1~2 皮突。有眼侧前鼻孔管状，未达下眼前缘。**无眼侧前鼻孔不延长，位于皮突中间，周边微凹且无鳞**。口角伸达下眼后 1/3 处；上下唇具许多乳突。背鳍具 75~79 鳍条；臀鳍具 59~62 鳍条；**尾鳍与背鳍和臀鳍相连，尾鳍外侧鳍条与背鳍、臀鳍通过鳍膜大面积连接，背鳍和尾鳍前后鳍条几等长；尾柄不明显**。生殖突近肛门；体两侧胸鳍等长，具 6~8 鳍条；腹鳍具 2~4 鳍条。侧线鳞 105~110；侧线颞上支圆弧形。**有眼侧被栉鳞。有眼侧呈灰褐色至棕紫色，散布许多大小不等的深色斑点和白点**；侧线孔白色。背鳍、臀鳍和尾鳍边缘白色。无眼侧体呈白色。

栖息地、生物学特征和渔业

　　底栖鱼类，栖息于 50 m 水深以浅、底质为泥和沙的沿海海域，在半咸水区也有发现。最大全长为 35 cm。使用底拖网和地拉网捕捞。市场销售新鲜产品。

分布

　　东大西洋区西非沿岸自塞内加尔至刚果的海域，主要分布于几内亚湾。

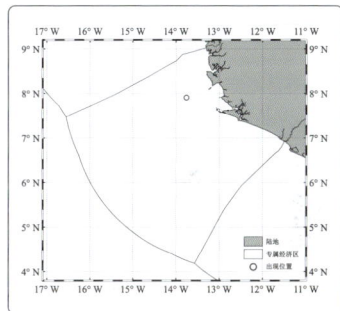

鉴定依据

　　《The living marine resources of the Eastern Central Atlantic, Volume 4》第 3011 页；《拉汉世界鱼类系统名典》第 332 页白边箬鳎 *Dagetichthys cadenati*（同物异名）；《中东大西洋底层鱼类》第 164 页。

181. 点斑巧鳎 *Dagetichthys lusitanicus*（De Brito Capello, 1868）

英 文 名： Portuguese sole
俗　　名： 点斑箬鳎、黑斑箬鳎、葡萄牙箬鳎、虎斑鳎
商 品 名： SOLE-TIGRE
分类地位： 鲽形目 Pleuronectiformes
　　　　　 鳎科 Soleidae
　　　　　 巧鳎属 *Dagetichthys*

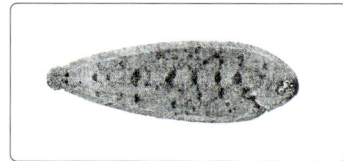

分类特征

　　体延长，侧扁；最大体高位于体前 1/3 处。头长为体长的 15%~20%；眼径为头长的 15%。**吻端具骨质突起。**眼间隔狭窄，被鳞，**两眼位于头部右侧。**有眼侧前、后鼻孔间具 1~2 皮突。有眼侧前鼻孔管状，未达下眼前缘。**无眼侧前鼻孔不延长，位于皮突中间，周边微凹且无鳞。**口角伸达下眼后 1/3 处；上下唇具乳突。背鳍具 71~84 鳍条；臀鳍具 54~69 鳍条；**尾鳍与背鳍和臀鳍相连，尾鳍外侧鳍条与背鳍、臀鳍通过鳍膜大面积连接；背鳍和臀鳍前后鳍条几等长；尾柄不明显。**生殖突近肛门。体两侧胸鳍等长，具 6~10 鳍条；腹鳍具 2~4 鳍条。侧线鳞 105~135；侧线颞上支圆弧形。有眼侧被栉鳞，长方形。体色多变，**有眼侧多呈灰色，具近纵向排列的不规则黑色斑块，**大斑块多集中于侧线上；有眼侧胸鳍色深。无眼侧体呈白色。

栖息地、生物学特征和渔业

　　底栖鱼类，栖息于 60 m 水深以浅、底质为泥和沙的沿海海域。最大全长为 48 cm，常见个体全长 15~35 cm。使用底拖网捕捞。市场销售新鲜产品，有时也冷冻处理。

分布

　　东大西洋区自葡萄牙、直布罗陀至安哥拉海域；地中海亦有分布记录。

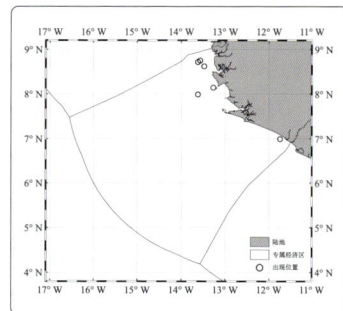

鉴定依据

《The living marine resources of the Eastern Central Atlantic, Volume 4》第 3012 页；《拉汉世界鱼类系统名典》第 332 页的点斑箬鳎 *Synaptura lusitanica lusitanica* 和黑斑箬鳎 *Synaptura lusitanica nigromaculata*（同物异名）；《中东大西洋底层鱼类》第 165 页的葡萄牙箬鳎 *Synaptura lusitanica*（同物异名）。

182. 圆尾双色鳎 *Dicologlossa cuneata*（Moreau, 1881）

英 文 名：Wedge sole
俗　　名：塞内加尔截尾鳎、条鳎
商 品 名：ACEDIA
分类地位：鲽形目 Pleuronectiformes
　　　　　鳎科 Soleidae
　　　　　双色鳎属 *Dicologlossa*

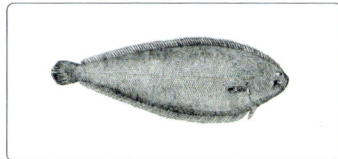

分类特征

　　体延长，侧扁；最大体高位于体前 1/3 处，体长为体高的 3 倍以上。吻端具棱角。**两眼位于头部右侧**，上眼与头部上缘的距离小于眼径。 眼间隔较窄，被鳞。口角伸达下眼后缘。有眼侧前鼻孔管状，未达下眼前缘；无眼侧前鼻孔未扩大。背鳍具 81~85 鳍条，始于上眼前缘；臀鳍具 65~78 鳍条；**背鳍和臀鳍最后鳍条鳍膜与尾柄相连**，尾柄明显；**体两侧胸鳍等长**，具 8~10 鳍条。体被栉鳞，粗糙、易脱落；侧线鳞 105~132；**侧线前端具"S"形颊上支。有眼侧呈深棕色至灰褐色，具蓝色小斑点；有眼侧胸鳍具明显的长圆形黑斑**，未达胸鳍末端。无眼侧体呈白色。

栖息地、生物学特征和渔业

　　栖息于水深为 10~430 m 且底质为沙质或泥沙质底部海域。主要出现在西非北部沿海（10~100 m 水深），但在毛里塔尼亚大陆坡更深水域也有出现。以甲壳类（主要是端足类、小虾和蟹类）为食，也捕食蠕虫和软体动物。产卵期为秋季和冬季。最大体长为 30 cm，常见个体体长 10~22 cm。使用底拖网捕捞。市场销售的大部分是新鲜产品，肉质备受赞赏。

分布

　　东大西洋区自比斯开湾（拉罗谢尔）至好望角海域，毛里塔尼亚和摩洛哥海域资源量丰富，在几内亚湾不常见；地中海西部海域亦有分布。

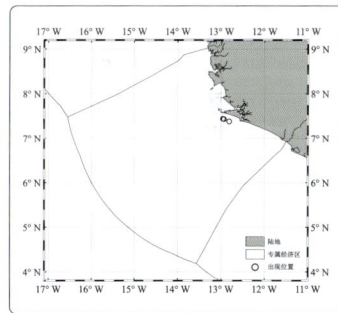

鉴定依据
　　《The living marine resources of the Eastern Central Atlantic, Volume 4》第 3013 页；《拉汉世界鱼类系统名典》第 332 页。

183. 六斑双色鳎 *Dicologlossa hexophthalma*（Bennett, 1831）

英 文 名： Ocellated wedge sole
俗　　名： 六斑截尾鳎、六点鳎
商 品 名： SEIS MONEDA
分类地位： 鲽形目 Pleuronectiformes
　　　　　 鳎科 Soleidae
　　　　　 双色鳎属 *Dicologlossa*

分类特征

体近椭圆形，侧扁，最大体高近体中部。头小，前端钝圆。吻短而圆。两眼在头部右侧，上眼比下眼前位；眼间隔窄，眼间隔及眼上部均被鳞。两颌无眼侧具绒毛状细齿。口角伸达下眼中部。有眼侧前鼻孔管状，伸达下眼前缘；**无眼侧前鼻孔管状，不扩大。背鳍具 65~80 鳍条；臀鳍具 52~64 鳍条**；背鳍和臀鳍最后鳍条鳍膜与尾柄相连，尾柄明显；有眼侧胸鳍具 5~8 鳍条，无眼侧胸鳍具 4~8 鳍条，无眼侧胸鳍短于有眼侧；尾鳍后缘弧形。体被小栉鳞，侧线鳞 85~115；侧线中位，具颞上支。有眼侧呈棕褐色，**体侧沿背鳍和臀鳍基部具 6 个深棕色眼斑，另具数条深色横带**。无眼侧呈白色。

栖息地、生物学特征和渔业

栖息于近海泥沙质浅水区，偶尔在 150 m 水深也有发现。体多黏液，肌肉发达，活动性强。最大全长为 20 cm。常被拖网、地拉网兼捕。昼伏夜出，夜间产量较高。

分布

东大西洋区西撒哈拉至安哥拉海域，主要在几内亚湾；地中海西班牙近海亦有分布。

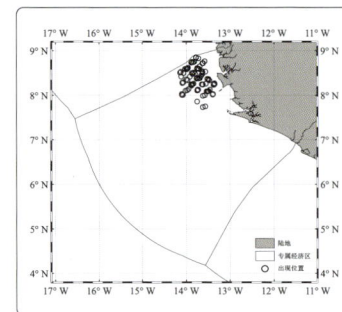

鉴定依据

《The living marine resources of the Eastern Central Atlantic, Volume 4》第 3018 页；《拉汉世界鱼类系统名典》第 332 页；《中东大西洋底层鱼类》第 159 页。

184. 小头短臂鳎 *Microchirus boscanion*（Chabanaud, 1926）

英 文 名： Lusitanian sole
俗　　名： 短臂鳎
商 品 名： ACEVIA
分类地位： 鲽形目 Pleuronectiformes
　　　　　 鳎科 Soleidae
　　　　　 短臂鳎属 *Microchirus*

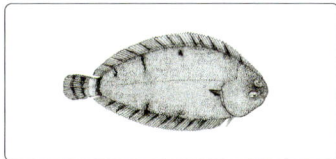

分类特征

体呈卵圆形，粗壮，侧扁；体中部最高。头较大，前部钝圆。吻短，钝圆。**两眼位于头部右侧**。眼间隔狭窄，被鳞。眼上部被鳞。口角伸达下眼后1/3处；有眼侧前鼻孔管状，向后延伸至下眼前缘。背鳍具 70~80 鳍条；臀鳍具 54~63 鳍条；**背鳍和臀鳍最后鳍条不与尾柄相连；无眼侧胸鳍较有眼侧短**，有眼侧胸鳍具 5~7 鳍条，第一鳍条不分支，其后鳍条分支，无眼侧胸鳍具 2~6 鳍条。侧线鳞 59~78；侧线具颞上支。有眼侧呈深黄色至红褐色，**沿背鳍和臀鳍基部具 4~6 个不规则斑块；尾柄具 1 条深色横带**（有时不完整）；**背鳍和臀鳍交替排列 4~6 无色素鳍条和 1~2 较暗鳍条**；胸鳍色深。无眼侧体呈白色；背鳍和臀鳍颜色与有眼侧相似。

栖息地、生物学特征和渔业

栖息于水深为 80~800 m 且底质为泥沙质的陆架和陆坡海域，营底栖生活。最大全长为 20 cm。使用底拖网捕捞。市场销售的大部分是新鲜产品。

分布

东大西洋区自加的斯湾至安哥拉北部海域；地中海北部自西班牙沿岸至里昂湾亦有分布。

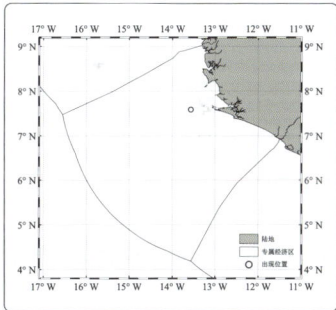

鉴定依据

《The living marine resources of the Eastern Central Atlantic, Volume 4》第 3013 页；《拉汉世界鱼类系统名典》第 332 页。

185. 白条短臂鳎 *Microchirus frechkopi* Chabanaud, 1952

英 文 名： Frechkop's sole
俗　　名： 短臂鳎
商 品 名： ACEVIA
分类地位： 鲽形目 Pleuronectiformes
　　　　　 鳎科 Soleidae
　　　　　 短臂鳎属 *Microchirus*

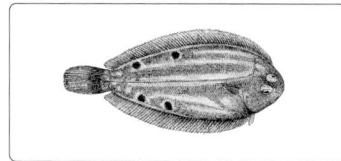

分类特征

　　体呈卵圆形，粗壮，侧扁；最大体高位于体前 1/3 处。头较大，前部钝圆。吻短，钝圆。**两眼位于头部右侧**，眼间隔狭窄，被鳞，眼上部被鳞。口角伸达下眼中部。有眼侧前鼻孔管状，向后延伸至下眼前缘。背鳍具 60~70 鳍条；臀鳍具 48~55 鳍条；**背鳍和臀鳍最后鳍条不与尾柄相连**，尾柄明显；**无眼侧胸鳍较有眼侧短**，有眼侧胸鳍具 5~8 鳍条，第一鳍条不分支，其后鳍条分支，无眼侧胸鳍具 2~5 鳍条。侧线鳞 55~77；侧线具颞上支。**有眼侧呈淡红色**，具暗纵纹 5~6 条，**体后半部具 2 对深褐色眼斑**；背鳍和臀鳍较暗；有眼侧胸鳍色深。无眼侧体呈白色，背鳍、臀鳍和尾鳍暗褐色。

栖息地、生物学特征和渔业

　　大陆架沙质和泥质海底的底层鱼类。最大全长为 20 cm。使用底拖网捕捞。市场销售的大部分是新鲜产品。

分布

　　东大西洋区自塞内加尔至几内亚湾热带海域。

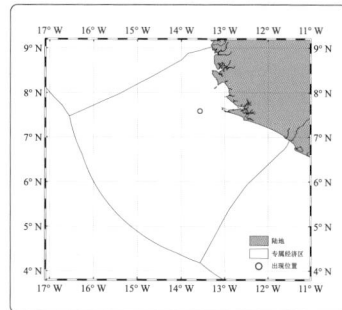

鉴定依据

《The living marine resources of the Eastern Central Atlantic, Volume 4》第 3017 页；《拉汉世界鱼类系统名典》第 332 页。

186. 大西洋单臂鳎 *Monochirus atlanticus*（Chabanaud, 1940）

英 文 名： Whiskered sole
俗　　名： 单臂鳎
分类地位： 鲽形目 Pleuronectiformes
　　　　　鳎科 Soleidae
　　　　　单臂鳎属 *Monochirus*

分类特征

　　体呈椭圆形，粗壮，侧扁，最大体高位于体前 1/3 处，后部渐窄。头较大，前部宽圆。吻短而圆钝。眼间隔窄而凹陷。**口角伸达下眼中部**。有眼侧前鼻孔管状，伸达下眼前缘；无眼侧前鼻孔管状。**背鳍具 50~58 鳍条**，起点位于眼前缘上方；**臀鳍具 40~45 鳍条；背鳍和臀鳍不与尾鳍相连，尾柄明显；有眼侧胸鳍具 5~6 鳍条，无眼侧无胸鳍**。体被栉鳞，**鳞片呈梯形，非常粗糙，侧线有孔鳞52~54**；侧线颞上支不明显。有眼侧呈灰色或红棕色，**具较深的黑色斑点或条带；有眼侧背鳍和臀鳍鳍条具 1~2 浅色和 4~6 深黑色交替的条纹**。无眼侧呈白色。

栖息地、生物学特征和渔业

　　底栖鱼类，栖息于水深为 10~250 m 且底质为泥沙质的大陆架海域，也常出现于水生植物生长区，最大体长为 20 cm，常见个体体长 10~15 cm。常被拖网、地拉网兼捕。在部分国家可新鲜销售。

分布

　　东大西洋区自葡萄牙至加纳海域。

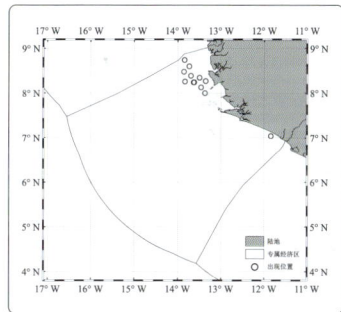

鉴定依据
　　《The living marine resources of the Eastern Central Atlantic, Volume 4》第 3022 页；《拉汉世界鱼类系统名典》第 332 页。

187. 几内亚大鼻鳎 *Pegusa lascaris*（Risso, 1810）

英 文 名： Sand sole
俗　　名： 沙鳎
商 品 名： SOYA
分类地位： 鲽形目 Pleuronectiformes
　　　　　 鳎科 Soleidae
　　　　　 大鼻鳎属 *Pegusa*

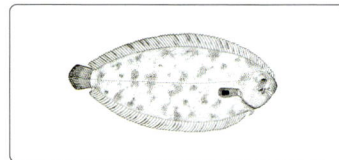

分类特征

　　体呈长椭圆形，侧扁，最大体高位近体中部。头较大，前部钝尖。两眼位于头右侧，上眼比下眼前位，上眼与头背侧距离大于眼径；眼间隔窄，被鳞。口小，口裂伸达下眼中部，下唇中央具乳突。**无眼侧前鼻孔扩大呈莲座状**，外缘具长皮突，后鼻孔与前鼻孔间距较近。两颌的无眼侧具绒毛状细齿。背鳍具 70~90 鳍条，起点明显在眼前方的头部前缘；臀鳍具 58~75 鳍条；**背鳍和臀鳍最后鳍条通过鳍膜与尾鳍基部相连，尾柄不明显**；两侧胸鳍等大，具 7~10 鳍条；尾鳍后缘圆形。侧线有孔鳞98~145，在头部上方有一半环状颞上支。有眼侧呈浅黄棕色和红棕色，散布小的深色云斑和白点；有眼侧背鳍和臀鳍数根浅色鳍条和 1~3 深色鳍条交替的出现；**有眼侧胸鳍具明显黑斑，边缘黄色和白色**。无眼侧呈白色。

栖息地、生物学特征和渔业

　　栖息于底质为沙砾、泥或沙质的近海和半咸水水域，水深范围为 5~350 m，但主要分布水深为20~50 m。幼体喜栖息于河口或浅水区。以小型无脊椎动物为食，主要是甲壳类（如端足类、糠虾类、虾蟹类），也摄食双壳类等软体动物及多毛类。最大体长为 40 cm。常被拖网、地拉网捕获。可鲜食、冷冻售卖。具有一定的经济价值。

分布

　　东大西洋区西非沿岸自摩洛哥至安哥拉海域，摩洛哥至几内亚湾沿岸较常见；沿欧洲大西洋海岸到英国岛屿、地中海西部和好望角以南也有分布记录。

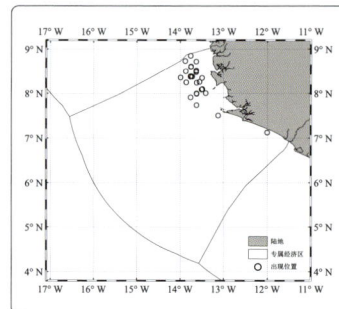

鉴定依据

　　《The living marine resources of the Eastern Central Atlantic, Volume 4》第 3024 页；《拉汉世界鱼类系统名典》第 332 页；《中东大西洋底层鱼类》第 161 页的大鼻鳎。

188. 三眼大鼻鳎 *Pegusa triophthalma*（Bleeker, 1863）

英 文 名：Cyclope sole
俗　　名：三点沙鳎
商 品 名：SOYA
分类地位：鲽形目 Pleuronectiformes
　　　　　鳎科 Soleidae
　　　　　大鼻鳎属 *Pegusa*

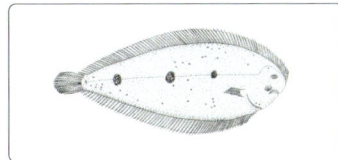

分类特征

体呈长椭圆形，侧扁，最大体高位于前 1/3 处。头较小，前部宽圆。两眼位于头右侧，上眼比下眼前位，上眼与头背侧距离大于眼径；眼间隔窄，被鳞。口小，口裂伸达下眼中部，唇无乳突。**无眼侧前鼻孔扩大呈莲座状**，外缘具长皮突，后鼻孔与前鼻孔间距较近。两颌的无眼侧具绒毛状细齿。体被栉鳞，侧线有孔鳞 85~111；侧线在头部上方有一半环状颞上支。背鳍具 75~83 鳍条，起点几始于吻尖；臀鳍具 58~65 鳍条；**背鳍和臀鳍最后鳍条鳍膜与尾鳍基部相连，尾柄不明显**；两侧胸鳍等大，具 6~9 鳍条。有眼侧呈黄褐色，**侧线上具 3 个黑色大眼斑，边缘白色，体表散布着许多小而不规则形状的蓝色和褐色斑点；有眼侧胸鳍后部黑斑，斑点边缘黄色、腹侧白色**。无眼侧呈白色。

栖息地、生物学特征和渔业

栖息于水深为 10~30 m 且底质为沙质的海域，主要栖息水深范围为 15~25 m，主要栖息水深 15~25 m，也进入沿岸带潟湖。以软体动物等小型无脊椎动物为食。最大全长为 30 cm。常与几内亚大鼻鳎 *Pegusa lascaris* 混栖。被拖网兼捕。可鲜售。

分布

东大西洋区西非沿岸自毛里塔尼亚布兰科角至安哥拉海域，但主要集中在几内亚湾。

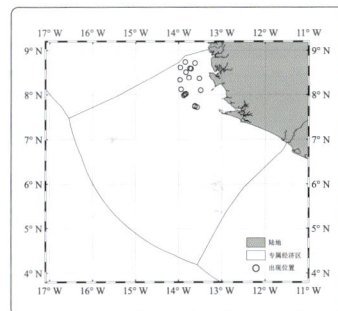

鉴定依据

《The living marine resources of the Eastern Central Atlantic, Volume 4》第 3025 页；《拉汉世界鱼类系统名典》第 332 页；《中东大西洋底层鱼类》第 162 页。

189. 布朗氏舌鳎 *Cynoglossus browni* Chabanaud, 1949

英 文 名： Nigerian tonguesole
俗　　名： 尼日利亚舌鳎、红鳎、舌鳎
商 品 名： LENGUA, SOLE
分类地位： 鲽形目 Pleuronectiformes
舌鳎科 Cynoglossidae
舌鳎属 *Cynoglossus*

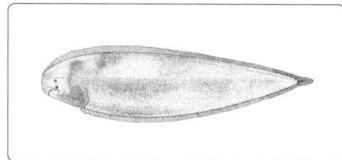

分类特征

体呈长舌状，侧扁。两眼位于头左侧，眼小，眼间隔宽。吻钝圆，略呈方形。吻钩短，不达前鼻孔前缘。口歪，下位，上颌骨后端伸越眼后缘后方；口角伸越下眼后缘后下方，距吻端较距鳃孔为近。背鳍具 115~125 鳍条；臀鳍具 96~99 鳍条；**腹鳍 2 个，有眼侧腹鳍退化，仅具 1~3 短鳍条；尾鳍具 12 鳍条。有眼侧被栉鳞，具 2 条侧线；无眼侧被圆鳞，无侧线；侧线鳞 84~91，上中侧线间鳞 14~16**。有眼侧呈黑褐色，无眼侧呈白色。

栖息地、生物学特征和渔业

暖水性底层鱼类，栖息于大陆架水深 15~40 m 的泥沙底质海域，幼体和部分成体也栖息于河口。常与其他舌鳎混栖，昼伏夜出，移动范围不大。摄食小鱼、虾蟹类、软体动物等，食性广。最大全长为 60 cm，常见个体全长为 30 cm。是底拖网、定置网和地拉网的重要捕捞物种。可鲜售或冷冻出售。肉质鲜美，经济价值高，在尼日利亚很常见，可出口（如韩国市场）。

分布

东大西洋区自塞内加尔至安哥拉水域和佛得角群岛海域；英国海岸和荷兰亦有分布记录。

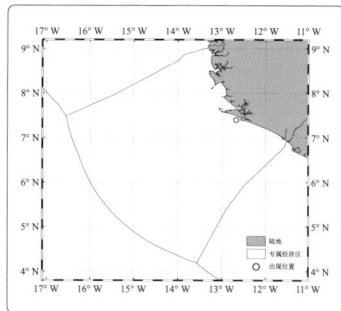

鉴定依据

《The living marine resources of the Eastern Central Atlantic, Volume 4》第 3035 页；《拉汉世界鱼类系统名典》第 333 页；《中东大西洋底层鱼类》第 166 页的尼日利亚舌鳎（同物异名）。

190. 加那利舌鳎 *Cynoglossus canariensis* Steindachner, 1882

英 文 名： Canary tonguesole
俗　　名： 红鳎、舌鳎
商 品 名： LENGUA, SOLE
分类地位： 鲽形目 Pleuronectiformes
　　　　　舌鳎科 Cynoglossidae
　　　　　舌鳎属 *Cynoglossus*

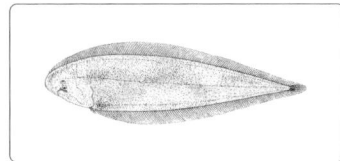

分类特征

　　体呈长舌状，侧扁。两眼位于头左侧，眼小，眼间隔宽。吻钝尖。吻钩短，仅达前鼻孔前缘。口歪，下位，上颌骨后端伸越下眼后缘后方；**口角伸越下眼后缘后下方，距吻端较距鳃孔为近**。背鳍具125 鳍条；臀鳍具 99 鳍条；**腹鳍 2 个，有眼侧腹鳍退化，仅具 1~3 短鳍条**；尾鳍具 12 鳍条。**有眼侧前部为栉鳞，后部为圆鳞，具 3 条侧线；无眼侧为圆鳞，具 1 条侧线；侧线鳞 76~88；上中侧线间鳞 10~13**。有眼侧呈褐色；无眼侧呈白色，**无眼侧鳃盖内膜白色**。

栖息地、生物学特征和渔业

　　暖水性底层鱼类，栖息于水深 10~300 m 的泥沙底质海域，幼体和部分成体也栖息于河口。以小型无脊椎动物和腐殖质为食。最大年龄可达 8 龄，约 80% 的个体为 3 龄及以下；第一年生长速度快，1.5 龄时达性成熟，性成熟体长为 29~34 cm。繁殖高峰期为 4—7 月和 10—11 月。最大体长为60 cm，常见个体体长为 25~40 cm。是底拖网、定置网的重要捕捞物种。可鲜售或冷冻出售。肉质鲜美，经济价值高，可出口。

分布

　　东大西洋区西非沿岸自毛里塔尼亚至安哥拉，以及佛得角群岛和加那利群岛海域。

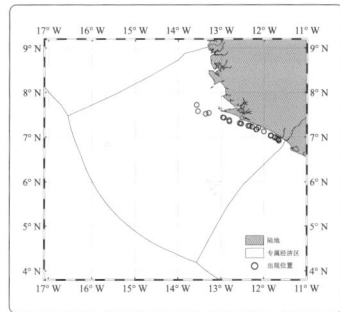

鉴定依据

《The living marine resources of the Eastern Central Atlantic, Volume 4》第 3037 页;《拉汉世界鱼类系统名典》第 333 页;《中东大西洋底层鱼类》第 167 页。

191. 莫氏舌鳎 *Cynoglossus monodi* Chabanaud, 1949

英 文 名： Guinean tonguesole
俗　　名： 几内亚舌鳎
商 品 名： LENGUA, SOLE
分类地位： 鲽形目 Pleuronectiformes
　　　　　舌鳎科 Cynoglossidae
　　　　　舌鳎属 *Cynoglossus*

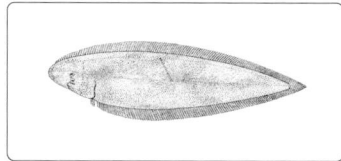

分类特征

　　体呈长舌状，侧扁。两眼位于头左侧，眼小，眼间隔窄。吻长而钝尖。吻钩短，不达前鼻孔前缘。口歪，下位，上颌骨后端伸越下眼后缘后方；**口角伸越下眼后缘下下方，距吻端较距鳃孔为近**。背鳍具 125~131 鳍条；臀鳍具 99~105 鳍条；**腹鳍 2 个，有眼侧腹鳍退化，仅具 1~3 短鳍条**；尾鳍具 12 鳍条。**有眼侧被栉鳞，具 2 条侧线；无眼侧被圆鳞，具 1 条侧线；侧线鳞 85~96；上中侧线间鳞 12~14**。有眼侧呈浅褐色；无眼侧呈白色，**鳃盖内膜黑色**。

栖息地、生物学特征和渔业

　　暖水性底层鱼类，栖息于水深 1~80 m 且底质为泥沙质的海区，常见于 15~25 m 水深处，也栖息于河口。主要摄食小型底栖无脊椎动物。最大体长为 40 cm，常见个体体长为 30 cm。几内亚至塞内加尔海域资源较丰富，常被底拖网、定置网和地拉网捕获。常季节性洄游至浅水区。可鲜售或冷冻出售。肉质鲜美，经济价值高，可出口。

分布

　　东大西洋区自毛里塔尼亚北部至刚果。

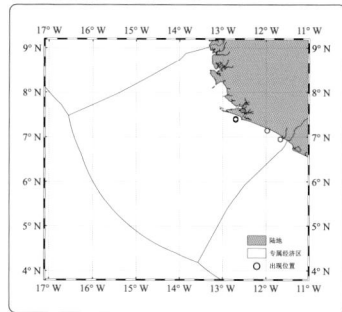

鉴定依据
　　《The living marine resources of the Eastern Central Atlantic, Volume 4》第 3038 页；《拉汉世界鱼类系统名典》第 333 页。

192. 塞内加尔舌鳎 *Cynoglossus senegalensis*（Kaup, 1858）

英 文 名： Senegalese tonguesole
俗　　名： 红鳎、舌鳎
商 品 名： LENGUA, SOLE
分类地位： 鲽形目 Pleuronectiformes
　　　　　 舌鳎科 Cynoglossidae
　　　　　 舌鳎属 *Cynoglossus*

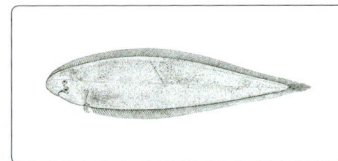

分类特征

　　体呈长舌状，侧扁。两眼在头左侧，眼小，眼间隔宽。吻钝尖。吻钩短，仅达前鼻孔前缘。口歪，下位，上颌骨后端伸越下眼后缘后方；口角伸越下眼后缘后下方，距吻端较距鳃孔略近。背鳍具119~125鳍条；臀鳍具93~99鳍条；腹鳍2个，有眼侧腹鳍退化，仅具1~3短鳍条；尾鳍具12鳍条。有眼侧被栉鳞，具2条（有时为3条）侧线；无眼侧为圆鳞，具1条侧线；侧线鳞85~96，上中侧线间鳞12~14。有眼侧呈茶绿色，鳃盖具暗色斑块，鳃盖内膜黑色；无眼侧呈浅白色。

栖息地、生物学特征和渔业

　　栖息于水深1~80 m且底质为泥沙质的浅水区，常见于15~25 m水深处，也出现于河口。以底栖无脊椎动物为食。最大体长为40 cm，常见个体体长为25 cm。在塞内加尔和几内亚湾资源丰富，通常被底拖网、定置网和地拉网捕获。存在季节性洄游习性。可鲜售或冷冻售卖。

分布

　　东大西洋区自毛里塔尼亚、安哥拉和圣多美群岛海域。

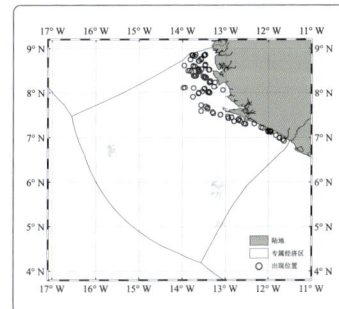

鉴定依据

　　《The living marine resources of the Eastern Central Atlantic, Volume 4》第3039页；《拉汉世界鱼类系统名典》第333页；《中东大西洋底层鱼类》第168页。

193. 灰鳞鲀 *Balistes capriscus* Gmelin, 1789

英 文 名： Grey triggerfish
俗　　名： 灰炮弹
商 品 名： BALIST
分类地位： 鲀形目 Tetraodontiformes
　　　　　鳞鲀科 Balistidae
　　　　　鳞鲀属 *Balistes*

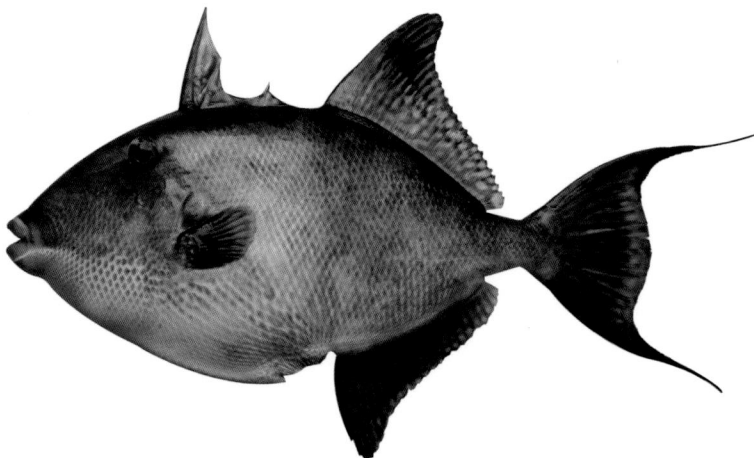

分类特征

　　体呈菱形，稍侧扁。头中大，侧扁而高。眼小，上侧位，**眼前方具一纵沟**。口小，前位，**两颌齿为具凹槽的楔形齿**，中间齿扩大。**体被板状鳞，无纵嵴，鳃孔后方与胸鳍基部上方鳞扩大呈骨板状**。第一背鳍具 3 鳍棘，**第二背鳍具 27~29 鳍条**；臀鳍与第二背鳍同形相对，**具 23~26 鳍条**；左右腹鳍合成 1 短棘，能活动；尾鳍上下缘鳍条略延长。体呈灰绿色，体背和体侧具有 3 个较深的斑点或不规则横带，颊部色浅；背鳍鳍条部和臀鳍具纵行斑点。

栖息地、生物学特征和渔业

　　暖水性底层鱼类，栖息于浅水区至 50 m 水深处的珊瑚礁或海藻丛中。以底栖无脊椎动物为食。最大全长为 60 cm，最大体重为 6.2 kg。常被底拖网、陷阱类和手钓渔具少量捕获。肉鲜美，大多鲜售。

分布

　　大西洋热带和温带海域；东大西洋区分布于自马德拉群岛、加那利群岛和佛得角群岛向北延伸至地中海，并沿欧洲大西洋沿岸至英国；西大西洋区自加拿大新斯科舍省至阿根廷，加勒比海和墨西哥湾亦有分布。

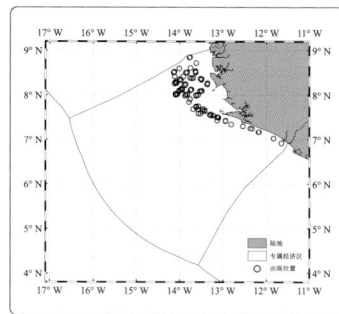

鉴定依据

　　《The living marine resources of the Eastern Central Atlantic, Volume 4》第 3051 页；《拉汉世界鱼类系统名典》第 334 页；《中东大西洋底层鱼类》第 169 页。

194. 蓝点鳞鲀 *Balistes punctatus* Gmelin, 1789

英 文 名： Bluespotted triggerfish
俗　　名： 鳞鲀
商 品 名： BALISTE
分类地位： 鲀形目 Tetraodontiformes
　　　　　鳞鲀科 Balistidae
　　　　　鳞鲀属 *Balistes*

分类特征

　　体呈菱形，稍侧扁。头重大，侧扁而高。眼小，上侧位，**眼前方具一纵沟**。口小，前位，**两颌齿为具凹槽的楔形齿**，中间齿扩大。**体被板状鳞，无纵嵴，鳃孔后方与胸鳍基部上方鳞扩大呈骨板状**。第一背鳍具 3 鳍棘，第二背鳍具 27~30 鳍条，**前部 3~4 鳍条延长呈丝状**；臀鳍具 24~26 鳍条；左右腹鳍合成 1 短棘，能活动；尾鳍双凹形，上下叶鳍条延长。体呈灰色，**眼后体大部具均匀排列的蓝色或绿色大圆斑**；眼前下缘具 5 条放射状纹；胸鳍基部黄色，各鳍散布黑色小斑，尾柄上方近尾鳍处有一大黑斑。

栖息地、生物学特征和渔业

　　暖水性底层鱼类。栖息于海岸带。近年来，渔业重要性有所增加。最大全长为 45 cm，常见个体全长为 20 cm。常被底拖网、陷阱类和手钓渔具少量捕获。大多鲜食，也可盐渍、烟熏食用。

分布

　　东大西洋区西非沿岸自摩洛哥南部至安哥拉，以及马德拉群岛、加那利群岛和佛得角群岛周边海域。

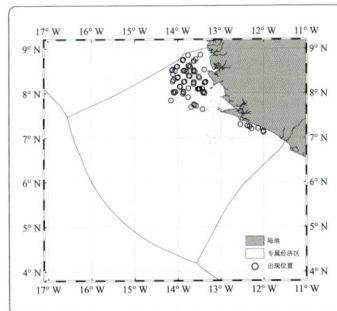

鉴定依据
　　《The living marine resources of the Eastern Central Atlantic, Volume 4》第 3052 页；《拉汉世界鱼类系统名典》第 334 页；《中东大西洋底层鱼类》第 170 页。

195. 紫点革鲀 *Aluterus heudelotii* Hollard, 1855

英 文 名： Dotterel filefish
俗　　名： 革鲀、马面鲀
商 品 名： UMA S/C
分类地位： 鲀形目 Tetraodontiformes
　　　　　 单角鲀科 Monacanthidae
　　　　　 革鲀属 *Aluterus*

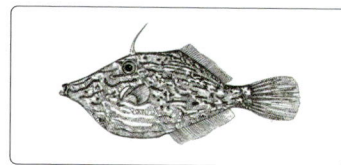

分类特征

　　体呈长椭圆形，甚侧扁。尾柄短。眼中大，上侧位，眼间隔隆起。吻尖长，背腹缘稍凹入。口小，前位，下颌稍突出。上下颌齿板状，宽而尖。唇发达。鳃孔斜缝状，位于胸鳍前上方。体被细鳞，基板上具小棘。背鳍2个，第一背鳍具2鳍棘，第一鳍棘位于眼中央上方，棘长，第二鳍棘退化；**第二背鳍具 36~41 鳍条；臀鳍具 36~44 鳍条**；胸鳍短小，**具 12~14 鳍条**；腹鳍消失；尾鳍长，后缘截形。体呈茶褐色，**体侧散有纵向连续的蓝色斑点和短纵线，体侧中后方具一长圆形黑斑**；背鳍、臀鳍浅灰色，尾鳍暗黑色。

栖息地、生物学特征和渔业

　　常见于沿岸至 50 m 水深处且底质为泥沙或海草床的浅水区，以藻类和海草为食。最大全长为 45 cm，常见个体全长为 25 cm。被拖网、陷阱类渔具兼捕。可鲜售或制成鱼干。

分布

　　东大西洋区分布于西非沿岸自毛里塔尼亚至安哥拉海域；西大西洋区分布于自美国马萨诸塞州和百慕大至巴西的沿海海域。

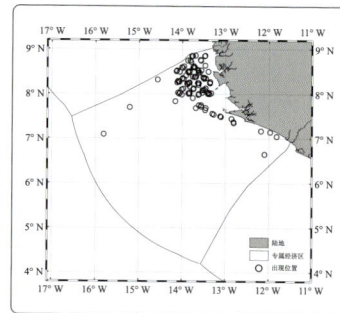

鉴定依据

　　《The living marine resources of the Eastern Central Atlantic, Volume 4》第 3057 页；《拉汉世界鱼类系统名典》第 335 页；《中东大西洋底层鱼类》第 172 页的橙斑革鲀 *Aluterus schoepfii*。

196. 单角革鲀 *Aluterus monoceros*（Linnaeus, 1758）

英 文 名：Unicorn leatherjacket filefish
俗　　名：革鲀、马面鲀
商 品 名：UMA S/C
分类地位：鲀形目 Tetraodontiformes
　　　　　单角鲀科 Monacanthidae
　　　　　革鲀属 *Aluterus*

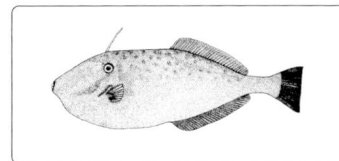

分类特征

　　体呈长椭圆形，甚侧扁。头短而高，略呈斜方形。吻长大，背缘浅弧形稍凹，腹缘圆凸。眼中大，上侧位，眼间隔宽而隆起，中央呈棱状。口小，前位，下颌突出，唇薄。上下颌齿楔形。鳃孔斜缝状，鳃孔长大于眼径。体被细鳞，基板具小棘多行。背鳍2个，第一背鳍具2鳍棘，第一鳍棘位于眼中央上方，第二鳍棘退化呈粒粒状；**第二背鳍具45~53鳍条**；臀鳍与第二背鳍相对同形，**具47~53鳍条**；胸鳍短，**具14~15鳍条**；腹鳍消失；尾鳍后缘截形。体背呈灰褐色，**散布不规则暗斑；第一背鳍棘深褐色，尾鳍暗灰色，其他各鳍浅黄色**。

栖息地、生物学特征和渔业

　　暖水性近海底层鱼类。栖息于沿岸至150 m水深的陆架区，摄食海藻及底栖生物。最大体长为55 cm，常见个体体长为40 cm。被底拖网捕获。鱼肉结实，含脂量少，新鲜销售或制成美味鱼干片。

分布

　　广泛分布于各大洋的热带、亚热带海域；东大西洋区西非热带海域也有分布。

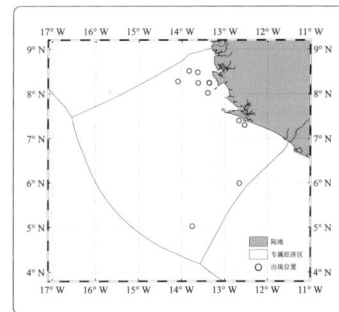

鉴定依据

　　《The living marine resources of the Eastern Central Atlantic, Volume 4》第3061页；《拉汉世界鱼类系统名典》第335页；《中东大西洋底层鱼类》第171页。

197. 金色细鳞鲀 *Stephanolepis hispidus*（Linnaeus, 1766）

英文名： Planehead filefish
俗　名： 马面鲀、剥皮鱼
商品名： UMA S/C
分类地位： 鲀形目 Tetraodontiformes
　　　　　单角鲀科 Monacanthidae
　　　　　细鳞鲀属 *Stephanolepis*

分类特征

　　体呈菱形，侧扁而高。头中大，短而高，侧视近三角形。眼中大，上侧位。吻稍尖突。口小，前位。上下颌齿楔形。鳃孔斜裂状，位于胸鳍上方，鳃孔长等于眼径。体被细鳞，**每一鳞的基板上的鳞棘愈合成柄状，其外端有许多小棘**。背鳍 2 个，第一背鳍具 2 鳍棘，**第一鳍棘位于眼后半部上方**，第二鳍棘短小，常埋于皮下；第二背鳍具 29~35 鳍条，**第 2 鳍条呈丝状延长**；臀鳍与第二背鳍同形，具 30~35 鳍条；胸鳍短；**腹鳍合为一鳍棘，由 3 对特化的鳞组成，连于腰带骨后端，能活动**；尾鳍后缘圆形。体呈灰褐色或暗褐色，具不明显的暗色斑；各鳍黄色。

栖息地、生物学特征和渔业

　　暖水性底层鱼类，栖息于岩礁与珊瑚丛、海草床、泥质、沙质底质的浅水区，水深可达 80 m。幼体喜随漂浮海藻。摄食甲壳类、小鱼及底栖生物。最大体长为 30 cm。常被拖网和陷阱类网具捕获。肌肉结实，有弹性，肉可食用，新鲜销售或制成鱼干，深受消费者喜爱。

分布

　　大西洋热带和亚热带海域；东大西洋区分布于自加那利群岛至安哥拉海域；西大西洋自加拿大新斯科舍省向南至乌拉圭亦有分布。

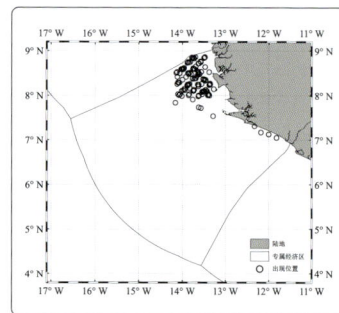

鉴定依据

　　《The living marine resources of the Eastern Central Atlantic, Volume 4》第 3062 页；《拉汉世界鱼类系统名典》第 336 页；《中东大西洋底层鱼类》第 173 页。

198. 地中海鞍鼻鲀 *Ephippion guttifer*（Bennett, 1831）

英 文 名： Prickly puffer
俗　　名： 叶鼻鲀、河鲀鱼
分类地位： 鲀形目 Tetraodontiformes
　　　　　 鲀科 Tetraodontidae
　　　　　 鞍鼻鲀属 *Ephippion*

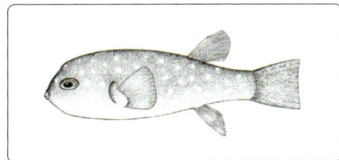

分类特征

　　体呈圆筒形，头胸部较粗圆，向后渐细长，略侧扁，尾柄粗。吻短。口小，前位。**眼间隔宽。鼻瓣突起侧面另具 2 侧突。上下颌各具 2 个喙状齿板**。鳃孔黑。背鳍和臀鳍位于体后部；背鳍 1 个，具 10 鳍条，起点稍前于臀鳍起点；臀鳍具 9 鳍条；无腹鳍；幼体和亚成体尾鳍微凹，成体呈新月形。腹部仅肛门附近具小刺，成体体背部和侧部刺扩大。背部和上腹部呈棕色，**散布直径为眼径 1/4~1/3 的白斑**；腹部白色；胸鳍基部具一黑斑，各鳍浅黄色，尾鳍上具白色斑点。

栖息地、生物学特征和渔业

　　暖水性近海底层鱼类，栖息于岩礁与沙质底质海域。最大全长为 80 cm，常见个体全长为 40 cm。常被拖网、地拉网、钓具等渔具捕获。肉无毒可食，但肝脏及卵巢含河鲀毒素，不能食用。

分布

　　东大西洋区自直布罗陀海峡至安哥拉，包括沿海岛屿，向北延伸至葡萄牙海域。

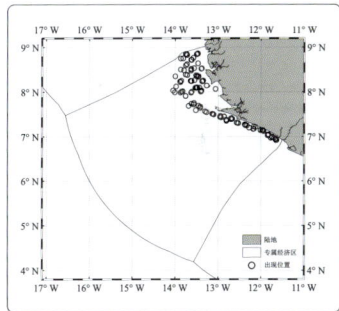

鉴定依据

《The living marine resources of the Eastern Central Atlantic, Volume 4》第 3069 页；《拉汉世界鱼类系统名典》第 338 页；《中东大西洋底层鱼类》第 174 页。

199. 光兔头鲀 *Lagocephalus laevigatus*（Linnaeus, 1766）

英 文 名：Smooth puffer
俗　　名：河鲀鱼
商 品 名：LOTTE A MER
分类地位：鲀形目 Tetraodontiformes
　　　　　鲀科 Tetraodontidae
　　　　　兔头鲀属 *Lagocephalus*

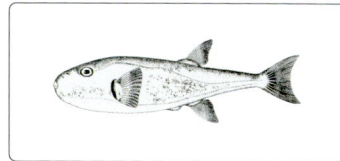

分类特征

　　体呈亚圆筒形，头胸部较粗圆，向后渐细长，略侧扁。眼中大，上侧位。口小，前位，唇厚。鼻瓣呈卵圆形突起。**上下颌各具 2 个喙状齿板，中央缝显著**。背鳍和臀鳍位于体中后部；**背鳍具 13~14 鳍条；臀鳍具 12~13 鳍条**；无腹鳍；**尾鳍凹形，成体上叶长于下叶**。腹面大部被小刺，背面通常无刺；侧线发达，在胸鳍的背上方分出项背支。**头体无皮褶**。体背呈灰色或灰绿色，体侧多呈银色，腹部白色；幼体和亚成体的背部具少数黑色斑块。

栖息地、生物学特征和渔业

　　栖息于岩礁与珊瑚、泥质、沙质底质的近岸浅水区，呈小群活动或单个活动。攻击或捕食对虾、墨鱼或其他鱼类。最大全长为 100 cm，常见个体全长为 60 cm。常被钓类渔具和拖网捕获。在塞内加尔渔场，有时网产达 0.5 t。肉质浑厚，味鲜美，有较高食用价值。肝脏、卵巢含较强的河鲀毒素，食用前应去除内脏，清洗肉段中的血迹，方可食用。非商业捕捞鱼类。

分布

　　大西洋热带和亚热带海域；东大西洋区分布于自加那利群岛至安哥拉海域；西大西洋区自加拿大新斯科舍省向南至乌拉圭亦有分布。

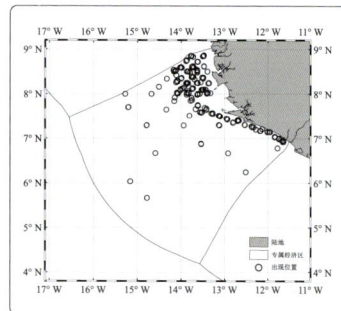

鉴定依据
　　《The living marine resources of the Eastern Central Atlantic, Volume 4》第 3070 页；《拉汉世界鱼类系统名典》第 338 页；《中东大西洋底层鱼类》第 175 页。

200. 斑纹圆鲀 *Sphoeroides marmoratus*（Lowe, 1838）

英 文 名： Guinean puffer

俗　 名： 圆鲀、河鲀

分类地位： 鲀形目 Tetraodontiformes

　　　　　鲀科 Tetraodontidae

　　　　　圆鲀属 *Sphoeroides*

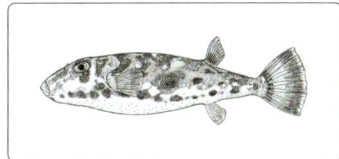

分类特征

　　体呈亚圆筒形，头胸部较粗圆，向后渐细长，略侧扁。体背自眼后缘至背鳍起点具 1 对黑色纵行皮褶。眼中大，侧上位。口小，前位，唇厚。鼻瓣呈卵圆形突起。**上下颌各具 2 个喙状齿板，中央缝显著。**背鳍和臀鳍距尾鳍较近；**背鳍具 8（极少 9）鳍条，臀鳍具 7（极少 6）鳍条**；无腹鳍；尾鳍后缘圆形。**体背呈棕色或灰色，有一些大的黑斑，腹部白色；腹侧有 11~14 个均匀排列的圆形黑点；尾鳍基部和后缘各具一黑色横带。**

栖息地、生物学特征和渔业

　　栖息于浅水区至 100 m 水深处，生活习性不详。最大体长为 17 cm，常见个体体长为 12 cm。

分布

　　东大西洋区分布于自葡萄牙至安哥拉海域。

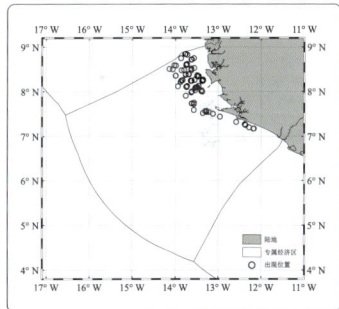

鉴定依据

　　《The living marine resources of the Eastern Central Atlantic, Volume 4》第 3072 页；《拉汉世界鱼类系统名典》第 338 页。

201. 缰短刺鲀 *Chilomycterus antennatus*（Cuvier, 1816）

英 文 名： Bridled burrfish
俗　 名： 刺鲀
分类地位： 鲀形目 Tetraodontiformes
　　　　　刺鲀科 Diodontidae
　　　　　短刺鲀属 *Chilomycterus*

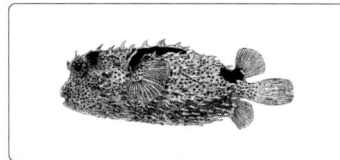

分类特征

体呈短圆筒形，头和体背部宽圆，尾柄短。头宽平。吻宽短。眼中大，上侧位。口小，前位，唇厚。**上下颌齿各愈合为 1 个喙状大齿板，中央无缝。尾柄无棘；眼上缘具一约等于眼径的棘**，头部和躯干部侧面具小棘，**体侧大部分棘具 3 棘根，头部有一些棘为 4 棘根，均不能活动。背面和侧面具 3~4 个大黑斑，黑斑间具许多小黑点**。幼鱼各鳍基部均具小斑点，随生长各鳍渐布小黑点。

栖息地、生物学特征和渔业

热带海洋底层中小型鱼类，幼体（体长 1~3 cm 时）营浮游生活，成体则栖息于 25 m 水深处的海草床或岩礁水域。独居生活。以硬壳类无脊椎动物为食。最大全长为 38 cm。

分布

东大西洋区毛里塔尼亚海域；西大西洋区自美国佛罗里达东南部和巴哈马群岛至南美洲北部亦有分布。

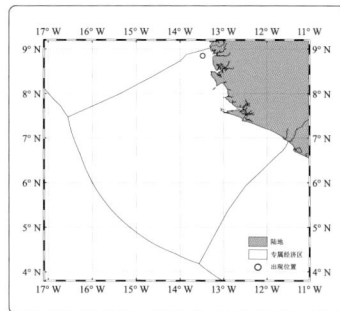

鉴定依据

《The living marine resources of the Eastern Central Atlantic, Volume 4》第 3077 页；《拉汉世界鱼类系统名典》第 339 页。

202. 西非短刺鲀 *Chilomycterus spinosus mauretanicus*（Le Danois, 1954）

英 文 名： Guinean burrfish
俗　　名： 刺鲀
分类地位： 鲀形目 Tetraodontiformes
　　　　　 刺鲀科 Diodontidae
　　　　　 短刺鲀属 *Chilomycterus*

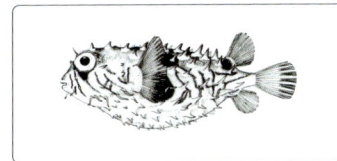

分类特征

　　体呈短圆筒形，头和体前部宽圆，尾柄短。头宽平。吻宽短。眼中大，上侧位。口小，前位，唇厚。鼻瓣呈盘状。**上下颌齿各愈合为 1 个喙状大齿板，无中央缝。尾柄无棘；眼上缘无棘或棘长远小于眼径**；头部和躯干部侧面具小棘，**体侧大部分棘具 3 棘根，头部有一些棘为 4 棘根，均不能活动。背面和侧面具 3 个大黑斑，黑斑间无小黑点；头部和躯干两侧具不规则的波浪状黑线；各鳍淡黄色，无斑点。**

栖息地、生物学特征和渔业

　　栖息于沙质或泥质海底，水深不超过 100 m。以硬壳类的无脊椎动物为食。最大全长为 25 cm。

分布

　　东中大西洋区分布于自加那利群岛至安哥拉或纳米比亚海域。

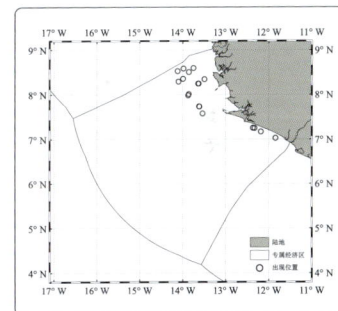

鉴定依据

《The living marine resources of the Eastern Central Atlantic, Volume 4》第 3078 页；《拉汉世界鱼类系统名典》第 339 页。

203. 六斑刺鲀 *Diodon holocanthus* Linnaeus, 1758

英 文 名： Longspined porcupinefish
俗　　名： 刺鲀
分类地位： 鲀形目 Tetraodontiformes
　　　　　刺鲀科 Diodontidae
　　　　　刺鲀属 *Diodon*

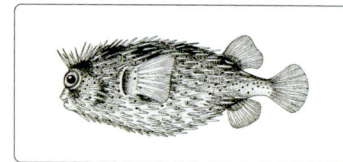

分类特征

　　体呈短圆筒形，头和体背部宽圆，尾柄细短。头宽平。吻宽短。眼中大，上侧位。口小，前位，唇厚。鼻瓣呈卵圆形突起。**上下颌牙各愈合成 1 个喙状大齿板，无中央缝。**头体除吻端和尾柄外均被长棘，**棘均具 2 棘根，能活动。体背呈灰褐色，背面和侧面有大黑斑**，黑斑周边无白边；体具较多小黑斑；腹部灰白色；各鳍灰色。

栖息地、生物学特征和渔业

　　热带暖水性小型鱼类，栖息于各种底质环境，岩礁或软质海底均可分布，栖息水深不超过100 m。通常独居，夜间活动。以软体动物、海胆和蟹类等为食。最大全长为 30 cm，常见个体全长为 15 cm。

分布

　　广泛分布于世界热带海域；东中大西洋区分布于自利比里亚至安哥拉北部海域。

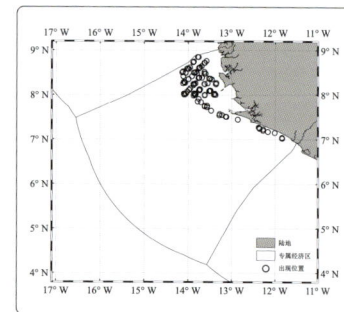

鉴定依据

　　《The living marine resources of the Eastern Central Atlantic, Volume 4》第 3079 页；《拉汉世界鱼类系统名典》第 339 页。

参考文献

陈大刚，张美昭，2016. 中国海洋鱼类（上卷、中卷、下卷）[M]. 青岛：中国海洋大学出版社.

陈国宝，梁沛文，等，2016. 南海海洋鱼类原色图谱 [M]. 北京：科学出版社.

陈新军，刘必林，2009. 常见经济头足类彩色图鉴 [M]. 北京：海洋出版社.

陈新军，刘必林，王尧耕，2009. 世界头足类 [M]. 北京：海洋出版社.

成庆泰，郑葆珊，1987. 中国鱼类系统检索 [M]. 北京：科学出版社.

《东海深海鱼类》编写组，1988. 东海深海鱼类 [M]. 上海：学林出版社.

董正之，1988. 中国动物志·软体动物门 头足纲 [M]. 北京：科学出版社.

国家水产总局南海水产研究所，1979. 南海诸岛海域鱼类志 [M]. 北京：科学出版社.

宋海棠，俞存根，薛利建，2006. 东海经济虾蟹类 [M]. 北京：海洋出版社.

伍汉霖，邵广昭，赖春福，等，2017. 拉汉世界鱼类系统名典 [M]. 青岛：中国海洋大学出版社.

伍汉霖，钟俊生，2021. 中国海洋及河口鱼类系统检索 [M]. 北京：中国农业出版社.

杨德康，2000. 中东大西洋底层鱼类 [M]. 上海：上海人民美术出版社.

张衡，倪勇，全为民，等，2016. 虱鲫 *Phtheirichthys lineatus*(Menzies)——中国鱼类区系新记录 [J]. 海洋渔业，38(1)：107-112.

赵盛龙，徐汉祥，钟俊生，等，2016. 浙江海洋鱼类志（上册、下册）[M]. 杭州：浙江科学技术出版社.

中国科学院中国动物志委员会，2001. 中国动物志·圆口纲 软骨鱼纲 [M]. 北京：科学出版社.

CARPENTER K E, DE ANGELIS N, 2014. The living marine resources of the Eastern Central Atlantic, Volume 1: introduction, crustaceans, chitons and cephalopods[M]. FAO Species Identification Guide for Fishery Purposes, 1:1-663.

CARPENTER K E, DE ANGELIS N, 2016. The living marine resources of the Eastern Central Atlantic, Volume 2: bivalves, gastropods, hagfishes, sharks, batoid fishes, and chimaeras[M]. FAO Species Identification Guide for Fishery Purposes, 2:665–1509.

CARPENTER K E, DE ANGELIS N, 2016. The living marine resources of the Eastern Central Atlantic, Volume 3: bony fishes part 1 (Elopiformes to Scorpaeniformes)[M]. FAO Species Identification Guide for Fishery Purposes, 3:1511–2350.

CARPENTER K E, DE ANGELIS N, 2016. The living marine resources of the Eastern Central Atlantic, Volume 4: bony fishes part 2 (Perciformes to Tetradontiformes) and sea turtles[M]. FAO Species Identification Guide for Fishery Purposes, 4:2343–3124.

HENRIKSEN C S, 2009. Investigation of crustaceans from shelf areas in the Gulf of Guinea, with special emphasis on Brachyura[J]. Department of Biological Sciences.

MANNING R B, CHACE JR F A, 1990. Decapod and stomatopod crustaceans from Ascension Island, South Atlantic Ocean[J]. Smithsonian Contributions to Zoology.

MANNING R B, HOLTHUIS L B, 1981. West African brachyuran crabs (Crustacea: Decapoda)[J]. Smithsonian Contributions to Zoology.